高等职业教育本科教材

生态环境保护概论

王金梅　丁　莹　主　编

郝思琪　副主编

薛叙明　主　审

化学工业出版社

·北京·

内容简介

本书较全面地阐述和介绍了有关环境保护的基本概念和基本知识，结合目前我国环境现状及环境保护事业的发展，对当前全球范围内的环境现状、环境问题及其产生和发展过程，人类活动影响下产生的水、大气、土壤和其他物理性污染危害及防治方法，生态污染及修复等进行了较系统的阐述；介绍了可持续发展的基本思想和战略意义，以及可持续发展的新理念——循环经济和低碳经济。此外，本书还对最新的环境标准和环境监测方法以及环境质量评价、环境管理等环境质量宏观调控手段做了介绍。本书是一部全面系统论述环境保护与可持续发展的参考书，目的是为了适应社会形势的发展，开展环境教育，提高全民的环境意识。

本书为高等职业教育本科、专科非环境类专业的环境保护公修课教材，也是高等职业教育本科、专科环境保护类专业的专业基础课教材，还可作为环境保护工作者阅读的参考资料，以及关心环境问题的读者的科普读物。

图书在版编目（CIP）数据

生态环境保护概论/王金梅，丁莹主编；郝思琪副主编. —北京：化学工业出版社，2022.8
高等职业教育本科教材
ISBN 978-7-122-41897-5

Ⅰ. ①生… Ⅱ. ①王… ②丁… ③郝… Ⅲ. ①生态环境保护-高等职业教育-教材 Ⅳ. ①X171.4

中国版本图书馆CIP数据核字（2022）第131059号

责任编辑：王文峡　　文字编辑：李　瑾
责任校对：宋　玮　　装帧设计：王晓宇

出版发行：化学工业出版社（北京市东城区青年湖南街13号　邮政编码100011）
印　　刷：北京云浩印刷有限责任公司
装　　订：三河市振勇印装有限公司
787mm×1092mm　1/16　印张13¼　字数312千字　2023年1月北京第1版第1次印刷

购书咨询：010-64518888　　售后服务：010-64518899
网　　址：http://www.cip.com.cn
凡购买本书，如有缺损质量问题，本社销售中心负责调换。

定　　价：42.00元

PREFACE
前 言

我国经过了快速的工业化、城镇化进程，几十年积累的环境问题在“十二五”时期集中爆发，“十三五”时期是我国生态环境保护的“攻坚期”，党和国家对生态文明建设作出了一系列重大决策部署，2013 年起陆续发布了“大气十条”“水十条”“土十条”和“农业农村污染治理攻坚战行动计划”等一系列向污染宣战的行动计划，有目标、有时间节点、有措施。通过攻坚克难，出现了一批令人鼓舞的标杆企业、城市和地区，生态环境质量得到了明显改善。生态文明建设已经上升为国家战略。“节约资源和保护环境”已经成为基本国策，“绿水青山就是金山银山”等绿色理念逐步深入人心。我国生态环境保护发生历史性、转折性、全局性变化，我国经济社会建设在新时代新征程上迎来高质量发展的光明前景，中国已经成为全球生态文明建设的重要参与者、贡献者和引领者。

教育部要求把生态文明教育融入高等教育学校课程教学、校园文化、社会实践，增强学生生态文明意识。在大学非环境类专业中开设环境保护课程，可以拓展学生的知识结构、培养学生参与生态文明建设的行动能力，使高等学校培养出来的人才更能适应新世纪社会的需求。在环境专业开设本课程，可以使生态环境工程技术及相关专业的大学生和社会大众了解本专业的内涵特点、专业与社会经济发展的关系、专业涉及的主要学科知识和课程体系、专业人才培养基本要求等，帮助相关专业学生形成较系统的专业认识，包括专业的发展、专业形成及浅显的知识等，是一个由浅入深的过程，为以后专业学习做铺垫。满足社会大众了解相关专业内涵和发展趋势的要求。

本书由王金梅、丁莹担任主编，郝思琪担任副主编。其中，河北工业职业技术大学陈立霞编写第 1、2、11 章，河北石油职业技术大学马丽编写第 3、12 章，河北石油职业技术大学贾明畅编写第 4、8 章，石家庄职业技术学院丁颖和河北石油职业技术大学王金梅共同编写第 5 章，河北石油职业技术大学郝思琪编写第 6、7 章，河北科技工程职业技术大学王圆圆和张艳俊编写第 9、10 章。全书由王金梅负责统稿。

本书二维码链接的动画素材资源由北京东方仿真软件技术有限公司提供技术支持，在此表示衷心的感谢。本书也参阅了大量的国内外有关文献和资料，在此谨向诸位专家、文献作者表示衷心的感谢。

由于编者水平有限，书中疏漏之处在所难免，敬请读者批评指正。

编者

2022 年 3 月

CONTENTS
目 录

第4章 大气污染及其防治 28

第5章 水污染及防治 48

第6章 固体废物处理与资源化利用 69

第 9 章 环境监测 134

第 10 章 环境质量评价 153

第 11 章 环境管理 174

二维码一览表

续表

序号	二维码名称	文档类型	页码
34	5-11 变流速升流式膨胀中和滤池	动画	63
35	5-12 移动床吸附塔的构造	动画	63
36	5-13 塔式生物滤池	动画	63
37	5-14 氯氧化消毒系统	动画	66
38	5-15 污水处理概念厂案例	文档	67
39	6-1《巴塞尔公约》	文档	74
40	6-2《中华人民共和国固体废物污染环境防治法》	文档	74
41	6-3 高层住宅垃圾压实器	动画	75
42	6-4 水平压实器	动画	75
43	6-5 三向联合式压实器	动画	75
44	6-6 回转式压实器	动画	75
45	6-7 简单颚式破碎机	动画	75
46	6-8 复摆颚式破碎机	动画	75
47	6-9 冲击式破碎机	动画	75
48	6-10 锤式破碎机	动画	75
49	6-11 辊式粉碎机	动画	75
50	6-12 球磨机	动画	75
51	6-13 滚筒筛	动画	76
52	6-14 重力分选	动画	76
53	6-15 电力分选	动画	76
54	6-16 磁力分选	动画	76
55	6-17 真空过滤机	动画	77
56	6-18 板框压滤机	动画	77
57	6-19 离心过滤机	动画	77
58	6-20 炉排	动画	77
59	6-21 加料系统	动画	77
60	6-22《国家危险废物名录》（2021 年版）	文档	84
61	6-23《危险废物鉴别标准通则》	文档	84
62	6-24 地面法填埋	动画	87
63	6-25 沟槽法填埋	动画	87
64	6-26 斜坡法填埋	动画	88
65	6-27 填埋作业	动画	88
66	7-1《全国土壤污染状况调查公报》	文档	99
67	8-1 分贝	文档	112
68	8-2 噪声给养鸡场带来的影响	文档	115

续表

序号	二维码名称	文档类型	页码
69	8-3 街头噪声变美音	文档	117
70	8-4 放射性现象是如何被发现的	文档	118
71	8-5 核事故	文档	121
72	8-6 电磁辐射的危害	文档	126
73	11-1 绿色消费	文档	176
74	12-1“十四五”循环经济发展规划	文档	194

第1章
绪论

学习目标

知识目标

了解环境概述、环境问题及与环境保护相关的环境基础知识；掌握环境的概念和分类，环境问题产生的原因，目前全球面临的主要环境问题；熟悉并理解世界和我国环境保护发展的历程。

能力目标

提升环境科学素质水平，日常生活中涉及环境问题时，能够对其进行分析并做出科学判断。

素质目标

树立正确的自然观、人生观、价值观和世界观；提升环境保护意识和解决环境问题的能力。

1.1 环境概述

1.1.1 环境的含义

所谓“环境”是个抽象的、相对的概念，是相对于**某一中心事物**而言的。它是指作用于这一中心事物周围的所有**客观事物**的总体，**因中心事物的不同而不同，随中心事物的变化而变化，所以其含义和内容极其丰富**。可以从不同角度给出不同的定义。对于**环境科学**而言，“环境”的定义应是“以人类社会为主体的**外部世界**的总体”，这里所说的外部世界，**主要指人类已经认识到的，直接或间接影响人类生存与社会发展的周围事物**，如阳光、空气、土壤、水体、城市、村落、公路、铁路、空港、园林等。从环境保护角度而言，《中华人民共和国环境保护法》明确规定：“本法所称环境，**是指影响人类生存和发展的各种天然的和经过人工改造的自然因素的总体**，包括大气、水、海洋、土地、矿藏、森林、草原、湿地、野生生物、自然遗迹、人文遗迹、自然保护区、风景名胜区、城市和乡村等。”这里从法学的角度把环境中应当保护的要素或对象界定为环境。

1.1.2 环境的分类

（1）按照环境的主体分类

一种是以**人或人类**作为主体，其他的**生命物质和非生命物质**都被视为**环境要素**，即环境指人类生存的环境，或称人类环境，在**环境科学**中通常采用这种分类法。另一种是以**生物体或生物群体**作为环境的主体，即环境指围绕生物体或生物群体的一切事物的总和，在**生态学**中往往采用这种分类法。

（2）按照环境的范围分类

此种分类比较简单，可把环境分为车间环境（劳动环境）、生活环境（如居室环境、院落环境等）、区域环境（如流域环境、行政区域环境等）、城市环境、全球环境和宇宙环境等。

（3）按照环境要素分类

目前环境科学所研究的环境，是以人类为主体的外部环境，是人类生存、繁衍所必须适应的环境或物质条件的综合体，更趋向于按环境要素的属性进行分类，一般将环境区分为**自然环境**和**社会环境**两类。自然环境指**人类生存和发展所依赖的各种自然条件**的总称，包括阳光、温度、气候、地磁、大气、水、岩石、土壤、动植物、微生物以及各种矿物资源等，是人类赖以生存和发展的物质基础。**社会环境**指人类在自然环境的基础上，为不断提高物质和精神生活水平，通过长期有计划、有目的地发展，逐步创造和建立起来的一种**人工环境**。社会环境是人类物质文明和精神文明发展的标志，它随着经济和科学技术的发展而不断地变化。社会环境，它的发展受到自然规律、经济规律和社会发展规律的支配和制约。社会环境的质量对人类的生活和工作，对社会的进步都有极大的影响。

1.1.3 环境的特性

（1）环境的整体性

环境是一个系统，环境的整体性又称环境的系统性，它是环境最基本的特性，自然环境的各要素间有其相互确定的数量与空间位置，并以特定的相互作用而构成具有特定结构和功能的系统。环境系统的结构，因各环境要素或各组成部分之间通过物质、能量流动网络以及彼此关联的变化规律，在不同时间呈现出不同状态。例如，水、大气、土壤、生物和阳光是构成环境的五个主要部分，作为独立的环境要素，因其相互间的结构方式、组织程度、物质能量流的途径与规模不同，它们在森林环境与沙漠环境、城市环境与乡村环境等不同的时空具有不同的功能特性。各环境要素间存在着紧密的相互联系、相互制约的关系。局部地区的污染或破坏可带来全球的影响和危害，如河流上游的污染威胁着下游居民的安全、瑞典的酸雨中有邻国大气污染的贡献、北极熊及南极的企鹅体内也有滴滴涕（DDT，一种农药）的蓄积等。所以人类的生存环境及其保护，从整体上看是没有地区界线、省界和国界的。

（2）环境资源的有限性

环境资源不是无限的，环境中的自然资源可分为**非再生资源和可再生资源**两大类。非再生资源主要指一些矿产资源，如铁矿、煤炭等，随着人类的开采其储量不断减少。可再生资源主要指各种自然生物群落、森林、草原、土壤、水资源、太阳能及风能等，通过天然作用再生更新，从而成为人类反复利用的资源。但由于受各种因素（如生存条件、繁衍速度、人类获取的强度等）所制约，在具体时空范围内，对人类来说，各类资源都不可能是无限的，加之环境容纳污染物的能力有限，自净能力有限，因此在空间有限的地球上，当人类大量地消耗资源，在生产及生活活动中产生的污染因素进入环境，并且超越环境的自净能力时，就会导致环境质量恶化，出现环境污染。

（3）环境的区域性

这是自然环境的基本特征，环境因地理位置的不同或空间范围的差异而具有不同的特性。纬度不同地球接受的太阳辐射能不同，热量从赤道向两极递减，形成了不同的气候带。即便是同一纬度，因地形高度的不同，也会出现地带性差异。一般说来，距海平面一定高度内，地形每升高 100m，气温下降 0.5 ～ 0.6℃。经度也有地带性差异，如滨海环境与内陆环境。不同区域自然环境的这种多样性和差异性具有特别重要的生态学意义，它是自然资源多样性的基础和保证，为保护生态环境的多样性和自然资源的永续利用提供了基本的物质保证。

（4）环境的稳定性和变动性

环境稳定性是指在一定的时间尺度或条件下环境具有相对稳定性，在环境的自净能力内，可以借助于自身的调节功能使环境在结构或功能上基本无变化或变化后仍可以恢复到变化前的状态。环境的变动性是指环境要素在自然和人类社会行为的共同作用下，其状态和功能始终处于不断变化中，这种变动性就是自然作用、人为作用或两者共同作用的结果。环境的稳定性和变动性是相辅相成的，即变动性是绝对的，稳定性是相对的。环境结构越复杂，环境承受干扰的“限度”越大。

（5）环境的时滞性

自然环境一旦被破坏或被污染，许多影响造成的后果是潜在的、深刻的和长期的，即为环境的时滞性。例如，一片森林被砍伐后，对区域气候的明显影响能被人们立即和直接感受到，但其对水土流失、生物多样性等的影响，因影响的范围、程度、恢复时间等不同，很难在较短时期内认识清楚。环境污染危害具有时滞性：一是由于污染物在生态系统各类生物中的吸收、转化、迁移和积累需要时间；二是与污染物的化学性质有关，如半衰期的长短、化学物质的寿命等。例如日本汞污染引发的水俣病在污染排放后 20 年才显现出来；用作制冷剂的氟氯碳化物类化学物质，存留期在 90 年左右，即使人类现在停止使用，此类物质还将在大气层中存在很长一段时间，继续对臭氧层造成破坏。

1.2 环境问题

1.2.1 环境问题概述

环境问题是指人类为了自身的生存和发展，在利用和改造自然界的过程中，人类的活动行为作用于周围环境，所引起的环境质量变化，以及这种变化对人类的生产、生活和健康造成的影响问题。环境问题多种多样，按成因不同，可分为两大类：一类是**原生环境问题**，由自然原因引起的，即由自然演变和自然灾害引起的原生环境问题，如火山爆发、地震、台风等；另一类是**次生环境问题**，系人为原因引起的，它又分为**环境污染和生态环境破坏**两类。

第一类环境污染是人类活动产生并排入环境的污染物或污染因素超过了**环境容量**和**环境自净能力**，使环境的组成或状态发生了改变，环境质量恶化，从而影响和破坏了人类正常的生产和生活。**环境污染包括大气污染、水体污染等由有害物质引起的污染和噪声污染、热污染或电磁辐射污染等由物理性因素引起的污染**。**生态环境破坏**是指因人类不合理开发资源，破坏自然生态，使环境质量恶化或自然资源枯竭，造成生态系统的生产能力显著下降和结构显著改变而引起的环境问题，如过度放牧引起草原退化，滥采滥捕使珍稀物种灭绝和生态系统生产力下降、植被破坏引起水土流失等。

1.2.2　环境问题的产生及发展

伴随着人类社会的诞生、生产力的发展，环境问题从小到大逐步发展，即由轻度污染、轻度破坏、轻度危害向重度污染、重度破坏、重度危害方向发展。原始社会时期人类过着采集和狩猎的生活，生产力水平较低，对环境破坏较小；新石器时期人类进入了“刀耕火种”的时代，生产力逐渐提高，局部地区出现大量砍伐森林、过度破坏草原等现象，环境问题主要与人类的耕作农业和养殖业有关，但由此引起的环境污染问题并不突出。大规模的环境污染问题在18世纪后半叶开始，由于蒸汽机的广泛应用，伴随着生产力的飞跃发展，环境问题日益突出，迄今为止经历了两次高潮。

（1）环境问题的第一次高潮——近代城市环境问题阶段

该阶段是从工业革命开始至20世纪80年代前，西方国家先后经历了第一次产业革命、第二次产业革命，新技术使英国、美国等西方国家先后进入工业化社会，工业化社会的特点是高度的城市化。由于人口和工业密集，燃煤量和燃油量剧增，这一阶段环境问题与工业和城市同步发展。环境问题开始出现新的特点并日益复杂化和全球化，如1943年5月美国洛杉矶光化学烟雾事件、1952年12月英国伦敦烟雾事件等世界著名的“**八大公害事件**”就发生在本阶段。

1-1 世界著名八大公害事件

扫码可阅读资料：1-1 世界著名八大公害事件。

（2）环境问题的第二次高潮——环境问题的全球化阶段

该阶段是从20世纪80年代初开始至今，人类社会进入现代工业化阶段，科学技术和工业发展速度远远超过以往任何历史时期，人类活动范围上可九天揽月、下可五洋捉鳖，正以排山倒海之势开发利用自然资源，大规模改变着环境的组成和结构，造成的环境污染和生态破坏规模也空前宏大，影响深远。环境问题主要集中在三个方面：**一是全球性的大气污染**，如温室效应加剧与全球气候变暖、臭氧层破坏和酸雨；**二是大面积生态破坏**，如大面积森林被毁、草场退化、土壤侵蚀和荒漠化、生物多样性减少；**三是突发性的污染事件迭起**，如印度博帕尔农药泄漏事件、苏联切尔诺贝利核电站泄漏事件、莱茵河污染事件等。现有的环境问题不仅对某个国家、某个地区造成危害，而且对人类赖以生存的整个地球环境造成危害，已威胁到全人类的生存与发展，解决这些环境问题要靠众多国家甚至全人类的共同努力才行，实践证明，构建人类命运共同体势在必行。

1.2.3　全球性环境问题

环境问题已经从局部的、小范围的环境污染和生态破坏演变成区域性、全球性的环境问题。联合国环境规划署2021年发布的《与自然和平相处》报告指出，当前地球面临着气候变化、生物多样性遭破坏及污染问题三大危机，人类必须改变与自然的关系。

（1）全球性气候变化

气候变化是近年来人们最关注的环境问题之一。工业革命以来，人类活动所导致的温室气体排放，特别是二氧化碳、甲烷和氮氧化物排放不断增加，全球温室效应加剧，全球气候呈现变暖的趋势。温室气体的排放从1970年的约300亿吨二氧化碳当量增长到2019年的约550亿吨二氧化碳当量。大气中温室气体的浓度比过去80万年中的任何时候都要高。自1850～1900年的工业时期以来，人类活动已经导致地球表面温度升高了1℃以上。大气变暖导致全球范围内的强降水事件更加频繁和强烈，但也导致了一些地区干旱的频率和强度增加。全球变暖还导致北极海冰消退、永久冻土融化、冰川冰盖融化、海洋热膨胀，从而导致海平面加速上升。非气候因素，如部分人为造成的地面沉降，也在增加海平面上升的脆弱性方面发挥了重要作用。人为引起的气候变化导致许多极端事件的强度和频率增加，特别是所有陆地区域的极端高温现象，一些地区的强降水和干旱。在许多区域，降水模式发生变化，冰雪融化正在改变河流的水流量和季节性时间，影响水资源的数量和质量，还可能出现洪峰流量事件。气候带也在变化，包括干旱带的扩大和极地带的收缩。

（2）生物多样性锐减

生物多样性维持着**自然生态系统的平衡**，是人类生存和实现可持续发展必不可少的**基础**。在世界范围内，生物多样性正在继续以惊人的速度**加速下降**。在过去的半个世纪中，野生生物的物种丰度减少了，包括鸟类、哺乳动物和昆虫在内的许多物种数量减少了约一半。全球物种的灭绝速度已经比过去1000万年的平均速度高出至少数十至数百倍，并且仍在加速。由于人类活动的直接或间接后果，全球估计现有的800万种动植物物种中，有100多万种将在未来几十年和几百年面临更大的灭绝风险。许多陆地、淡水和海洋物种因气候变化改变了它们的地理范围、季节性活动、迁移模式、丰度和物种相互作用，并且这一趋势仍将持续。例如，由于这种综合影响，一半的温水珊瑚礁已消失；因过度捕捞，海洋鱼类种群数量减少了三分之一。生物多样性的减少，将恶化人类生存环境，威胁人类的生存与发展。**为此，联合国大会宣布每年5月22日为国际生物多样性日，呼吁人类保护全球的生物多样性。**

1-2 国际生物多样性日

扫码可阅读资料：1-2 国际生物多样性日。

（3）全球性环境污染

20世纪20年代后，全球性环境污染威胁着人类的安全。空气污染是造成全球疾病负担的最大环境风险因素。从健康的角度来看，影响健康的最主要的空气污染物是地面臭氧和颗粒物。据估计，世界上90%的人口生活在污染物$PM_{2.5}$年平均室外浓度高于世界卫生组织（WHO）空气质量指南的地区。由于化学品的生产和使用不断增加，全球的大气、水体、土壤乃至生物都受到了不同程度的污染和毒害。自20世纪50年代以来，涉及有毒有害化学品的污染事件日益增多，对人体和动植物的生存造成严重危害。

1.3 环境保护

1.3.1 世界环境保护的发展历程

世界各国，主要是发达国家的环境保护工作，大致经历了四个发展阶段。

（1）限制阶段

环境污染早在19世纪就已发生，如英国泰晤士河的污染、日本足尾铜矿的污染事件等。20世纪50年代前后，环境问题与工业化和城市化同步发展，同时伴随着严重的生态破坏，相继发生了世界著名的“八大公害事件”。由于当时尚未搞清这些公害事件产生的原因和机制，所以一般只是采取限制措施。如英国伦敦发生烟雾事件后，制定了法律，限制燃料使用量和污染物排放时间。

（2）“三废”治理阶段

20世纪50年代末至60年代初，化学工业尤其是有机化学工业迅速崛起，人类合成了大量的化学物质代替某些天然物质，其中不少化学物质对人类及生物资源具有直接或潜在的危害，从而使发达国家环境污染问题日益突出。但因当时的环境问题还只是被看成工业污染问题，所以环境保护工作主要就是治理污染源、减少排污量。在这个阶段，法律上颁布了一系列环境保护的法规和标准，在经济措施上给工厂企业补助资金、征收排污费等。尽管环境污染有所控制，环境质量有所改善，但所采取的“末端治理”措施，从根本上来说是被动的，因而收效并不显著。

（3）综合治理阶段

1972年6月5日在瑞典首都斯德哥尔摩召开联合国“人类环境会议”，通过了《人类环境宣言》。它冲破了以环境论环境的狭隘观点，把环境与人口、资源和发展联系在一起，倡导从整体上来解决环境问题；这次会议成为人类环境保护工作的历史转折点，加深了人们对环境问题的认识，扩大了环境问题的范围。环境污染的治理也从“末端治理”向“全过程控制”和“综合治理”发展。

（4）可持续发展阶段

1987年《我们共同的未来》一书提出了可持续发展的思想。1992年6月在巴西里约热内卢召开了人类第二次环境大会，第一次把经济发展与环境保护结合起来认识，提出了可持续发展战略，标志着环境保护事业在全世界范围发生了历史性转变。2002年8月在南非约翰内斯堡召开的可持续发展世界首脑会议，提出了经济增长、社会进步和环境保护是可持续发展的三大支柱，经济增长和社会进步必须同环境保护、生态平衡相协调。2012年6月在巴西里约热内卢召开了联合国可持续发展大会，会议发起可持续发展目标讨论，提出绿色经济是实现可持续发展的重要手段。至此，各国已达成共识：人类社会要生存下去，必须彻底改变靠无限制地消耗自然资源的同时又破坏生态环境而维持发展的传统生产方式，人类必须走经济效益、社会效益和环境效益融洽和谐的可持续发展道路。

1.3.2 我国环境保护的发展历程

新中国成立以来，我国的生态环境保护事业经历了从无到有、从小到大，从“三废”治

理到流域区域治理、从实施主要污染物总量控制到环境质量改善为主线、从环境保护基本国策到全面推进生态文明建设，实现“美丽中国”的历程。

(1) 萌芽阶段 (1949～1973年)

新中国成立初期，由于当时人口相对较少，生产规模不大，环境容量较大，所产生的环境问题大多是个别的生态破坏和环境污染，经济建设与环境保护之间的矛盾尚不突出，尚属局部性的可控问题，未引起足够重视。1972年我国发生的大连湾污染事件、北京官厅水库污染死鱼事件以及松花江出现类似日本水俣病的征兆，表明我国环境问题已经开始严重。

(2) 起步阶段 (1973～1983年)

1973年8月，国务院召开第一次全国环境保护会议，审议通过了“全面规划、合理布局、综合利用、化害为利、依靠群众、大家动手、保护环境、造福人民”的32字环境保护工作方针和我国第一个环境保护文件《关于保护和改善环境的若干规定》，拉开了环境保护工作的序幕。1974年10月国务院环境保护领导小组正式成立，1982年国家设立城乡建设环境保护部，内设环境保护局，结束了“国务院环境保护领导小组办公室”10年的临时状态。1978年《中华人民共和国宪法》首次将环境保护纳入，1979年我国第一部环境法律《中华人民共和国环境保护法（试行）》颁布，我国的环境保护工作开始走上法制化轨道。在此阶段我国颁布了第一个环境标准《工业“三废”排放试行标准》，标志着中国以治理“三废”和综合利用为特色的污染防治进入新的阶段，并开始实行“三同时”、污染源限期治理等管理制度。

(3) 发展阶段 (1983～1995年)

1983年12月，国务院召开第二次全国环境保护会议，明确提出“环境保护是一项基本国策”。1988年设立国务院直属机构——国家环境保护局，地方政府也陆续成立环境保护机构。1989年4月，国务院召开了第三次环境保护会议，推出了“三大政策”和“八项制度”。1992年我国在世界上率先提出了《中国环境与发展十大对策》，第一次明确提出转变传统发展模式，走可持续发展道路。1994年我国又制定了《中国21世纪议程》和《中国环境保护行动计划》等纲领性文件，使可持续发展战略成为我国经济和社会发展的基本指导思想。1993年10月召开了全国第二次工业污染防治工作会议，提出了工业污染防治必须实行清洁生产，实行“三个转变”，即由末端治理向生产全过程控制转变，由浓度控制向浓度与总量控制相结合转变，由分散治理向分散与集中控制相结合转变。这标志我国工业污染防治工作指导方针发生了新的转变。

(4) 深化阶段 (1995～2012年)

1996年7月，国务院召开第四次全国环境保护会议，发布了《国务院关于加强环境保护若干问题的决定》，大力推进“一控双达标”工作，全面开展“三河”和“三湖”水污染防治、“两控区”大气污染防治、“一市”污染防治、“一海”污染防治。随后启动了退耕还林、退耕还草、保护天然林等一系列生态保护重大工程。2002年、2006年和2011年国务院先后召开第五次、第六次和第七次全国环境保护大会，做出一系列新的重大决策部署，把主要污染物减排作为经济社会发展的约束性指标，完善环境法制和经济政策，强化重点流域区域污染防治，提高环境执法监管能力，积极开展国际环境交流与合作。

(5) 生态文明建设阶段 (2012年至今)

2012年11月召开的“十八大”将生态文明建设纳入中国特色社会主义事业总体布局，

即“五位一体”（经济建设、政治建设、文化建设、社会建设、生态文明建设）的总体布局，**把生态文明建设和环境保护摆上更加重要的战略位置**。党的十八届五中全会强调牢固树立并切实贯彻创新、协调、绿色、开放、共享五大发展理念，将生态环境质量总体改善列为全面建成小康社会目标。在这期间国务院先后确立了“**大气十条**”（2013年9月）、“**水十条**”（2015年4月）、“**土十条**”（2016年5月）。中央还相继出台了一系列重要文件和法律法规，完成了重大、系统、全面的制度构架。2021年明确提出本世纪30年代达到碳达峰，60年代实现碳中和，实现二氧化碳的零排放，绘就了当前和今后一个时期生态文明建设的顶层设计图，具有重要的引领和指导作用。

课后习题

1. 环境是如何分类的？环境具有哪些特性？
2. 环境问题的分类有哪些？
3. 目前你所了解的全球面临的环境问题有哪些？
4. 简述中国环境保护发展的历程。

第2章 生态污染及生态修复

学习目标

知识目标

了解生态系统概念、特点、组成等相关的基础知识；掌握生态系统的结构和功能以及生态平衡破坏的标志；熟悉并掌握生态修复的原理及主要方法。

能力目标

能够应用生态学的观点及原理解决现有的生态环境问题，能够选择合适的方法修复不同的环境问题。

素质目标

树立正确的自然观、生态观念与环保意识，从生态学角度认识环境保护的地位和重要作用。

2.1 生态系统及生态平衡

2.1.1 生态系统的概念及组成

（1）生态系统的概念

生态系统是指在一定时间和空间范围内，生物和非生物成分通过物质循环、能量流动和信息交换相互作用、相互依存而构成的具有一定结构和功能的一个生态复合体。生态系统是生态学上的一个结构单位和功能单位；具有自我调节、自我组织、自我更新的能力；具有能量流动、物质循环、信息传递的功能；营养级数有限；是一个动态的系统。生态系统的范围非常广泛，可大可小，大到地球上最大的生态系统——生物圈，小至一滴水、一个池塘、一片草地，都可看成是一个生态系统。

（2）生态系统的组成

任何一个生态系统都由**非生物成分和生物成分**组成。非生物成分包括参加物质循环的无机元素和化合物，如无机物质水、碳、氮、硫和磷等，有机物质蛋白质、糖类、脂质和腐殖质等，物理气候因子温度、湿度、光照、降水和风等。

生物成分按其功能可划分为生产者、消费者和分解者。

① 生产者　主要包括绿色植物、藻类和少数化能合成细菌等自养生物，主要以绿色植物为主。它们具有固定太阳能进行光合作用的功能，能把从环境中摄取的无机物质合成为有机物质，同时将吸收的太阳能转化为生物化学能，储藏在有机物中，一方面供自身生长发育所需，另一方面为其他生物提供食物来源。

② 消费者　是以生物或有机质为食物获得生存能量的异养生物，主要指各种动物。根据其食性的不同，又分为草食动物、肉食动物、寄生动物、腐生动物和杂食动物五种类型。

③ 分解者　主要是指以分解动物残体为生的异养生物，包括真菌、细菌、放线菌，也包括一些原生动物和腐食动物，如甲虫、蠕虫、白蚂蚁和某些软体动物。

2.1.2　生态系统的结构

生态系统结构是指生态系统中组成成分及其在时间、空间上的分布和各组分间的能量、物质、信息流的方式与特点，主要有**形态结构和营养结构**。

（1）形态结构

形态结构指生物的种类、种群数量、种的空间配置、种的时间变化。大多数自然生态系统的形态结构都具有垂直空间上的成层性、水平空间上的镶嵌性和时间分布上的发展演替特征。如一个森林生态系统的物种结构中，垂直结构最典型，从地上部分自上而下分布的植被有林木、灌木、草本、苔藓，地下部分有根系、根际微生物；水平方向上，森林边缘与森林内部分布着明显不同的动植物种类；时间上群落的昼夜、季节变化也很明显，如白天在森林里可见很多鸟类，但猫头鹰只能在夜里看到。

（2）营养结构

生态系统的营养结构是生态系统中由**生产者**、**消费者**、**分解者**三大功能类群以食物营养关系所组成的食物链、食物网。它是生态系统中物质循环、能量流动和信息传递的主要路径。食物链上每一个环节称为营养级，受能量传递效率限制，一般都是由4～5个环节组成，如水生生态系统结构中浮游植物是生产者；浮游动物以浮游植物为食，为第一级消费者，小鱼又以浮游动物为食，为第二级消费者，大鱼为第三级消费者；这些动植物死亡后都被微生物分解，故微生物为分解者。食物关系往往很复杂，许多食物链彼此交错连接形成食物网。**越复杂的食物网越趋于稳定**，越简单的食物网越容易出现波动，抵抗外力干扰能力越弱。

2.1.3　生态系统的功能

生态系统三大基本功能是**能量流动、物质循环和信息传递**，三者密不可分、相互联系、紧密结合为一个整体。这些功能的实现主要是通过食物链（网）和营养级来实现的。

（1）能量流动

生态系统的能量流动是生态系统中，环境与生物之间、生物与生物之间的能量传递和转化过程。生态系统中生命活动所需的能量都直接或间接来自太阳，太阳能在生态系统中的流动遵循热力学定律，即能量守恒定律。绿色植物通过光合作用，将吸收的二氧化碳和水合成有机物质，同时将太阳能转化为化学能储存在这些有机物质中。通过食物链将这些能量首先流向食草动物，再流动到食肉动物。动植物尸体在分解过程中，复杂的有机物分解为简单的无机物，同时有机物中储存的能量释放到环境中去。另外，生产者、消费者和分解者自身生命活动所消耗的一部分能量也释放到了环境中去。美国生态学家林德曼提出，同一食物链上各营养级之间能量的转化效率平均大约为10%，**即"能量利用百分之十定律"**。

（2）物质循环

生态系统中不断进行着物质循环，即构成有机体的主要元素如碳、氢、氧、氮、磷、硫等元素的循环，构成了生态系统的基本物质循环。另外，还有几十种生命必需的微量元素如镁、钙、钾、硫等，也构成了各自的循环体系。主要有**水、碳、氮、硫**的循环，分别如图2-1～图2-4所示。

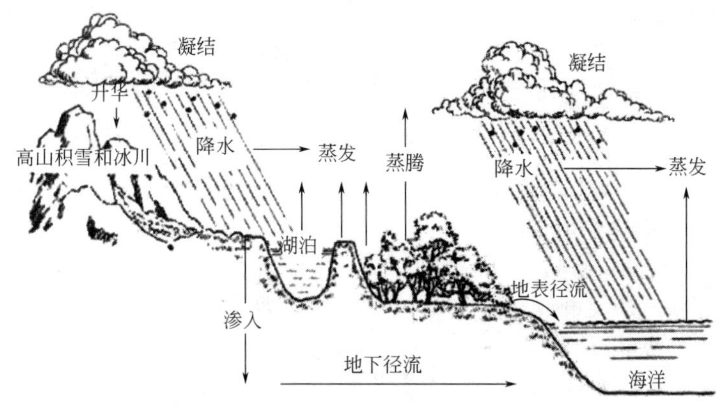

图2-1 水循环示意图（引自李廷友等，2020）

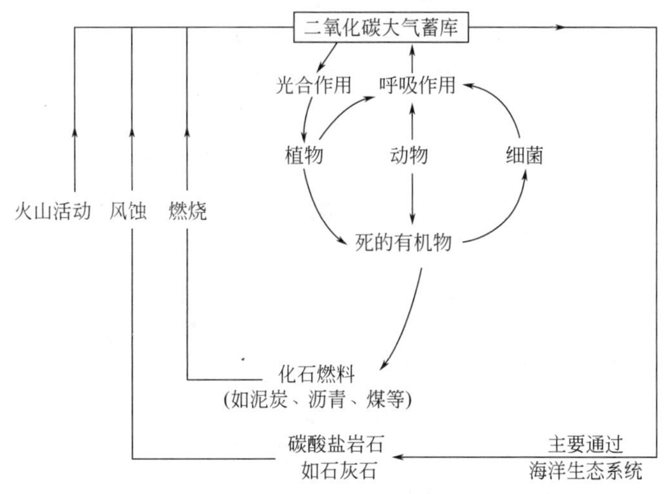

图2-2 碳循环示意图（引自张润杰，2015）

（3）信息传递

生态系统的各组成部分通过各种信息相互联系成一个整体，信息传递是双向的。生态系统中信息传递的主要形式有**营养信息、化学信息、物理信息和行为信息**。

① **营养信息是指通过营养交换，从一个种群（或个体）传递给另一个种群（或个体）的信息**。食物链（网）即可视为一个营养信息系统，如在草本植物→田鼠→鹌鹑→猫头鹰的食物链中，通过猫头鹰的数量可判定田鼠数量的多少。

② **化学信息是指在特定的条件下，或某个特殊发育阶段，生物会分泌出某些特殊的化学物质，在种群（或个体）间传递某种信息**。如蚂蚁爬行留下的化学痕迹吸引同类跟随，动物发情时会分泌出性激素吸引同伴。

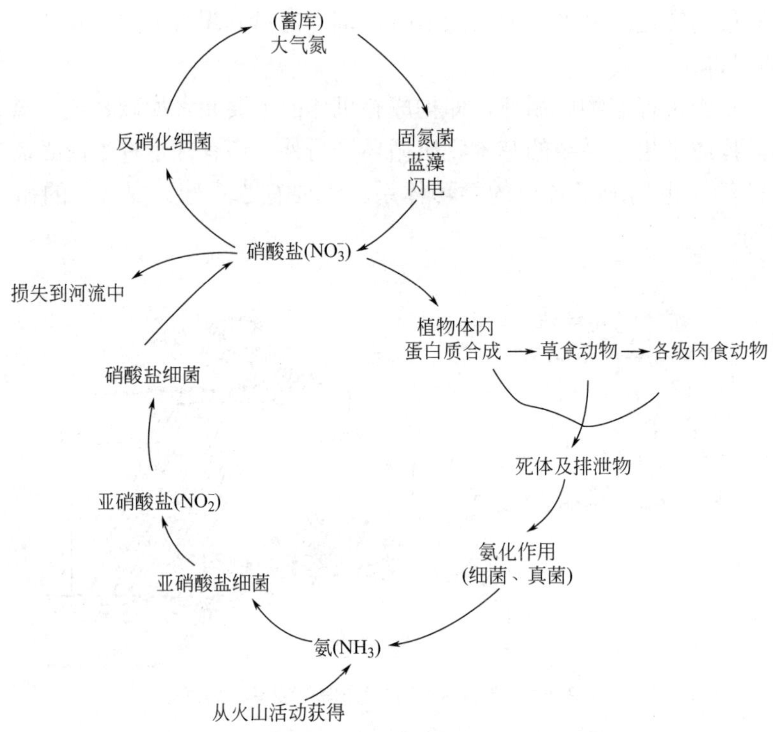

图 2-3　氮循环示意图（引自张润杰，2015）

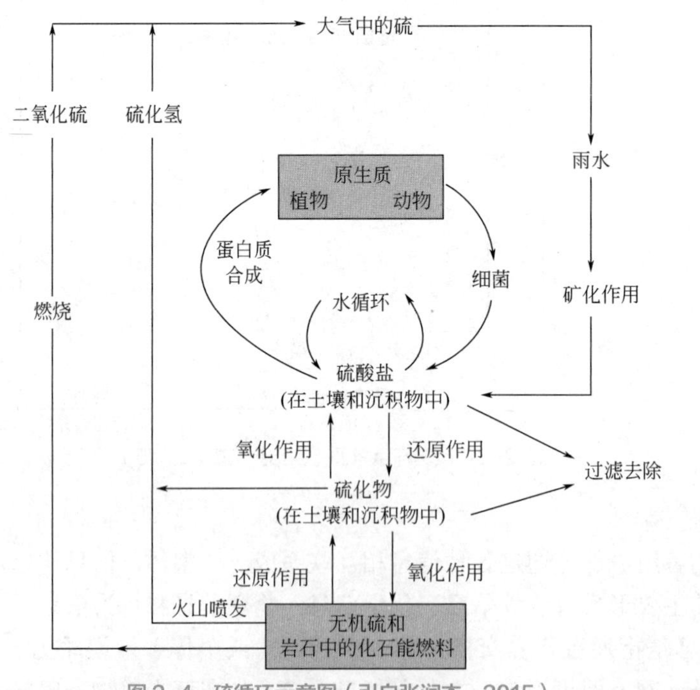

图 2-4　硫循环示意图（引自张润杰，2015）

③ **物理信息主要由光、声、磁、颜色等构成了生态系统的物理信息**。如鸟鸣、兽吼可以传达惊慌、安全、恫吓、警告、嫌恶、有无食物和寻求配偶等信息；鱼类、候鸟以磁力线导航等。

④ 行为信息是个体（群体）之间不同的行为动作传递着不同的信息，如同一物种间以飞行姿势、跳舞动作传递求偶信息等。

2.1.4 生态平衡的概念及破坏的标志

（1）生态平衡的概念

生态平衡是指在一定时间内生态系统中的生物与环境、生物与生物之间，通过能量流动、物质循环和信息传递，相互适应达到一种协调和统一的状态，是动态的平衡。生态平衡的基本特征主要包括生态系统的组成与结构稳定，物质和能量的输入与输出基本相等、流动与循环稳定，信息传递畅通，具有良好的自我调节能力。

（2）生态系统平衡破坏的标志

生态系统的平衡是相对的平衡，不平衡是绝对的。生态平衡破坏的标志主要是结构上的改变和功能上的衰退。结构的改变主要表现为结构的缺损和结构的变化，如毁林开荒使生态系统中某一组分消失，使平衡失调、系统崩溃，或过度采伐使森林退化，或外来物种的引入。功能的衰退主要表现在能量流动受阻和物质循环的中断，前者如生产者数量减少，后者如重金属污染。

2-1 生态杀手——加拿大一枝黄花

扫码可阅读资料：2-1 生态杀手——加拿大一枝黄花。

2.2 生态学在环境保护中的应用

2.2.1 对环境质量的生物监测与生物评价

生物监测是指利用生物对环境中某些污染物的反应，即生物在污染环境中发出的信息，来判断环境污染程度的方法。对特定污染物质敏感的生物，都可以作为监测生物。如一些藻类、浮游生物和鱼类可监测水体污染，土壤藻类和螨类可监测土壤污染。监测生物所发出的各种信息包括受害症状、生长发育受阻、生理机能改变及形态解剖学变化等，可以判断环境中污染物的种类，通过反应的强度，可以判断环境受污染的程度。如利用植物叶片受污染后的伤害症状对大气污染进行监测和评价，二氧化硫可使叶脉间出现白色烟斑或坏死组织，而氟化物则可使叶缘或叶尖出现浅褐色或褐红色的坏死部分，利用这种受害症状可以判断污染物的种类；同时也可以根据叶片受害程度的轻重、受害面积的大小，判断污染的程度；还可以根据叶片中污染物的含量、叶片解剖构造的变化、生理机能的改变、叶片和新梢生长量等，来监测大气的污染发展状况。

生物评价是指用生物学原理，按一定方法对一定范围内的环境质量进行评定和预测。生态指标与环境质量直接存在一定的关系，常采用的方法有指示生物法、生物指数法和种类多样性指数法等。生物评价的性质有回顾评价、现状评价和预测评价。

2.2.2 对污染环境的生物净化

生物与污染的环境之间，也存在着相互影响和相互作用的关系。污染的环境作用于生物体的同时，生物也同样作用于环境，使污染的环境得到一定程度的净化，提高环境对污染物的承载负荷，增加环境容量。人们运用生物对其生活环境中的污染物质有吸收、降解、减毒等功能，充分发挥生物的净化能力。例如大量栽培具有净化大气能力的乔木、灌木和草坪，利用植物吸收大气中的污染物质、滞尘、消减噪声和杀菌等作用，建立完善的城市防污绿化体系，以达到大气污染物生物净化的目的；利用水生植物附着、吸收、积累和降解污水中的有机污染物和重金属，达到水体污染的生物净化目的。

2.2.3 利用生态学规律指导经济建设

人类生存环境是一个完整的生态系统或若干个生态系统的组合。人类对环境的利用必须在遵循经济规律的同时遵循**生态规律**。在现代化工业建设中，为了解决环境问题，必须把生态学的基本理论和基本观点渗透到工农业生产之中，运用生态系统的物质循环原理，建立闭路循环生态工艺体系，实现资源和能源的高效率综合利用，有效地保护环境质量。

（1）生态农业

生态农业是根据生态学原理，应用现代科学技术方法所建立和发展起来的一种多层次、多结构、多功能的集约经营管理的综合农业生产体系。它的生产结构与传统农业不同，是将农林牧副渔各业合理结合，使初级生产者农作物的产物能沿食物链的各个营养级进行多层次利用，最大限度提高能量流、物质流在生态系统中运转的利用效率，实现高效生产，同时创造一个舒适而美好的生存环境。生态农业的重要意义就在于把经济规律与生态规律结合起来，使现在的生态失调得到扭转。菲律宾的玛雅农场被视为生态农业的一个典范，如图 2-5 所示，玛雅农场把农田、林地、鱼塘、畜牧场、加工厂和沼气池有机结合，使整个农场成为一个高效、和谐的农业生态系统。该系统通过两个途径完成物质循环，农作物和林业生产的有机物经过三次重复使用，最大限度提高物质循环利用。农作物、森林→粮食、秸秆、枝叶→喂养牲畜→粪便→沼气→沼渣→肥料→农作物、森林，构成了第一个物质循环途径；牲畜→粪便→沼气→沼渣→饲料→牲畜，构成了第二个物质循环途径。用农作物生产的粮食和秸秆及林业生产的枝叶喂养牲畜是对营养物质的第一次利用；用牲畜粪便和肉食加工厂的废水生产沼气，是对营养物质的第二次利用；用经过氧化塘处理的沼液养鱼、灌溉，用加工厂处理沼渣产生的有机肥料肥田，产生的饲料喂养牲畜，是对营养物质的第三次利用。同时在整个系统中，农作物和林木通过光合作用将光能转化为化学能，存储在有机物质中；这些化学能又通过沼气发电转化成电能；在加工厂中，电能带动机器，电能又转化成机械能；用电照明，电能又转化成光能。这样，实现了物质和能量的流动和转化，大大提高了能量流、物质流在生态系统中运转的利用效率，创造了更多的财富，增加了收入，又不向环境排放废弃物，防止了环境污染。**生态农业是适合中国国情的可持续农业发展模式，目前正在蓬勃发展，如江南的桑基鱼塘就是我国生态农业的典型模式**。

2-2 江南桑基鱼塘

扫码可阅读资料：2-2 江南桑基鱼塘。

（2）生态工业

生态工业是指运用生态学原理，不仅要求在生产过程中输入的物质和能量获得最大限度的利用，而且力争使废弃物完全能被自然界的动植物所分解、吸收或利用，**实现资源和能源的高效率综合利用，实现社会经济效益最大的生产模式**。生态工业的工艺主要是无废料生产

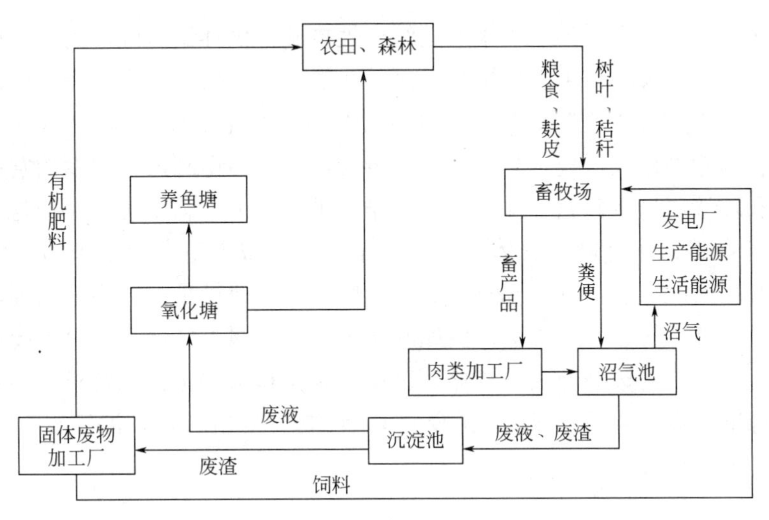

图 2-5　玛雅农场生态系统示意图（引自程发良等，2014）

工艺，无废料是相对而言，指不向环境排放对生物有毒有害物质，如造纸工业闭路循环工艺，如图 2-6 所示。该工艺流程包括火力发电、造纸系统和废弃物的回收利用三大部分。造纸系统产生的废液，火力发电产生的余热、低压蒸汽、高压蒸汽、排烟中二氧化硫等通过废物回收利用处理，循环利用再回到系统中或制成建材二次利用，这样既使资源和能源得到综合利用，又减少了污染、保护了环境。

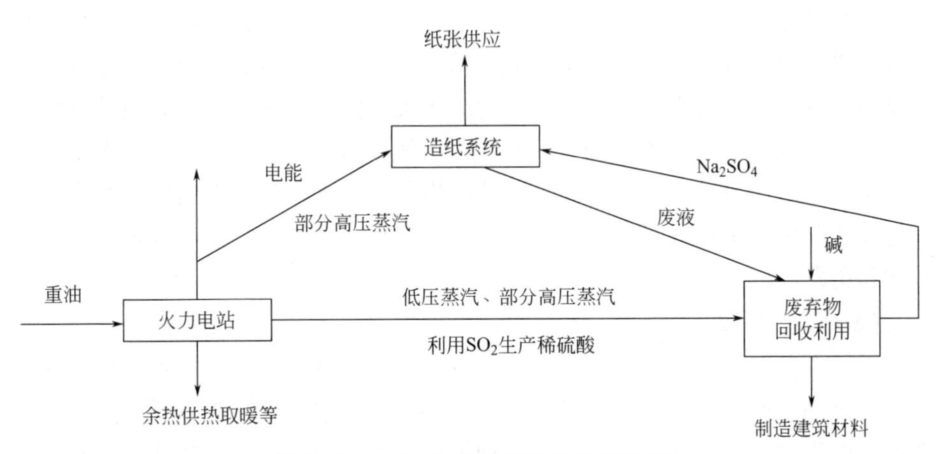

图 2-6　造纸工业闭路循环工艺流程示意图

（3）开展城市生态学的研究

城市生态学是研究城市人类活动与城市环境之间关系的一门学科。城市生态学将城市视为一个以人为中心的人工生态系统，在理论上着重研究其发生和发展的动因，组合和分布的规律，结构和功能的关系，调节和控制的机制；在应用上旨在运用生态学原理规划、建设和管理城市，提高资源利用率，改善城市系统关系，增加城市活力。城市化迅速发展的实践证明，随着城市人口的迅速增加、城市工业化水平的不断提高、城市数量的不断增加等，城市经济发展和城市生态环境之间的矛盾日益复杂尖锐，引起了一系列城市问题如人口密集、水源短缺、交通拥挤、环境污染、疾病流行等。这些问题的解决，必须依赖从城市整体出发，采取综合性措施。城市生态学为所需采取的综合性措施提供理论基础，为解决城市生态环境与经济发展的矛盾、实现城市生态环境与经济的协调发展、促进人类社会健康发展提供可行的方法。随着“绿色经济”“低碳生活”的深入人心，引发了人们对“生态城市”的渴望。生态城市是一种理想城模式，技术与自然充分融合，生产力得到最大限度的发挥和利用，居民的身心健康和环境质量得到充分保护。城市循环类似一个生态系统，保护与合理利用一切自然资源，人、自然、环境融为一体，互惠共生。中国城市生态学未来的工作重点之一是“无废城市”建设，该试点工作已全面启动。“无废城市”建设是一项系统工程，需要与相关工作一体谋划、一体部署、一体推进，例如威海市作为全国“11+5”个“无废城市”建设试点城市和地区之一，严格按照源头减量化、过程资源化和末端无害化要求，高水平谋划、高规格推动、高标准建设，全面形成以“无废城市”打造“精致城市”，海洋废弃物“海陆统筹”综合管控等典型经验模式。

2.3 生态污染与修复

2.3.1 生态修复的定义与特点

（1）生态修复的定义

生态修复是指利用生态工程学或生态平衡、物质循环的原理和技术方法或手段，对受污染或受破坏、受胁迫环境下的生物生存和发展状态的改善、改良，或修复、重现。其中包含对生物生存物理、化学环境的改善和对生物生存“邻里”、食物链环境的改善等。生态修复是以生态学原理为依据，利用特异性生物自身对污染物的代谢过程，同时借助物理、化学修复以及工程技术中某些强化或条件优化后的措施，使被污染环境得以修复。生态修复的出发点和立足点是整个生态系统，是对生态系统的结构与功能进行整体上的修复和改善，要求人们改变思想观念和生产生活方式，遵循自然规律，调整产业结构，提高环境人口容量，实现人与自然的和谐发展。

（2）生态修复的特点

污染环境生态修复是以生态学原理为基础对多种修复方式的优化综合。其首要特点是严格遵循现代生态学“循环再生、和谐共存、整体优化、区域分异”等基本原则；其次生态修复的实施，需要生态学、物理学、化学、植物学、微生物学、栽培学和环境工程等多学科的参与，多学科交叉也是生态修复的特点；再者，生态修复具有影响因素多而复杂的特点，主要是通过植物和微生物等的生命活动来完成的，影响生物活动的各种因素将成为生态修复的重要影响因素。

2.3.2 生态修复的基本原理

（1）污染物的生物吸收与积累机制

植物会不同程度地从根际圈内吸收土壤或水体中污染的重金属，吸收数量的多少取决于植物根系生理功能、根际圈内微生物群落组成、重金属种类和浓度、pH 以及土壤的理化性质等因素。

（2）有机污染物的转化机制

植物可以通过**木质化作用**将吸入体内的有机污染物及其残片储藏在新生的组织结构中，也可以**利用代谢**或**矿化作用**将有机污染物转化为二氧化碳和水，抑或使有机污染物挥发。根系对有机污染物的吸收程度取决于**植物的吸收率**、**蒸腾速度**和**有机污染物**的浓度。植物的吸收率取决于污染物的种类、理化性质及植物本身特性。蒸腾作用可能是决定根系吸收污染物速率的关键变量，这涉及土壤或水体的物理化学性质、有机污染物含量及植物的生理功能等因素。一般来说，植物根系对无机污染物，如重金属的吸收强度要大于对有机污染物的吸收强度，植物根系对有机污染物的修复，主要是依靠根系分泌物对有机污染物产生的络合和降解等作用。此外，植物根死亡后，向土壤释放脱卤酶、硝酸还原酶和过氧化物酶等继续发挥分解作用。

（3）有机污染物的生物降解机制

生物降解是指通过生物的新陈代谢活动将污染物分解成简单化合物的过程。这些生物包括部分动物和植物，通常主要是微生物降解。由于微生物具有氧化还原、脱羧、脱氯、脱氢和水解等各种独到的化学作用，同时本身繁殖速度快，遗传变异性强，能以较快的速度适应发生变化的环境条件，能将大多数污染物降解为无机物，其对能量利用的效率也比动植物更高。微生物具有降解有机污染物的潜力，但有机污染物能否被微生物降解取决于这种有机污染物是否具有可生物降解性，即有机化合物在微生物作用下转变为简单小分子化合物的可能性。多年研究表明，在数以百万甚至千万计的有机污染物中，绝大多数都具有可生物降解性，并且有些专性或非专性降解微生物的降解能力及机制已被研究得十分清楚，但也有许多有机污染物是难降解或根本不能降解的，这就要求加深对微生物降解机制的了解，以提高微生物降解的潜力。

2.3.3 生态修复的主要方法

（1）物理修复

物理修复是根据物理学原理，利用一定的工程技术，使环境中的污染物部分或彻底去除，或转化为无害形式的一种污染环境治理方法。相对于其他修复方法，物理修复一般需要研制大中型修复设备，因此其耗费也相对昂贵。物理修复方法很多，如污水处理中的沉淀、过滤和气浮等，大气污染治理的重力除尘、惯性力除尘和离心力除尘等，污染土壤修复的换土法、物理分离、固定和低温冰冻等。

（2）化学修复

化学修复是利用加入到环境介质中的化学修复剂能够与污染物发生一定的化学反应，使污染物被降解、毒性被去除或降低的修复技术。注入的化学物质可以是氧化剂、还原剂、沉淀剂或解吸剂、增溶剂。化学修复方法应用范围较广，如污水处理的氧化、还原、化学沉淀、萃取和絮凝等；气体污染物治理的湿式除尘法、燃烧法，含硫、氮废气的净化等；污染土壤修复的化学淋洗、溶剂浸提、化学氧化修复和土壤性能改良修复技术等。

（3）微生物修复

微生物修复即利用天然存在的或人为培养的专性微生物对污染物的吸收、代谢和降解等作用，将环境中有毒污染物转化为无毒物质甚至于彻底去除的环境污染修复技术。微生物是人类采取生物手段来修复污染环境最早的生命形式，而且对于污水处理来说其应用技术比较成熟，影响也极其广泛。

（4）植物修复

植物修复是指利用植物及其根际圈微生物体系的吸收、挥发、转化和降解的作用机制来清除环境中污染物质的一项新兴的污染环境治理技术。修复植物是指能够达到污染环境修复要求的特殊植物，如能直接吸收、转化有机污染物质的降解植物；利用根际圈生物降解有机污染物的根际圈降解植物；对空气净化效果好的绿化树木和花卉等；以及提取重金属的超积累植物、挥发植物和用于污染现场稳定的固化植物等。植物修复包括利用植物及其根际圈微生物体系对污染土壤或污染水体的重金属及有机污染物质等进行治理，以及利用植物对室内空气污染和城市烟雾等进行净化。

（5）自然修复

生态系统都具有自然修复的能力，包括污染物的自净化、植被的再生、群落结构的重构和生态系统功能的修复等。对于污染物，生态系统通过生物地球化学循环具有自我净化的能力，例如土壤中的重金属可在物理、生物和化学作用下失活或转化，从而减轻重金属毒害；水资源中含砷、石油类等污染物，也可以自然衰减，降低环境风险；土壤中微生物的增加，可以提高营养元素的活性从而弥补土壤肥力的不足，达到提高系统生物产量的目的。

课后习题

1. 什么是生态系统？它具有哪些结构和功能特性？
2. 什么是生态平衡？破坏生态平衡的标志是什么？
3. 生态学在环境保护中的应用有哪些？
4. 什么是生态修复？生态修复的基本原理是什么？
5. 生态修复的主要方法有哪些？

第3章
可持续发展战略

学习目标

 知识目标

了解可持续发展理论产生和发展的过程；掌握可持续发展的概念、内涵、主要内容和基本原则；了解可持续发展的指标体系。

 能力目标

理解环境与发展的辩证关系，运用可持续发展理论，对环境问题和经济社会发展的矛盾进行预测、分析，并提出解决措施。

素质目标

遵循可持续发展理念，关注中国政府实现可持续发展目标的重要举措和成就。

3.1 可持续发展基本理论

3.1.1 可持续发展的产生与发展

发展是人类社会不断进步的永恒主题。工业革命以后，随着科学技术的进步和社会生产力的提高，创造了前所未有的物质财富。但是，随着世界人口急剧膨胀、资源过度消耗和浪费，严重的生态破坏和环境污染已经成为全球性的问题，传统发展模式面临着严峻挑战。全球每年向环境排放大量废水、废气和固体废物，温室效应、臭氧层空洞、酸雨等污染对地球环境造成沉重的负担。此外，人类的经济活动还导致森林过度砍伐，生物多样性遭受破坏甚至毁灭，水源的过度开发造成淡水资源短缺等，已经威胁到人类的基本生存；由于环境容量有限，自然资源的补给、再生和增长都需要时间。在这种严峻的形势下，人类不得不重新审视自己的社会经济行为，努力寻求一种人口、资源、经济、社会和环境相互协调的，既能满足当代人的需要又不对后代人的生存需要构成危害的新的发展模式，可持续发展思想在此过程中逐步形成。

（1）反思

20 世纪 50 年代，随着环境污染的日趋加重，特别是西方国家公害事件的不断发生，环境问题频频困扰人类。1962 年，美国海洋生物学家**蕾切尔·卡逊**（Rachel Karson）发表了

科普著作《寂静的春天》。作者通过研究美国使用杀虫剂对环境和人类产生的危害，阐明了污染物在环境中的富集、迁移和转化，初步揭示了污染对生态系统的影响。“地球上生命的历史一直是生物与其周围环境相互作用的历史……只有人类出现后，生命才具有了改造其周围大自然的能力。在人对环境的所有改造中，最令人震惊的是空气、土地、河流以及大海受到各种致命化学物质的污染。这种污染是难以恢复的，因为它们不仅进入了生命赖以生存的世界，而且进入了生物组织内”。卡逊警示世人，人们长期以来发展前进的道路潜伏着灾难。自此，环境保护的思想在世界范围内引起人们的严肃反思。20 世纪 60 年代末，人们开始越来越多地关注环境问题。

（2）觉醒

随着科学的进步，人类的社会经济活动过度地消耗了资源，严重影响和破坏了环境，资源和环境对人类发展的负面效应也越来越大，出现了恶性循环。1972 年，以麻省理工学院梅多斯（Dennis L. Meadows）为首的研究小组，针对长期流行于西方的高增长理论进行了深刻反思，写出了一份研究报告《增长的极限》。该报告深刻阐明了环境的重要性，以及资源与人口增长的基本联系，认为由于世界人口增长，粮食生产、工业发展、资源消耗和环境污染这些基本因素呈现出指数增长而非线性增长。地球的支撑力和环境容量将会因为人口增长、粮食短缺和环境破坏于某个时间达到极限，经济增长将发生不可控制的衰退。要避免因超越地球资源极限而导致世界崩溃的最好方法是限制增长。

《增长的极限》一经发表，在国际学术界引起了强烈的反响。该报告在促使人们关注人口、资源和环境问题的同时，因其反对和限制增长而遭受到尖锐的批评和责难，引发了一场激烈的、旷日持久的学术之争。由于选择因素的局限，该报告的结论和观点，存在明显的缺陷。但是，报告提出的对人类前途的“严肃的忧虑”及其唤起的人类自身觉醒，其积极意义是毋庸置疑的，它所阐述的“合理的、持久的均衡发展”，为孕育可持续发展思想提供了土壤。

（3）全球环境问题挑战

1972 年 6 月 5 日，联合国在瑞典首都斯德哥尔摩召开了“联合国人类环境会议”，来自世界 113 个国家和地区的代表共同讨论环境对人类的影响问题，这是人类第一次将环境问题纳入世界各国政府国际政治议程。会议通过了著名的《联合国人类环境宣言》（简称《人类环境宣言》），宣布了 37 个共同观点和 26 项共同原则，并制定了斯德哥尔摩计划。会议向全球宣言：现在已经到达这样一个历史时刻，我们必须更慎重地考虑世界各国的行动对环境产生的后果。由于无知或漠不关心，我们可能给生存所依赖的地球环境造成巨大的无法挽回的损失。保护和改善人类环境是关系到全世界各国人民幸福和经济发展的重要问题，是世界各国人民的迫切希望和各国政府的责任，也是人类的紧迫目标。各国政府和人民必须为全体人民自身和后代的利益作出共同的努力。

联合国人类环境大会唤起了各国政府对环境问题的重视，尽管大会对解决环境问题的途径尚未确定，没能找出问题的根源和责任，但是各国政府和公众的环境意识，无论是在广度还是深度上都向前迈了一大步。同年召开的第二十七届联合国大会，决定将每年的 6 月 5 日定为“世界环境日”。

20 世纪 70 年代，发达国家环境污染状况仅在局部得到改善，整体仍在持续恶化，到 80 年代出现了第二次环境问题的高潮。1982 年 5 月 10 ～ 18 日在内罗毕召开的人类环境特别会议发现，斯德哥尔摩行动计划未收到实效。

（4）重大飞跃

20 世纪 80 年代末、90 年代初，全球性的环境问题已经威胁到人类的生存与发展。联合国本着研究自然、社会、生态、经济以及利用自然资源过程中的基本关系，确保全球发展的宗旨，于 1983 年 3 月成立了以挪威首相布伦特兰夫人（G. H. Brundland）任主席的世界环境与发展委员会（WCED）。联合国要求其负责制订长期的环境对策，研究能使国际社会更有效地解决环境问题的途径和方法。经过深入研究和充分论证，该委员会于 1987 年向联合国大会提交了研究报告《我们共同的未来》。该报告分为“共同的问题”“共同的挑战”和“共同的努力”三大部分。报告将注意力集中于人口、粮食、物种和遗传资源、能源、工业和人类居住等方面。在系统探讨了人类面临的一系列重大经济、社会和环境问题之后，提出了“可持续发展”的概念。报告深刻指出，在过去，人们关心的是经济发展对生态环境的影响，而现在，人们正迫切地感到生态的压力给经济发展所带来的重大影响。因此，人们需要寻求一条新的发展道路，一条不仅能在若干年内、在若干地方支持人类进步的道路，而且是一直到遥远的未来都能支持全球人类进步的道路。布伦特兰鲜明、创新的科学观点，将人类从单纯考虑环境保护，引导至将环境保护与人类发展切实结合起来，实现了有关环境与发展思想的重要飞跃。

（5）可持续发展的里程碑

1992 年 6 月，联合国在巴西里约热内卢召开了“环境与发展大会”，共有 183 个国家的代表团和 70 个国际组织的代表出席了会议，102 位国家元首或政府首脑到会讲话。会议通过了以可持续发展为核心的《里约环境与发展宣言》（又名《地球宪章》）和《21 世纪议程》两个纲领性文件。《里约环境与发展宣言》是开展全球环境与发展领域合作的框架性文件，是为了保护地球永恒的活力和整体性，建立一种新的、公平的全球伙伴关系的“关于国家和公众行为基本准则”的宣言，提出了实现可持续发展的 27 条基本原则。《21 世纪议程》是全球范围内可持续发展的行动计划，旨在建立 21 世纪世界各国在人类活动对环境产生影响的各个方面的行动规则，为保障人类共同的未来提供一个全球性措施的战略框架。此外，各国政府代表还签署了联合国《气候变化框架公约》《生物多样性公约》等国际文件。可持续发展得到世界最广泛和最高级别的政治承诺。以这次大会为标志，人类对环境与发展的辩证关系和全球环境问题的严峻形势，达成统一认识，世界各国普遍接受执行“可持续发展战略”，找到了解决环境问题的正确道路。自此，人类正式走上了可持续发展道路，向新的文明时代迈出了关键性一步，为人类的环境与发展矗立了一座重要的里程碑。

3-1《21 世纪议程》简介

扫码可阅读资料：3-1《21 世纪议程》简介。

1972 ～ 1992 年，经过 20 年的实践与反思，走可持续发展道路是人类的觉醒和正确的抉择，是历史发展的必然趋势。可持续发展是人类对工业文明进程进行反思的结果，是人类为了克服一系列环境、经济和社会问题，特别是全球性的环境污染和广泛的生态破坏，以及经济发展、社会发展和环境保护之间关系失衡所做出的理性选择。

1991 年，中国发起召开了“发展中国家环境与发展部长会议”，发表了《北京宣言》。1992 年，中国政府在联合国环境与发展大会上庄严签署了环境与发展宣言，随后编制了《中国 21 世纪人口、资源、环境与发展白皮书》，首次把可持续发展战略纳入我国经济和社会发

3-2《中国21世纪议程》简介

展的长远规划。1994年3月25日，国务院通过了**《中国21世纪议程》（简称《议程》）**，为了支持《议程》的实施，还制订了《中国21世纪议程优先项目计划》。1995年，国务院将可持续发展作为国家的基本战略，号召全国人民积极参与这一伟大实践。1997年，中共十五大把可持续发展战略确定为我国“现代化建设中必须实施”的战略。2002年，中共十六大把“可持续发展能力不断增强”作为全面建设小康社会的目标之一。

扫码可阅读资料：3-2《中国21世纪议程》简介。

3.1.2 可持续发展的概念和基本内涵

可持续发展（sustainable development）的概念，最早可以追溯到1980年由世界自然保护联盟（IUCN）、联合国环境规划署（UNEP）和野生动物基金会（WWF）共同发表的《世界自然资源保护大纲》中提出的“必须研究自然的、社会的、生态的、经济的以及利用自然资源过程中的基本关系，以确保全球的可持续发展”。

有关可持续发展的定义被广泛接受和影响最大的是1987年以布伦特兰夫人为首的世界环境与发展委员会（WCED）发表的报告《我们共同的未来》中的定义。这份报告正式使用了可持续发展的概念并提出可持续性发展模式，第一次对可持续发展的思想进行了系统阐述，得到了国际社会的广泛共识并产生了广泛的影响。报告中，**可持续发展被定义为：“既能满足当代人的需要，又不对后代人满足其需要的能力构成危害的发展。”**

可持续发展是一个涉及自然环境、经济、社会、文化、科学技术的综合概念，是立足于环境和自然资源角度提出的关于人类长期发展的战略和模式，它强调环境承载能力和资源的永续利用对发展进程的重要性和必要性。可持续发展的基本内涵主要包括以下三个方面：

（1）可持续发展突出发展的主题，鼓励经济增长

可持续发展强调经济增长的必要性，通过经济增长提高人类的生存质量和福利水平，增强国家实力和社会财富。可持续发展不仅重视经济增长的数量，更要追求经济增长的质量，发展是集社会、科技、文化、环境等多项因素整体的发展，是人类共同和普遍的权利。经济增长的数量是有限的，需要依靠科学技术进步，提高经济活动中的效益和质量，采取科学的可持续的经济增长方式。

（2）可持续发展的标志是资源的永续利用和良好的生态环境

可持续发展以自然资源为基础，与生态环境相协调，经济和社会发展不能超越资源和环境的承载能力。它要求在严格控制人口增长、提高人口素质和保护环境、资源永续利用的条件下，进行经济建设，保证以可持续的方式使用自然资源和环境成本，使人类的发展控制在地球的承载力之内。可持续发展强调发展是有限制条件的，要实现可持续发展，必须使自然资源的耗竭速率低于资源的再生速率，通过转变发展模式，从根本上解决环境问题。

（3）可持续发展的目标是谋求人与自然的和谐及社会的全面协调发展

可持续发展的观念认为，世界各国的发展阶段和发展目标不同，但发展的本质包括改善人类生活质量，提高人类健康水平，创造一个平等、自由的社会环境。在可持续发展体系中，经济发展是基础，自然生态保护是条件，社会进步是目的，三者是相互影响、协调统一的整体。人类必须建立新的道德观念和价值标准，尊重自然、保护自然，与自然和谐相处，协调共生。

可持续发展包括三方面的基本内容，即经济可持续发展、生态可持续发展和社会可持续发展。根据中国的具体国情，对可持续发展的认识和理解，强调了以下基本观点：

① 可持续发展的核心是发展。

② 可持续发展的重要标志是资源的永续利用和良好的生态环境。

③ 可持续发展既要考虑当前发展的需要，又要考虑未来发展的需要，不以牺牲后代人的利益为代价来满足当代人利益的发展。

④ 可持续发展的关键是转变人们的思想观念和行为规范。

⑤ 实施可持续发展战略需要改善综合决策机制和管理机制。

⑥ 实施可持续发展战略的实质，是要开创一种新的发展模式，取代传统落后的发展模式，达到节约资源、保护环境，为后代留下更大的发展空间和更多的发展机会。

3.1.3 可持续发展的基本原则

可持续发展是一种全新的人类生存方式和发展观念，它表明一种思想：不仅仅满足人类生存的基本要求，更要关注人类生活质量的提高。这种发展理念强调公众的积极参与，体现在以资源利用和环境保护为主的环境领域，以发展为目的的社会和经济生活领域。因此，可持续发展必须遵从一些基本原则。

（1）公平性（fairness）原则

可持续发展强调发展应该追求多个层面的公平，即**本代人之间的公平**、**代际间的公平**和**资源分配与利用的公平**。可持续发展强调机会和利益均等的发展，既包括同代内区际间的均衡发展，即一个地区的发展不应以损害其他地区的发展为代价；也包括代际间的均衡发展，既满足当代人的需要，又不损害后代的发展能力。该原则认为人类各代都处在同一生存空间，对这一空间中的自然资源和社会财富拥有同等享用权，应该拥有同等的生存权。

（2）持续性（sustainability）原则

持续性原则的核心思想是人类经济和社会的发展不能超越资源和环境的承载能力，从而真正将人类的当前利益与长远利益有机结合。限制可持续发展的因素很多，最主要的是人类赖以生存的物质基础——自然资源与环境。资源的永续利用和生态环境的可持续性是实现可持续发展的根本保证。人类社会的发展必须以不损害自然环境为前提，要充分考虑资源的临界性和环境的承载能力。根据持续性原则调整自身的消耗标准，而不是盲目地过度生产和消费。

（3）共同性（common）原则

可持续发展是超越文化与历史的障碍来看待全球问题的，它所讨论的问题是关系到全人类的问题，所要达到的目标是全人类的共同目标。虽然国情不同，各国实现可持续发展的具体模式不同，但其公平性和持续性原则是共同的。各个国家要实现可持续发展都需要适当调整其国内和国际政策。只有全人类共同努力，才能实现可持续发展的总目标，从而将人类的局部利益与整体利益结合起来。

3.2 可持续发展的指标体系及目标与原则

3.2.1 指标体系

可持续发展战略包括社会可持续发展、经济可持续发展和生态可持续发展三个范畴，目的是实现社会、经济和环境三个系统的综合发展，实现经济效益和自然资源的有效配置和合理利用，实现社会和生态、人与自然的和谐统一。因此，衡量可持续发展的指标应更具科学性。

1994 年联合国可持续发展委员会召开国际会议，鼓励世界各国为制定指标体系做出贡献。可持续发展指标体系（sustainable development index system）是由状态指标、压力指标和响应指标所表征的影响环境可持续发展的指标系统。“状态指标”表征环境物理变化（或生物变化）或趋势，以及相应的社会经济发展趋势，回答了“发生了什么样的变化”的问题，用来衡量环境质量或环境状态，特别是由于人类活动引起的变化以及因此对人类福利的影响。“压力指标”是表征引起环境变化的人类活动的状况，回答了“为什么会发生如此变化”的问题，即环境问题产生的原因，用来衡量人类活动对环境造成的压力。“响应指标”表征人类对环境问题所采取的对策，回答了“做了什么以及该做什么”的问题，它用来表明社会为解决环境问题而进行的努力，其特征为面向用户、政策相关性、指标的高度综合性、指标数值的定量化，以及可评价性等。这些指标可归纳为三种类型，分别是可持续发展的单项指标、复合指标和系统指标。目前比较有影响的可持续发展指标体系有以下几种。

（1）生态需求指标（the ecological demand indicators）

生态需求指标早在 1971 年由美国麻省理工学院提出，旨在定量测算经济增长对于资源及环境的压力。“生态需求”是指人类对环境所需一切的总和，即从环境中开采资源的需要及各类废弃物返回环境的需要之总和。生态需求指标表达式为：

$$E=\Sigma(R_i,\ P_j)$$

式中，E 表示生态需求；R 代表对于资源的需要；P 代表接受废弃物的需要。此指标简洁明了，被视作现代可持续发展指标体系的先行者之一，但由于它过分笼统，识别能力受到限制，因而未获广泛应用。

（2）人文发展指数（human development index，HDI）

人文发展指数一般指人类发展指数，是由联合国开发计划署（united nations development programme，UNDP）在 1990 年的《人文发展报告》中提出的，以“预期寿命、教育水准和生活质量”三项基础变量，按照一定的计算方法，得出的综合指标；是用以衡量联合国各成员国经济社会发展水平的指标，是对传统的国民生产总值（GNP）指标挑战的结果。1990 年以来，人文发展指标已经在指导发展中国家制定相应发展战略方面发挥了极其重要的作用。UNDP 每年都发布世界各国的 HDI，并在《人类发展报告》中使用它来衡量各个国家的人类发展水平。HDI 的局限性在于，计算 HDI 时对指标变量的选择和权重的确定还需要进一步分析和完善，建议针对不同国家制定不同的参照值，增加更多的变量，并建立非综合指数。

（3）绿色 GDP 或可持续收入（sustainable income，SI）

绿色 GDP 是综合环境经济核算体系中的核心指标，在传统 GDP 基础上融入资源和环境的因素，是指一个国家或地区在考虑了自然资源（主要包括土地、森林、矿产、水和海洋）耗减成本与环境因素（包括生态环境、自然环境、人文环境等）降级成本影响之后经济活动的最终成果，即将由环境污染、自然资源退化、教育低下、人口数量失控、管理不善等因素引起的经济损失成本从 GDP 中予以扣除。绿色 GDP 指标实质上代表了国民经济增长的净正效应，绿色 GDP 占 GDP 的比重越高，表明国民经济增长的正面效应越高，负面效应越低，反之亦然。绿色 GDP 的核算方法，即现行 GDP 总量扣除环境资源成本和对环境资源的保护服务费用所剩下的部分：

绿色 GDP=GDP 总量 –（环境资源成本 + 环境资源保护服务费用）

（4）生态足迹（ecological footprint，EF）

生态足迹是指能够持续地提供资源或消纳废物的具有生物生产力的地域空间（biologically productive areas），其含义就是要维持一个人、地区、国家的生存所需要的或者指能够容纳人类所排放的废物的具有生物生产力的地域面积。

生态足迹也称“生态占用”，是指特定数量人群按照某一种生活方式所消费的，自然生态系统提供的，各种商品和服务功能，以及在这一过程中所产生的废弃物需要的环境吸纳，并以生物生产性土地（或水域）面积来表示的一种可操作的定量方法。

生态足迹的计算是基于两个简单的事实：一是我们可以保留大部分消费的资源以及大部分产生的废弃物；二是这些资源以及废弃物大部分都可以转换成可提供这些功能的生物生产性土地。生态足迹的计算方式明确地指出某个国家或地区使用了多少自然资源，然而，这些足迹并不是一片连续的土地，由于国际贸易的关系，人们使用的土地与水域面积分散在全球各个角落，这需要很多研究来决定其确定的位置。

生态足迹计算表达式：

$$\mathrm{EF}=N\times \mathrm{ef}=N\times \Sigma\ (aa_i)=\Sigma\, r_j A_i=\Sigma\ (c_i/p_i)$$

式中，EF 为总的生态足迹；N 为人口数；ef 为人均生态足迹；c_i 为 i 种商品的人均消费量；p_i 为 i 种消费商品的平均生产能力；aa_i 为人均 i 种交易商品折算的生物生产面积；i 为所消费商品和投入的类型；A_i 为第 i 种消费项目折算的人均占有的生物生产面积；r_j 为均衡因子。

（5）持续发展经济福利模型（economic welfare model of sustainable development，WMSD）

受世界银行直接资助，由资深经济学家戴尔和库帕制定。该模型考虑的因素相当全面，计算也比较复杂，目前仅用于发达国家尤其是美国，发展中国家还很少使用。

（6）调节国民经济模型

目的是将单一的国民生产总值衡量贫富标准，转换到考虑更多调整因素后再去对国民经济加以分析，更多涉及所产生的社会效果。目前该类指标在考虑环境成本、环境收益、自然资本和环境保护的基础上建立“绿色 GDP”或“绿色 GNP”体系，引起了全球的广泛兴趣，但进入实用阶段还需要大量的基础工作。

（7）可持续发展模型

1993 年由中国的牛文元、美国的约纳森和阿伯杜拉共同提出，该模型构造了独立的理论框架，扩展了重要的空间响应等附加因素，并设计了计算程序，模型中充分考虑了发展中国家的特点。

（8）联合国可持续发展指标体系

联合国可持续发展指标体系，是 1996 年由联合国可持续发展委员会（CSD）与联合国政策协调和可持续发展部联合其他有关机构提出的可持续发展核心指标框架。体系中包括以下指标。

① 驱使力指标：表征造成发展不可持续的人类活动和消费模式或经济系统的因素。

② 状态指标：表征可持续发展过程中各系统的状态。

③ 响应指标：表征人类为促进可持续发展进程所采取的对策。

3.2.2 目标与原则

（1）可持续发展目标

3-3 联合国 17 个可持续发展目标

联合国可持续发展目标（sustainable development goals，SDG），是联合国制定的 17 个全球发展目标，在 2000 ～ 2015 年千年发展目标（MDG）到期之后继续指导 2015 ～ 2030 年的全球发展工作。2015 年是关键的转折点，是千年发展目标计划的收官之年，也是新的可持续发展目标启动之年。2015 年 9 月 25 日，联合国可持续发展峰会在纽约总部召开，联合国 193 个成员国在峰会上正式通过 17 个可持续发展目标。扫码可阅读资料：3-3 联合国 17 个可持续发展目标。

可持续发展目标旨在从 2015 年到 2030 年间以综合方式彻底解决社会、经济和环境三个维度的发展问题，转向可持续发展道路。可持续发展目标将指导 2015 年至 2030 年的全球发展政策和资金使用，同时作出了历史性的承诺：首要目标是在世界每一个角落永远消除贫困。扫码可阅读资料：3-4《变革我们的世界：2030 年可持续发展议程 联合国公约与宣言》。

2015 年 7 月 24 日，中国政府和联合国驻华系统合作撰写的《中国实施千年发展目标报告（2000 ～ 2015 年）》正式发布。同日，联合国开发计划署驻华代表处和外交部共同主办了 2015 年后发展议程国际会议，讨论了新议程的议题，并着重探讨中国将在 2015 年后发展峰会及可持续发展目标实施中发挥的作用。

3-4《变革我们的世界：2030 年可持续发展议程 联合国公约与宣言》

在当前经济、社会、环境条件下，要实现从传统发展模式向可持续发展模式的有序转变，就必须通过建立科学可行的可持续发展指标体系，构建评估信息系统，监测和揭示区域发展过程中的社会经济问题和环境问题，分析各种问题的原因，评价可持续发展水平，以此引导政府更好地贯彻可持续发展战略，并为其规划的制定和实施提供科学依据，这就是指标体系的目标。扫码可阅读资料：3-4《变革我们的世界：2030 年可持续发展议程 联合国公约与宣言》。

2015 年，联合国开发计划署与新华社**《瞭望东方周刊》**共同发布**《2015 年中国城市可持续发展报告》**，这是联合国 193 个会员国在 2015 年 9 月联合国可持续发展峰会通过新的 17 个可持续发展目标后，首份在中国发布的城市可持续发展评估报告。报告依据“中国城市可持续发展指标体系”，运用联合国人类发展指数和生态投入指数，对中国 35 个大中城市、长三角核心区 16 个地级以上城市进行了研究。该报告不强调城市在具体指数上的排名，而是划定了人类发展和生态投入的理想范围，为城市的可持续发展提供目标。列入研究范围的 35 个城市在生态投入指标上的表现均比 2014 年有所改善，中国城市可持续发展的总体趋势乐观。

国家可持续发展议程创新示范区

2018 年 3 月，国务院正式批复，同意深圳市、太原市、桂林市建设国家可持续发展议程创新示范区。要把握好示范区建设的战略要求，探索出符合国际潮流，具有中国特色、地方特点的可持续发展之路，为国内外同类地区发展作出示范。2019 年 5 月 14 日，国务院分别批复同意湖南省郴州市、云南省临沧市、河北省承德市建设国家可持续发展议程创新示范区。其中郴州市以水资源可持续利用与绿色发展为主题，临沧市以边疆多民族欠发达地区创新驱动发展为主题，承德市以城市群水源涵养功能区可持续发展为主题。

（2）原则

从现状和主要问题出发，着眼于未来的发展目标，设置关键指标，构建可持续发展指标体系，是联合国也是中国建立可持续发展指标体系所应遵循的一般原则。

① 科学性原则　具体指标体系尽可能客观地反映系统发展的内涵，各指标之间的相互联系，同时能较为准确地量化出可持续发展目标实现的进程。

② 层次性原则　体现社会发展不同层次的持续性，在不同层次上采用不同指标。

③ 相关性原则　强调在任一时期，各种发展水平、各类资源的消耗水平、环境质量、社会组织形式之间的协调。

④ 简明性原则　指标内容简单明了，有较强的可比性。

⑤ 可操作性原则　指标体系有很强的实用价值，各项指标的参数易于获取。

课后习题

1. 可持续发展的概念及其基本内涵是什么？
2. 在当前国际环境和时代发展的背景下，如何理解可持续发展的基本原则？
3. 可持续发展的指标体系有哪些？如何选取适合中国可持续发展的指标体系？
4. 根据可持续发展理论的产生和发展过程，说明可持续发展战略的长期性和重要性。

第4章 大气污染及其防治

学习目标

知识目标

了解大气保护工作中常用的大气环境质量标准；熟悉大气圈的结构、大气的基本组成、全球主要大气环境问题；明确大气主要污染物的种类、来源、发生机制；理解大气污染综合防治的基本原则；掌握大气典型污染物——颗粒物、硫氧化物、氮氧化物主流控制技术的基本原理。

能力目标

能够识别大气主要污染物；能针对不同污染物选取相应控制技术。

素质目标

增强护卫蓝天的责任感；培养从事环保工作的岗位意识和基本职业素养。

4.1 概述

4.1.1 大气圈及其结构

按照国际标准化组织（ISO）的定义：大气是指地球环境周围所有空气的总和（the entire mass of air which surrounds the earth）。虽然在几千千米的高空中仍有微量气体存在，但通常把地球表面到1200～1400km高空，**这层受地心引力而随地球旋转的大气称为大气圈**，1400km以外被看作宇宙空间。

按照大气在**垂直方向**的各种特性，将大气圈分为若干层次。如，按照大气组分的混合状况，可以把大气分为均质层和非均质层；按照大气电离状况，可以把大气分为电离层和中性层；按照大气温度垂直地表的变化趋势不同，可以把大气由低到高分为**对流层、平流层、中间层、热层和散逸层**（见图4-1）。

（1）对流层

对流层是大气圈最低的一层，**层内气温随高度增加而降低（每升高100m气温平均降低0.65℃），大气容易形成强烈的对流运动**。对流层厚度随纬度增加而降低，赤道处约16～17km，两级附近约8～9km。对流层集中了大气总质量的75%和几乎全部的水蒸气，

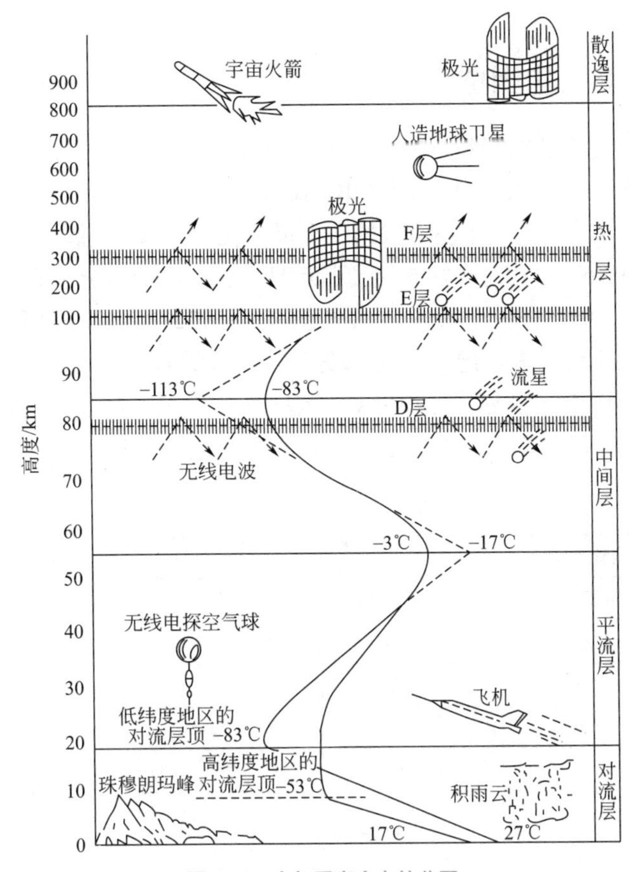

图 4-1　大气垂直方向的分层

100 ～ 200km 间的 E 层和 200 ～ 400km 间的 F 层电离程度最强，而位于 80 ～ 90km 高度的 D 层电离程度较弱

主要的天气现象和通常所说的大气污染都发生在这一圈层。

（2）平流层

从对流层顶到 50 ～ 55km 高度的圈层称为平流层。对流层顶到 22km 左右的一层，气温几乎不随高度而变化，为 −55℃左右，**称为同温层**。同温层上到平流层顶，气温随高度增加而上升，称为逆温层。大气中大部分臭氧集中在平流层 20 ～ 25km 的高度，被称为**臭氧层**。

扫码可阅读资料：4-1 臭氧层。

（3）中间层

从平流层顶到 80 ～ 85km 高度的圈层称为中间层。**本层气温随高度增加而降低**，层顶可降到 −83℃，**大气对流强烈**。

（4）热层

从中间层顶到 800km 高度的圈层**称为热层**。由于强烈的太阳紫外线和宇宙射线的作用，本层气温随高度增高而增加，层顶可以达到 500 ～ 2000K，极为稀薄的气体分子被高度电离，存在着大量的离子和电子。

（5）散逸层

散逸层是热层以上的大气层，也是地球大气的最外层，气温随高度增高略有增加。气体粒子受地心引力极小，可以逃逸到外太空中。

4.1.2 大气的组成

大气由**干洁空气**、**水蒸气**和**悬浮微粒**三部分组成。

由于大气运动和动植物的气体代谢作用，85km 以下的高度范围内，干洁空气组成比例（除 CO_2 和 O_3）基本保持不变。**干洁空气的主要成分是氮（N_2）、氧（O_2）和氩（Ar）**，三者共占大气总体积的 99.96%，其他次要成分仅占 0.04% 左右。干洁空气的组成见表 4-1。干洁空气的平均分子量为 28.966，在标准状态下（272.15K，101325Pa），其密度为 1.293kg/m^3。

大气中的水蒸气主要来源于地表水的蒸发，其含量随时间、地区、气象条件等的差异变化较大。梅雨季节的江南，水蒸气体积分数可达 4%；而在干旱的西部沙漠，其体积分数可小于 0.01%。水蒸气的存在使云、雾、雨、雪、雹等天气现象得以产生。

表 4-1 干洁空气的组成

定常成分			可变成分		
气体名称	分子量	体积分数 /%	气体名称	分子量	体积分数 /%
氮气（N_2）	28.01	78.0840	二氧化碳（CO_2）	44.01	0.038
氧气（O_2）	32.00	20.976	甲烷（CH_4）	16.04	1.75×10^{-4}
氩气（Ar）	39.95	0.934	氢气（H_2）	2.02	0.5×10^{-4}
氖气（Ne）	20.18	0.001818	一氧化二氮（N_2O）	44.01	0.27×10^{-4}
氦气（He）	4.00	0.000524	一氧化碳（CO）	28.01	0.19×10^{-4}
氪气（Kr）	83.80	0.000114	臭氧（O_3）	48.00	$0\sim0.1\times10^{-4}$
氙气（Xe）	131.3	0.87×10^{-7}	碘（I_2）	253.81	5.0×10^{-7}
			氨气（NH_3）	17.03	4.0×10^{-7}
			二氧化硫（SO_2）	64.06	1.2×10^{-7}
			二氧化氮（NO_2）	46.01	1.0×10^{-7}

悬浮微粒是悬浮在大气中的固体、液体颗粒物的总称。常见的固体颗粒物如飘逸的植物孢子、花粉，喷发的火山灰，燃煤烟尘等；液体颗粒物指悬浮于大气中的雾滴等水蒸气凝结物。悬浮微粒的来源有自然活动和人类的生产生活，按照形成过程还分为一次微粒和二次微粒。悬浮微粒的存在能够削弱太阳辐射强度，降低能见度，还会影响云、雾和降水的形成，其中有些物质可以造成大气污染，如燃煤烟尘、有机气溶胶、火山灰等，对大气污染的生成和演变都有重要影响。

4.1.3 大气环境质量标准

大气环境质量标准是**以保障人体健康和防止生态系统破坏为目标对大气中各种污染物最高允许浓度的限度**，是进行环境空气质量管理、大气环境质量评价、制定大气污染物排放标准和大气污染防治规划、计算环境容量、实行总量控制的依据。

为贯彻《中华人民共和国环境保护法》和《中华人民共和国大气污染防治法》，保护环境，保障人体健康，防治大气污染，《环境空气质量标准》于 1982 年首次制定，1996 年第一次修订，2000 年第二次修订，2012 年第三次修订，并于 2016 年 1 月 1 日起在全国实施。《环境空气质量标准》（GB 3095—2012）规定了二氧化硫（SO_2）、二氧化氮（NO_2）、一氧化碳

（CO）、臭氧（O_3）等六个基本项目及总悬浮颗粒物（TSP）、氮氧化物（NO_x）、铅（Pb）、苯并 [*a*] 芘（B[*a*]P）等四个其他项目的浓度限值，具体浓度限值见表 4-2、表 4-3。标准将环境空气功能区分为两类：**一类区为自然保护区、风景名胜区和其他需要特殊保护的区域；二类区为居住区、商业交通居民混合区、文化区、工业区和农村地区**。一类区适用一级浓度限值，二类区适用二级浓度限值。除此以外，《环境空气质量标准》（GB 3095—2012）还对标准涉及的基本术语、监测方法、数据统计的有效性规定及实施与监督等内容作了相应规定，以完善大气环境的科学管理。

表 4-2　环境空气污染物基本项目浓度限值

序号	污染物项目	平均时间	浓度限值		单位
			一级	二级	
1	二氧化硫（SO_2）	年平均	20	60	μg/m³
		24h 平均	50	150	
		1h 平均	150	500	
2	二氧化氮（NO_2）	年平均	40	40	
		24h 平均	80	80	
		1h 平均	200	200	
3	一氧化碳（CO）	24h 平均	4	4	mg/m³
		1h 平均	10	10	
4	臭氧（O_3）	日最大 8h 平均	100	160	μg/m³
		1h 平均	160	200	
5	颗粒物（粒径小于或等于 10μm）	年平均	40	70	
		24h 平均	50	150	
6	颗粒物（粒径小于或等于 2.5μm）	年平均	15	35	
		24h 平均	35	75	

表 4-3　环境空气污染物其他项目浓度限值

序号	污染物项目	平均时间	浓度限值		单位
			一级	二级	
1	总悬浮颗粒物（TSP）	年平均	80	200	μg/m³
		24h 平均	120	300	
2	氮氧化物（NO_x）	年平均	50	50	
		24h 平均	100	100	
		1h 平均	250	250	
3	铅（Pb）	年平均	0.5	0.5	
		季平均	1	1	
4	苯并 [*a*] 芘（B[*a*]P）	年平均	0.001	0.001	
		24h 平均	0.0025	0.0025	

为保护人体健康，预防和控制室内空气污染，我国制定了《室内空气质量标准》（GB/T 18883—2002）。标准适用于住宅和办公建筑物，对室内空气中19项与人体健康有关的物理、化学、生物和放射性参数的标准值及检验方法作了规定。

《工业企业设计卫生标准》（TJ 36—79）在2002年经修订后成为两个标准：《工业企业设计卫生标准》（GBZ 1—2010）和《工作场所有害因素职业接触限值》（GBZ 2—2002）。其中GBZ 2—2002在2007年经再次修订被分为《工作场所有害因素职业接触限值　第1部分：化学有害因素》（GBZ 2.1）和《工作场所有害因素职业接触限值　第2部分：物理因素》（GBZ 2.2）。规定了工作场所空气中339种化学物质容许浓度，47种粉尘容许浓度，2种生物因素容许浓度，并对噪声、振动等物理因素做了具体限制。

空气质量指数

空气质量指数（air quality index，AQI）是一项可以定量和客观地评价空气环境质量的指标，是将若干项主要空气污染物的监测数据参照一定的分级标准，经过综合换算后得到的无量纲的相对数。它具有综合概括、简单直观的优点，有利于普通公众了解空气环境质量的优劣。现在计入空气质量指数的项目有二氧化硫、二氧化氮、一氧化碳、臭氧、PM_{10}、$PM_{2.5}$。空气质量指数及相关信息见表4-4。

表4-4　空气质量指数及相关信息

空气质量指数	空气质量指数级别	空气质量指数类别及表示颜色	对健康影响情况	建议采取的措施
0～50	一级	优	空气质量令人满意，基本无空气污染	各类人群可正常活动
51～100	二级	良	空气质量可接受，但某些污染物可能对极少数异常敏感人群健康有较弱影响	极少数异常敏感人群应减少户外活动
101～150	三级	轻度污染	易感人群症状有轻度加剧，健康人群出现刺激症状	儿童、老年人及心脏病、呼吸系统疾病患者应减少长时间、高强度的户外锻炼
151～200	四级	中度污染	进一步加剧易感人群症状，可能对健康人群心脏、呼吸系统有影响	儿童、老年人及心脏病、呼吸系统疾病患者避免长时间、高强度的户外锻炼，一般人群适量减少户外运动
201～300	五级	重度污染	心脏病和肺病患者症状显著加剧，运动耐受力降低，健康人群普遍出现症状	儿童、老年人和心脏病、肺病患者应停留在室内，停止户外运动，一般人群减少户外运动
＞300	六级	严重污染	健康人群运动耐受力降低，有明显强烈症状，提前出现某些疾病	儿童、老年人和病人应当留在室内，避免体力消耗，一般人群应避免户外活动

4.2 大气污染及主要污染物

4.2.1 大气污染的定义

按照国际标准化组织（ISO）规定：**大气污染**通常是指由于人类活动或自然过程引起某些物质进入大气中，呈现出足够的浓度，达到了足够的时间并因此而危害了人体的舒适、健康和福利，或危害了环境。

4.2.2 大气污染物

大气污染物种类很多，已发现有危害而被人注意的就有一百多种。环境科学中常按以下两种方式进行分类：按其存在状态可分为**颗粒状态污染物**和**气体状态污染物**；按照污染物的形成过程，可以分为**一次污染物**和**二次污染物**。

（1）颗粒状态污染物

颗粒污染物是指在一定时间内能够悬浮于空气中的微小固体粒子或液体粒子。根据**其来源和物理性质**，可分为如下几种；

① 粉尘（dust） 固体物质的破碎、分级、研磨等机械过程或土壤、岩石风化等自然过程形成的悬浮固体粒子。

② 炱（fume） 由熔融物质挥发后再冷凝形成的颗粒物，通常指高温冶炼过程产生的固体颗粒，如有色金属冶炼产生的氧化锌烟。

③ 飞灰（fly ash） 燃料燃烧（主要是煤）过程中随产生的烟气一起排走的灰分中较细小的颗粒。

④ 烟（smoke） 燃料不完全燃烧产生的能见气溶胶，除炭粒外，还有碳、氢、氧、硫等组成的化合物。

⑤ 雾（fog） 工程中泛指小液体粒子悬浮体，由液体蒸气的凝结、液体的雾化和化学反应等过程形成的，如水雾、酸雾、碱雾、油雾等。

⑥ 化学烟雾（smog） 如硫酸烟雾、光化学烟雾。

颗粒物常表示为总悬浮颗粒物（TSP）、降尘、飘尘、细微颗粒物。

总悬浮颗粒物（TSP） $\phi < 100\mu m$ 的所有固体颗粒。

降尘 $\phi > 10\mu m$，在较短时间内沉降到地面的悬浮物。

飘尘（PM_{10}） $\phi < 10\mu m$，可长时间漂浮于大气中的悬浮物，并可随人体呼吸进入上呼吸道，也称为可吸入颗粒物。

细微颗粒物（$PM_{2.5}$） $\phi < 2.5\mu m$，可以通过人体上呼吸道的拦截深入肺里，甚至能穿透肺泡壁进入人体血液循环系统，运输到人体其他组织器官。扫码可阅读资料：4-2 环境空气 $PM_{2.5}$ 与 $PM_{2.5\sim10}$ 特性比较。

4-2 环境空气 $PM_{2.5}$ 与 $PM_{2.5\sim10}$ 特性比较

（2）气态污染物

以分子状态存在的污染物，称为气体状态污染物，简称气态污染物。气态污染物的种类很多，大体可以分为以下几类：

① 含硫化合物 SO_2、SO_3 和 H_2S 等 SO_2 是大气中主要的含硫污染物，数量较大，影响

范围广。主要来自化石燃料的燃烧、有色金属冶炼及硫酸厂、炼油厂等化工企业生产过程。

② 含氮化合物 NO、NO_2、NH_3 等　NO 和 NO_2 是大气中主要的含氮污染物，NO 进入大气后可缓慢地氧化为 NO_2。氮氧化物主要来自燃料燃烧，其次是硝酸生产、炸药生产过程等。

③ 碳氧化合物 CO 和 CO_2　CO 和 CO_2 是各种大气污染物中发生量最大的一类污染物。主要来自化石燃料燃烧。

④ 碳氢化合物　可挥发的所有碳氢化合物。它们主要来自燃料燃烧以及炼油、有机化工企业。

⑤ 卤素化合物　卤代烃、氟化物、其他含氯化合物等。卤素化合物主要来自有机合成工业、含卤素矿石的使用过程等。

分子状态污染物运动速度较大、扩散快、在空气中分布比较均匀。

（3）二次污染物

4-3 光化学烟雾

4-4 硫酸烟雾

污染源直接排入大气未发生性质改变的污染物称为一次污染物，**一次污染物之间或一次污染物和大气原有组分发生化学反应后生成的新的污染物称为二次污染物**。

汽车、工厂等污染源排入大气中的一次污染物碳氢化合物和氮氧化物，在太阳紫外线的作用下发生光化学反应，生成臭氧、过氧乙酰硝酸酯、醛、酮等具有氧化作用的二次污染物，参与光化学反应的一次和二次污染物的混合物所形成的烟雾污染称为**光化学烟雾**（图 4-2），也称洛杉矶型烟雾。通常将臭氧作为光化学烟雾的代表污染物。扫码可阅读资料：4-3 光化学烟雾。

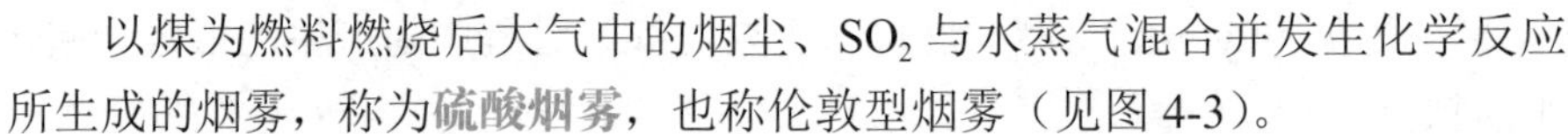
以煤为燃料燃烧后大气中的烟尘、SO_2 与水蒸气混合并发生化学反应所生成的烟雾，称为**硫酸烟雾**，也称伦敦型烟雾（见图 4-3）。

扫码可阅读资料：4-4 硫酸烟雾。

排放源排放的气态污染物，在大气环境中经过化学反应或物理过程转化形成的液态或固态颗粒物，如二氧化硫、氮氧化物、有机气体等在大气中经一系列化学反应或物理凝结过程所形成的硫酸盐、硝酸盐和有机气溶胶等称为二次细颗粒物。对北京市 $PM_{2.5}$ 源解析的最新研究表明：有机污染物占 26%、硝酸盐占 17%、硫酸盐占 16%、铵盐占 11%，包括地壳元素在内的其他组分占 12%。其中，70% 是二次细颗粒物。

图 4-2　光化学烟雾

图 4-3　伦敦型烟雾

4.2.3 大气污染源

大气污染从总体来看，是由自然灾害和人类活动所造成的。由自然灾害所造成的污染多为暂时的、局部的，而由人类活动所造成的污染通常是经常性的、大范围的。一般所说的大气污染问题多是人为因素所引起的。**人为因素造成大气污染的污染源**，可分为4类。扫码可阅读资料：4-5大气污染源之火山喷发。

4-5 大气污染源之火山喷发

（1）燃料燃烧

火力发电厂、钢铁厂等各种工矿企业窑炉、锅炉的燃料燃烧以及各种民用炉灶、取暖锅炉的燃料燃烧均向大气排放出大量污染物。燃烧排气中的污染物组分与能源消费结构有密切关系。发达国家能源以石油为主，大气污染物主要是一氧化碳、二氧化硫、氮氧化物和有机化合物。我国以煤为主，主要大气污染物是**颗粒物**和**二氧化硫**。图4-4为民用炉灶对大气的污染。

图4-4 民用炉灶对大气的污染

（2）工业生产过程

以传统生产方法为主的化工厂、石油炼制厂、钢铁厂、焦化厂、水泥厂等各类工业企业，在原材料制成成品的过程中，都会有大量的污染物排入大气中。由于使用的原料和生产过程各异，不同企业所生成的大气污染物种类也有较大区别。一些传统工业企业向空气排放的主要污染物见表4-5。

（3）农业生产过程

在农业机械使用过程中排放的尾气或在施用化学农药、化肥、有机肥等物质时，逸散或从土壤中经再分解，排放于大气中的有毒、有害及恶臭等污染物等。

表4-5 一些传统工业企业向空气排放的主要污染物

部门	企业类别	排出主要污染物
电力	火力发电厂	烟尘、SO_2、NO_x、CO、苯并芘等
冶金	钢铁厂	烟尘、SO_2、CO、氧化铁尘、氧化锰尘、锰尘等
	有色金属冶炼厂	烟尘（Cu、Cd、Pb、Zn等重金属）、SO_2等
	焦化厂	烟尘、SO_2、CO、H_2S、酚、苯、萘、烃类等
化工	石油化工厂	SO_2、H_2S、NO_x、氰化物、氯化物、烃类等
	氮肥厂	烟尘、NO_x、CO、NH_3、硫酸气溶胶等
	磷肥厂	烟尘、氟化氢、硫酸气溶胶等
	氯碱厂	氯气、氯化氢、汞蒸气等
	化学纤维厂	烟尘、H_2S、NH_3、CS_2、甲醇、丙酮等
	硫酸厂	SO_2、NO_x、砷化物等
	合成橡胶厂	烯烃类、丙烯腈、二氯乙烷、二氯乙醚、乙硫醇、氯化甲烷等
	农药厂	砷化物、汞蒸气、氯气、农药等
	冰晶石厂	氟化氢等

续表

部门	企业类别	排出主要污染物
机械	机械加工厂 仪表厂	烟尘等 汞蒸气、氰化物等
轻工	灯泡厂 造纸厂	烟尘、汞蒸气等 烟尘、硫醇、H_2S 等
建材	水泥厂	水泥尘、烟尘等

（4）交通运输

汽车、火车、飞机、轮船是当代的主要运输工具，它们燃烧化石燃料产生的废气是重要的交通污染物。主要为一氧化碳、碳氢化合物、氮氧化物、二氧化硫、苯并芘及固体颗粒物等。见表 4-6。

表 4-6　有代表性的汽车尾气中的化学组分

项目	空挡	加速	匀速	减速
碳氢化合物（按己烷计）含量 /10^{-6}	300 ～ 1000	300 ～ 800	250 ～ 550	3000 ～ 12000
乙炔含量 /10^{-6}	710	170	178	1096
醛含量 /10^{-6}	15	27	34	199
氮氧化物（按 NO_2 计）含量 /10^{-6}	10 ～ 50	1000 ～ 4000	1000 ～ 3000	5 ～ 50
一氧化碳含量 /%	4.9	1.8	1.7	3.4
二氧化碳含量 /%	10.2	12.1	12.4	6.0
氧气含量 /%	1.8	1.5	1.7	8.1
尾气量 /（L/min）	142 ～ 708	1133 ～ 5660	708 ～ 1699	142 ～ 703
未燃燃料（按己烷计）占供应燃料的质量分数 /%	2.88	2.12	1.95	18.0

4.2.4　主要大气污染物及其发生机制

影响我国大气环境质量的主要污染物是**燃烧产生的 SO_2、NO_x 和颗粒物**，其次是挥发性有机物和重金属。

（1）SO_2

燃料燃烧及其随后的物理化学过程产生的含硫污染物有 **SO_2、SO_3、硫酸雾、酸性尘及酸雨**等，它们都来源于燃料中所含的硫。燃料中的可燃硫在空气过剩系数大于 1.0 的实际燃烧过程中将全部被氧化为 SO_2。以煤为例，煤中硫以四种形态存在：黄铁矿硫（FeS_2）、硫酸盐硫（$MeSO_4$）、有机硫（$C_xH_yS_z$）和元素硫。其中有机硫、无机硫和硫元素与足够氧气混合高温燃烧时会氧化生成 SO_2 和少量 SO_3，而硫酸盐在燃烧过程中一般转入灰分中。

（2）NO_x

烟气中的 NO_x 以 NO 为主，进入大气后，NO 会慢慢转化为 NO_2。

燃烧过程生成的 NO_x 可分为三类：

① **热力型 NO_x**　燃烧过程中空气中的氮气在高温下氧化而产生的 NO_x。温度对其生成速率具有决定性的作用，温度高于 1500℃时，反应速率按指数规律迅速增加。

② **燃料型 NO_x** 燃料中的含氮化合物在燃烧时发生氧化生成 NO_x。大部分燃料氮首先在火焰中转化为 HCN，然后转化为 NH 或 NH_2；NH、NH_2 再与氧反应生成 NO 和 H_2O，或者与 NO 反应生成 N_2 和 H_2O，燃料中 20% ～ 80% 的氮会转化为 NO_x。

③ **瞬时型 NO_x** 燃料挥发物中碳氢化合物在高温条件下会分解生成 CH 自由基，继而与空气中的 N_2 反应生成 HCN 和 N，后者又与 O_2 以极快的反应速率生成 NO_x。形成时间只需要 60ms，生成量较前两种低得多。

（3）颗粒物

燃料燃烧产生的烟尘，按生成机制可分为以下几种：

① **气相析出型烟尘** 燃料燃烧过程放出的可燃气体（HC），在供氧不足的高温条件下发生脱氢、分解、聚合等一系列反应而生成的固体颗粒，俗称炭黑，粒径很细，在 10 ～ 20nm 左右。

② **剩余型烟尘** 液体燃料或固体燃料燃烧时的液相分解物，经蒸发燃烧剩余下来的固体微粒，也称油灰，粒径约 10 ～ 300μm，多数是外形接近球形的微小空心粒子。

③ **酸性尘** 上述两种烟尘在烟气温度接近露点时，吸收烟气中的 H_2SO_4 长大形成雪片状烟尘，粒径较大，一般沉降在烟囱附近。

④ **粉尘** 固体燃料中的灰分及未完全燃烧物中的细小颗粒所形成的飞灰，粒径多在 3 ～ 200μm 之间。

二氧化硫、氮氧化物、有机气体等气态污染物，在大气中经一系列化学反应或物理凝结过程所形成的硫酸盐、硝酸盐和有机气溶胶等**二次细颗粒物**也是大气中颗粒物的重要组成。

4.2.5 大气污染物的影响

工业化水平的提高，推动了经济发展，改善了人们的生活，但同时也增加了大气环境中污染物的含量，降低了大气环境质量。

（1）对人体健康的影响

大气污染物侵入人体主要有三条途径：**表面接触**、**食入含污染物的食物**和**吸入被污染的空气**。大气污染对人体健康的危害主要表现为引起呼吸系统疾病。在高浓度大气污染物作用下，可造成急性中毒，甚至在短时间内死亡。如伦敦烟雾事件、洛杉矶光化学烟雾事件。长期接触低浓度大气污染物，则会引起支气管炎、支气管哮喘、肺气肿和肺癌等疾病。

颗粒物对人体健康的影响，取决于颗粒物的浓度和在其中暴露的时间。研究数据表明，因上呼吸道感染、心脏病、支气管炎、气喘、肺炎、肺气肿等疾病而到医院就诊的人员数据的增加与大气中颗粒物浓度的增加是相关的。颗粒物的粒径越小，越不容易沉积，长时间漂浮在大气中容易被人吸入体内，并且容易深入肺部。同时粒径越小，粉尘的比表面积越大，物理、化学活性越高，加剧了生理效应的发生；而且尘粒表面可以吸附空气中各种有害气体和其他污染物，成为它们的载体，进一步危害人类健康；部分细粒子本身就是毒害性强的物质，如凝结性重金属和有机化合物等。放大 1000 倍的雾霾照片见图 4-5。

一般认为，空气中 SO_2 质量浓度达到 $0.5\times10^{-6}mg/m^3$ 以上时，会对人体健康产生某种潜在影响；达到（1～ 3）$\times10^{-6}mg/m^3$ 时，多数人开始感受到刺激；达到 $10\times10^{-6}mg/m^3$ 时，多数人刺激加剧，个别人会出现严重的支气管痉挛。与颗粒物和水分结合的硫氧化物对人体健康影响更为严重。环境空气中 NO_2 体积分数低于 0.01×10^{-6} 时，2 ～ 3 岁儿童支

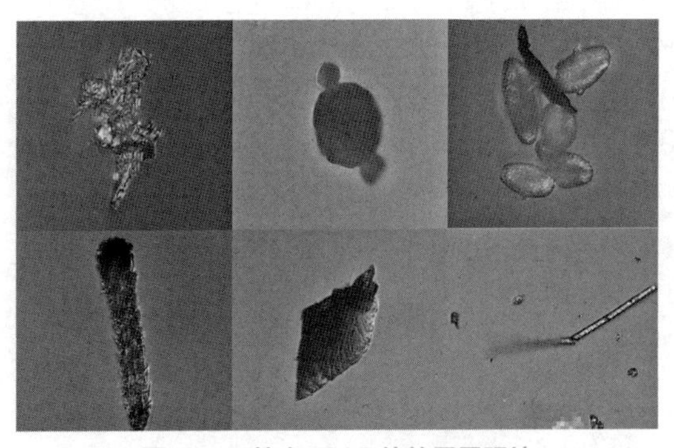
图 4-5 放大 1000 倍的雾霾照片

气管炎的发病率会有所增加；体积分数为（1～3）$\times 10^{-6}$ 时，可闻到臭味；体积分数为 13×10^{-6} 时，眼鼻有急性刺激感；体积分数为 17×10^{-6} 时，呼吸 10min 即会导致肺活量减少，肺部气流阻力增加。卤代烷烃、氯烯烃、氯芳烃等部分挥发性有机物是致畸致癌致突变的“三致”物质。实测数据表明，肺癌发病率与大气污染、苯并 [*a*] 芘含量具有显著相关性。除此以外，SO_2、NO_x 和挥发性有机物也是硫酸雾、酸雨、光化学烟雾和城市灰霾的主要前驱物。

（2）对植物的影响

植物通过叶子进行光合作用和呼吸作用，大气污染物 [SO_2、臭氧、过氧乙酰硝酸酯（PAN）、氟化氢、乙烯、氯化氢、氯气、硫化氢和氨等] 对植物的影响主要表现为**植物的叶子受到侵害**。如臭氧会侵害叶肉中的栅栏细胞区，导致叶子的细胞结构瓦解，叶子表面出现浅黄色或棕红色斑点。二氧化硫会侵害叶肉的海绵状软组织、栅栏细胞，使叶面呈漂白色或乳白色。酸雨除了会通过破坏土壤营养结构而影响植物生长发育外，还直接作用于植物，破坏植物形态结构、损伤植物细胞膜、抑制植物代谢功能。

（3）对器物和材料的影响

大气污染物对金属制品、油漆涂料、皮革制品、纸制品、纺织品、橡胶制品和建筑物也损害严重。这种损害包括**玷污性损害**和**化学性损害**两个方面。玷污性损害主要是粉尘、烟等颗粒物落在器物表面造成的，有的可以通过清扫冲洗除去，有的则很难去除，如焦油。化学性损害是由于污染物的化学作用，使器物和材料产生永久性腐蚀或损坏。如含硫物质会侵蚀多种建筑材料，如石灰石、大理石、花岗岩、水泥砂浆等，这些建筑材料先形成较易溶解的硫酸盐，然后被雨水冲刷掉。光化学氧化剂中的臭氧会使橡胶绝缘性能下降，使橡胶制品迅速老化脆裂。

（4）对大气能见度和气候的影响

大气中的气溶胶粒子和有色气体会降低大气能见度（见图 4-6）。如硫酸盐和硫酸气溶胶粒子、硝酸盐和硝酸气溶胶粒子等。这些微粒在大气中影响了光的折射和吸收作用，造成能见度降低。大气能见度降低不仅使人感到不快，还会造成不良的心理影响，甚至危害交通安全。

大气污染对气候产生的影响越来越受到重视，如二氧化碳等温室气体引起的温室效应，硫氧化物和氮氧化物排放产生的酸雨等。研究表明，在较低大气层中的悬浮颗粒物会成为水蒸气的“凝结核”。在较高的温度下，凝结成液态小水滴；而在温度低时，形成冰晶。这种“凝结核”的作用有可能导致降水增加或减少。另外，大规模气团停滞的霾层，由于太阳辐射的散射损失和吸收损失，会导致气温降低。

图 4-6 雾霾降低大气能见度

4.2.6 全球面临的大气环境问题

（1）酸沉降

酸沉降，是指 pH 值低于 5.6 的降水（湿沉降，酸雨）和酸性气体及颗粒物的沉降（干沉降）。大气中存在平均质量浓度约为 621mg/m^3 的 CO_2，清洁的降水因为其中饱和的 CO_2 而使其 pH 值为 5.6。人类的生产生活向大气排放大量酸性物质，使降水 pH 值降低到 5.6 以下，就形成了酸雨。

酸沉降的主要危害是破坏森林生态系统和水生态系统，改变土壤性质和结构，腐蚀建筑物，损害人体呼吸系统和皮肤等（见图 4-7、图 4-8）。酸雨在世界上分布较广，可以飘越国境影响他国。最早受酸雨污染的是瑞典和挪威等国家，而后是加拿大和美国东北部，我国华南等地也出现了酸雨。酸雨是国际社会关注的重要环境问题，我国一直积极采取控制措施，规划酸雨控制区，控制 SO_2 排放量等。

图 4-7　酸雨腐蚀建筑

图 4-8　酸雨损害树木

我国目前的酸雨状况

2020 年，我国酸雨区面积约 46.6 万平方千米，占国土面积的 4.8%，其中较重酸雨区面积占国土面积的 0.4%。酸雨主要分布在长江以南、云贵高原以东地区，主要包括浙江、上海的大部分地区、福建北部、江西中部、湖南中东部、广东中部、广西南部和重庆南部。465 个监测降水的城市（区、县）酸雨频率平均为 10.3%，出现酸雨的城市比例为 34%，酸雨频率在 25% 及以上、50% 及以上和 75% 及以上的城市比例分别为 16.3%、7.5% 和 2.8%。降水中主要阳离子为钙离子和铵离子，当量浓度比例分别为 28.1% 和 14.2%；主要阴离子为硫酸根，当量浓度比例为 18.2%，硝酸根当量浓度比例为 9.5%，酸雨类型仍为硫酸型。

（2）温室效应

地球大气中存在一些微量气体，如二氧化碳、一氧化碳、水蒸气、甲烷、氟利昂等，人们能让太阳短波辐射通过，同时吸收地面和空气放出的长波辐射（红外线），从而造成近地层增温。人们称这些微量气体为温室气体，它们的增温作用为温室效应（图 4-9）。随着工业发展，排入大气中的温室气体量也不断增加。据估算，过去 100 年通过燃烧排入大气的 CO_2 约为 4.15×10^{11}t，大气中 CO_2 含量增加了 15%，全球平均气温上升 0.83℃。能产生温室效应的 30 多种气体中，二氧化碳起最重要的作用，对暖化的贡献率达 50% ～ 60%。

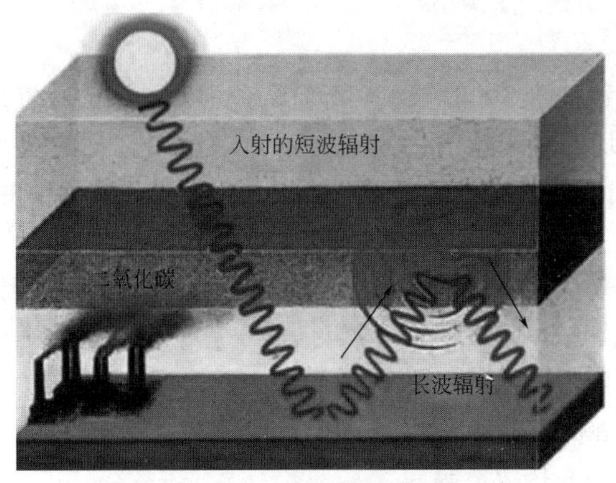

图 4-9　温室效应示意图

温室效应引起的危害是**全球性气候变暖**。气候变暖会造成雪盖和冰川面积减少，海平面上升，降水格局变化，气候灾害事件增加，影响人类健康，对农业和生态系统产生不利影响。减缓温室效应影响可从以下几个方向入手：①控制温室气体排放，如控制化石燃料消耗，发展清洁能源；②增加温室气体消耗，主要途径有植树造林，发展 CO_2 化工及采用固碳技术等；③要适应气候变化，如调整农业生产结构，规划和建设防止海洋侵蚀工程等。

（3）臭氧空洞

臭氧是大气中的微量气体之一，主要浓集在平流层 20 ～ 25km 的高空。这层平均厚度仅为 3mm 的臭氧层吸收了来自太阳的 306.3nm 以下的紫外线，保护地球上的人类和动植物免受短波紫外线的伤害，同时也将吸收的紫外线转换为热能加热大气。人类生产生活排放到大气中的 NO_x、氟氯烃等消耗臭氧的有害物质增多，导致臭氧层浓度降低，甚至出现臭氧层空洞（见图 4-10）。

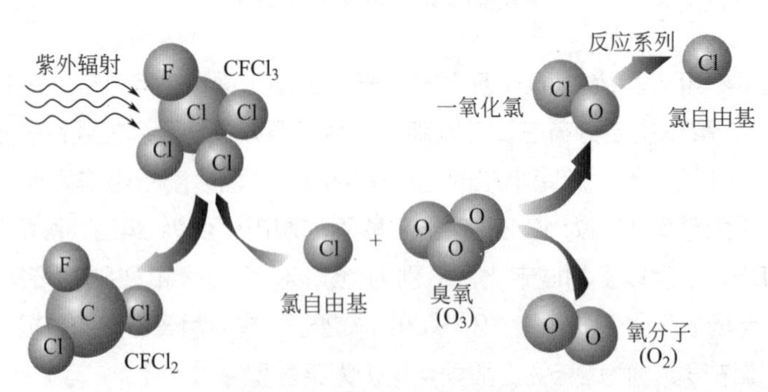

图 4-10　氟氯烃催化臭氧分解

臭氧层破坏会导致全球范围内地面紫外线照射加强，给人类健康和生态系统带来危害，如导致人类白内障和皮肤癌发病率提高；影响陆生及水生生态系统，加速建筑物老化变质；改变地球大气结构，破坏地球能量收支平衡，影响全球的气候变化。防止臭氧层破坏已成为全世界关注的问题，受到科学界和各国政府的高度重视。《保护臭氧层维也纳公约》《关于消耗臭氧层物质的蒙特利尔议定书》等国际法律文件，都是为保护臭氧层制定的。我国政府非常重视臭氧层保护工作，已签署了有关文件并积极采取相应措施。

4.3 大气污染的综合防治

4.3.1 大气污染的综合防治措施

（1）全面规划、合理布局

合理利用大气环境容量，改善工业布局，要以生态理论为指导，综合考虑经济效益、社会效益和环境效益。对区域内各污染源所排放的各类污染物质的种类、数量、时空分布作全面的调查研究，在此基础上，制定控制污染的最佳方案。

合理布局，如工业生产区应设在城市主导风向的下风向。在工厂区与城市生活区之间，要有一定间隔距离，并植树造林、绿化，减轻污染危害。

（2）提高能源利用率和节能减排

能源利用率低是我国大气污染的主要原因之一。我国的燃煤电厂、工业锅炉、钢铁工业以及建材工业都是高耗能大户，都具有较大的节能潜力。国务院 2021 年 12 月印发的《“十四五”节能减排综合工作方案》的主要目标中要求，到 2025 年，全国单位国内生产总值能源消耗比 2020 年下降 13.5%。钢铁、有色金属、建材、石化化工等重点行业绿色升级，如推广高效精馏系统、高温高压干熄焦、富氧强化熔炼等节能技术，鼓励将高炉 - 转炉长流程炼钢转型为电炉短流程炼钢。推进钢铁、水泥、焦化行业及燃煤锅炉超低排放改造，到 2025 年，完成 5.3 亿吨钢铁产能超低排放改造，大气污染防治重点区域燃煤锅炉全面实现超低排放。

（3）洁净煤技术

中国是世界上最大的煤炭生产国和消费国，2020 年煤炭消费量占能源消费总量的 56.8%；天然气、水电、核电、风电等清洁能源消费量占能源消费总量的 24.3%。以煤为主的能源格局在相当一段时期内难以改变。传统的煤炭开发利用方式导致严重的煤烟型污染。在煤炭开发利用的全过程中，旨在减少污染排放与提高利用效率的加工、燃烧、转化及污染控制等新技术都是洁净煤技术，主要包括煤炭洗选、加工、转化、先进发电技术和煤气净化等内容。

（4）开发清洁能源和可再生能源

清洁能源和可再生能源主要包括天然气、生物质能和核能、水电、太阳能和风能等。大力发展清洁能源可以逐步改变传统能源消费结构，减小对能源进口的依赖，提高能源安全性，减少温室气体排放，有效保护生态环境，促进社会经济良好发展。

《中华人民共和国国民经济和社会发展第十四个五年规划和 2035 年远景目标纲要》中提出要推进能源革命，建设清洁低碳、安全高效的能源体系，提高能源供给保障能力。加快发展非化石能源，坚持集中式和分布式并举，大力提升风电、光伏发电规模，加快发展东中部分布式能源，有序发展海上风电，加快西南水电基地建设，安全稳妥推动沿海核电建设，建设一批多能互补的清洁能源基地，非化石能源占能源消费总量比重提高到 20% 左右。因地制宜开发利用地热能。

截至 2020 年底，我国可再生能源发电装机总规模达到 9.3 亿千瓦，占总装机的 42.4%，较 2012 年增长 14.6%，其发电装机差不多相当于 41 个三峡水电站。其中：水电 3.7 亿千瓦、风电2.8亿千瓦、光伏发电2.5亿千瓦、生物质发电2952万千瓦。2020年，我国可再生能源开发利用规模达6.8亿吨标准煤，相当于替代煤炭近10亿吨，减少二氧化碳、二氧化硫、氮氧化物排放量分别约达17.9亿吨、86.4万吨与79.8万吨，为做好大气污染防治工作提供了坚强保障。

（5）酸雨和二氧化硫污染的控制

酸雨是区域问题，大部分地区的酸雨仅仅是少部分城市排放的酸性物质经大气长距离传送形成的，只要消灭了少数城市的污染源，大面积酸雨现象自然会消失。酸雨控制区应包括酸雨污染最严重地区及其周边二氧化硫排放最大区域，主要包括上海市、重庆市及浙江、安徽、福建、江西、湖北、湖南、广东、广西、四川、贵州和云南等省的部分城市地区。

南方的酸雨还和北方二氧化硫的大量排放有关，二氧化硫污染主要来自燃煤，集中在城市，应以城市特别是大城市为控制单元。我国二氧化硫污染控制区主要包括北京市、天津市及河北、山西、内蒙古、辽宁、吉林、江苏、河南、陕西、甘肃、宁夏和新疆等省或自治区的部分城市。

（6）发展绿色交通

近年来，交通部门消耗的能源占世界总能源消耗量已超过21%。在中国，交通系统的能源消耗也达到了8%。2000年11月，“**绿色交通**”一词首次出现在北京的学术研讨会上，在接下来的二十年里，绿色交通的理念在中国发展壮大。《绿色交通“十四五”发展规划》提出，要以“生态优先，绿色发展；系统推进，重点突破；创新驱动，优化结构；多方参与，协同共治”为原则，建设绿色交通体系。以期到2025年，交通运输领域绿色低碳生产方式初步形成，基本实现基础设施环境友好、运输装备清洁低碳、运输组织集约高效，重点领域取得突破性进展，绿色发展水平总体适应交通强国建设阶段性要求。

为此，提出以下措施，如优化空间布局、建设绿色交通基础设施，包括优化交通基础设施空间布局，深化绿色公路建设，深入推进绿色港口和绿色航道建设，推进交通资源循环利用。优化交通运输结构，提升综合运输能效。推动城市建筑材料及生活物资等采用公铁水联运、新能源和清洁能源汽车等运输方式。因地制宜构建以城市轨道交通和快速公交为骨干、常规公交为主体的公共交通出行体系，强化“轨道＋公交＋慢行”网络融合发展。推广应用新能源，构建低碳交通运输体系。坚持标本兼治，推进交通污染深度治理。坚持创新驱动，强化绿色交通科技支撑。健全推进机制，完善绿色交通监管体系。

（7）工业污染控制

工业污染源是大气污染源的重要组成部分。由《第二次全国污染源普查公报》可知，2017年，全国大气污染物排放总量：二氧化硫696.32万吨，氮氧化物1785.22万吨，颗粒物1684.05万吨；其中工业源排放量为：二氧化硫529.08万吨，氮氧化物645.90万吨，颗粒物1270.50万吨；挥发性有机物481.66万吨。对工业污染源采取有效的污染控制技术和装置，进行污染治理，对控制环境空气质量至关重要。为此需要，严格执行环境管理制度；加强老企业的技术改造；积极推行清洁生产；推广燃煤锅炉的更新换代，提高锅炉效率；促进推广已有的污染控制实用技术措施，提高除尘装置的安装率和除尘效率；推广应用各类烟气净化工艺。

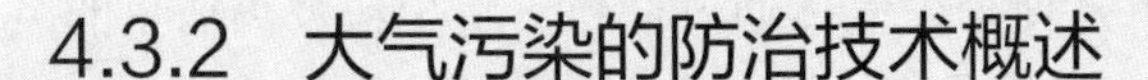

4.3.2 大气污染的防治技术概述

（1）颗粒状态污染物的去除方法

燃料及其他物质燃烧等过程产生的烟尘，以及对固体物料破碎、筛分和输送等机械过程所产生的粉尘，都是以固态或液态的粒子存在于气体中（称为颗粒状态污染物），从气体中除去或收集这些固态、液态颗粒状态污染物的过程称为**除尘**。完成除尘过程的设备称为**除尘设备**，有时也叫**除尘（集尘）器**。

根据除尘过程中的粒子分离原理，除尘装置有表 4-7 中所列的几种类型。

表 4-7 除尘装置分类

类别	作用原理	设备	类别	作用原理	设备
机械力式	惯性力	重力沉降室 旋风除尘器	过滤式	过滤介质捕捉	布袋除尘器
湿式	水力冲洗	水膜除尘器	电除尘	静电力	静电除尘器

在进行除尘时，往往采用多种设备组成一个净化系统，才能达到排放要求。就锅炉烟尘净化来说，对不同型号的锅炉应设置不同的除尘系统。对中小型锅炉，主要采用旋风除尘器。对大型锅炉，宜采用二级除尘系统：第一级采用旋风除尘器，第二级宜采用静电除尘器和布袋除尘器、文丘里洗涤器等。常见的除尘装置介绍如下：

① 重力沉降室 **重力沉降室**是使含尘气体中的尘粒借助重力作用使之沉降，并将其分离捕集的装置。重力沉降室有单层沉降室或多层沉降室。扫描二维码 4-6 至二维码 4-8 可查看动画。

一般重力沉降室除尘装置可捕集 50μm 以上的粒子，其构造简单造价低，适用于小型锅炉除尘，或作高效除尘系统的前级除尘器。

② 惯性力除尘装置 使含尘气体冲击挡板或使气流急剧地改变流动方向，然后借助粒子的惯性力将尘粒从气流中分离的装置，为**惯性力除尘装置**。扫描二维码 4-9、二维码 4-10 可查看动画。

惯性除尘器宜用于净化密度和粒径较大的金属或矿物性粉尘，而不宜用来净化黏结性和纤维性粉尘。由于这类除尘器净化效率低，一般常作为多级除尘中的第一级，用以捕集 10 ～ 20μm 以上的粗尘粒。

③ 旋风除尘器 **旋风除尘器**是使含尘气体做旋转运动，借作用于尘粒上的离心力作用将尘粒从气体中分离出来。扫描二维码 4-11 可查看动画。

旋风除尘装置结构简单，设备费用低，维护也方便，可作为一级除尘装置，也可与其他除尘装置串联使用。这种除尘装置对大于 20μm 的尘粒有较好的捕集效果，效率可达 80% ～ 95%。

4-6 重力沉降室

4-7 单层重力沉降室

4-8 多层重力沉降室

4-9 惯性除尘器

4-10 碰撞式惯性除尘器

4-11 旋风除尘器

④ 过滤除尘装置　过滤除尘装置是使含尘气体通过滤料，将尘粒分离捕集的装置。它有**内部过滤**和**外部过滤**两种方式。内部过滤是把松散多孔的滤料填充框架内作为过滤层，尘粒是在过滤材料内部进行捕集的。外部过滤是用滤布或滤纸等作滤料，以最初黏附在滤料表面上的粒层（初层）作为过滤层，在新的滤料上可阻隔粒径 1μm 的尘粒。

4-12 袋式除尘器

袋式除尘器是过滤式除尘装置的主要形式之一。袋式除尘器是在除尘室内悬吊许多滤布袋，当含尘气体通过袋室时，尘粒被布袋滤除。袋式除尘器的除尘主要是靠粉尘初层的过滤作用，滤布只对粉尘过滤层起支撑作用。在袋式除尘器中随着滤布上捕集的粉尘增厚，阻力变大，因此要及时进行清灰。扫描二维码 4-12 可查看动画。

袋式除尘器可捕集 0.1μm 以上的尘粒，效率可达 90% ～ 99%。由于其结构简单、造价低廉、净化效率高，比较受用户欢迎。其缺点是不宜过滤含水、含油和黏结性较大的粉尘。

4-13 电除尘器

⑤ **电除尘装置**　电除尘器是用高压直流电流产生的不均匀电场，利用电场中的电晕放电使尘粒荷电，然后在电场库仑力的作用下把荷电的尘粒迁向集尘极，当形成一定厚度集尘层时，振打电极使凝聚成较大的尘粒集合体从电极上沉落于集尘器中，从而达到除尘目的。扫描二维码 4-13 可查看动画。

4-14 板式电除尘器

根据电极形状的不同，电除尘器有**板式**和**管式**两种。此外，根据在除尘过程中是否采用液体或蒸汽介质，又分为**湿式**和**干式**电除尘器。扫描二维码 4-14 可查看动画。

电除尘器可处理各种不同性质的烟雾，温度可达 500℃，湿度可达 100%，而且也能处理易爆气体。能捕集粒径 0.1μm 或更小的烟雾，除尘效率高达 99.9% 以上，是大型工厂普遍使用的一种除尘设备。

⑥ **湿式除尘器**　湿式除尘器是用液体所形成的液滴、液膜、雾沫等洗涤含尘烟气，而将尘粒进行分离的装置。湿式除尘器有很多种，可归纳为三类：**贮水式**、**加压水式**和**旋转式**。

4-15 文丘里洗涤器

文丘里管除尘器的除尘机制是使含尘气流经过文丘里管的喉径形成高速气流，并与在喉径处喷入的高压水形成的液滴相碰撞，使尘粒黏附于液滴上而达到除尘目的。扫描二维码 4-15 可查看动画。

湿式除尘器结构简单、造价低、除尘效率高，在处理高温、易燃、易爆气体时安全性好，在除尘的同时还可去除气体中的有害物。湿式除尘器的不足是用水量大，易产生腐蚀性液体，产生的废液或泥浆需进行处理，并可能造成二次污染。在寒冷地区和季节易结冰。

（2）气态污染物的净化

工农业生产、交通运输及人类生活活动中排出的有害气体种类繁多，需根据它们不同的物理、化学性质采用不同的技术进行治理。常用的方法有冷凝法、燃烧法、吸收法、吸附法、催化转化法等，还有新发展的生物处理法。

① **排烟脱硫**　从排烟中去除 SO_2 的技术简称排烟脱硫。

排烟脱硫方法，可分为湿法和干法两种。用水或水溶液作吸收剂吸收烟气中 SO_2 的方法，称为**湿法脱硫**；用固体吸收剂或吸附剂吸收或吸附烟气中 SO_2 的方法，称为**干法脱硫**。

A. 湿法排烟脱硫

湿法中由于所使用的吸收剂不同，主要有**氨法**、**钠法**、**钙法**等。

a. 氨法　此法是用氨水（$NH_3 \cdot H_2O$）为吸收剂吸收烟气中的 SO_2，其中间产物为亚硫酸铵 [（NH_4）$_2SO_3$] 和亚硫酸氢铵（NH_4HSO_3）。

采用不同方法处理中间产物，可回收硫酸铵、石膏和单体硫等副产物。

b. 钠法　此法是用氢氧化钠、碳酸钠或亚硫酸钠水溶液为吸收剂吸收烟气中的 SO_2。因为该法具有对 SO_2 吸收速度快、管路和设备不容易堵塞等优点，所以应用比较广泛。

反应生成的 Na_2SO_3 和 $NaHSO_3$ 吸收液，可以经过无害化处理后弃去或经适当方法处理后获得副产品。

c. 钙法　此法又称石灰－石膏法。用石灰石、生石灰（CaO）或消石灰 [Ca（OH）$_2$] 的乳浊液为吸收剂吸收烟气中的 SO_2。吸收过程生成的亚硫酸钙（$CaSO_3$）经空气氧化后可得到石膏。此法所用的吸收剂低廉易得，回收的大量石膏可作建筑材料，因此被国内外广泛采用。

B. 干法排烟脱硫

干法脱硫主要有**活性炭法**、**活性氧化锰吸收法**、**接触氧化法**，**以及还原法**等。

a. 活性炭法　是利用活性炭较大的比表面积使烟气中的 SO_2 在活性炭表面上与氧及水蒸气反应生成硫酸的方法。

为了回收吸附在活性炭上的硫化物及使活性炭得到再生，可用水洗脱吸、高温气体脱吸、水蒸气脱吸以及氨水脱吸。

b. 接触氧化法　以硅石为载体，以五氧化二钒或硫酸钾等为催化氧化剂，使 SO_2 氧化制成无水或 78% 的硫酸。此法是高温操作，所需费用较高。但由于技术上比较成熟，目前国内外对高浓度 SO_2 烟气的治理多采用此法。图 4-11 是一套现场干法脱硫装置图。

图 4-11　现场干法脱硫装置

② 排烟脱氮　由于排烟中的 NO_x 主要是 NO，NO 比较稳定，在一般条件下，它的氧化还原速度比较慢。NO 不与水反应，几乎不会被水或氨所吸收。因此在用吸收法脱氮之前需要将 NO 进行氧化。目前排烟脱氮常用的方法有**选择性非催化还原法**、**选择性催化还原法**、**吸收法**等。现简要介绍如下：

a. 选择性非催化还原法　**研究发现，在 950 ～ 1050℃这一狭窄的温度范围内，无催化剂存在下，NH_3、尿素等氨基还原剂可选择性地还原烟气中的 NO_x 为 N_2，据此发展了选择性非催化还原法**。低于 900℃时，NH_3 反应不完全，会造成“氨穿透”；而温度过高，NH_3 氧化为 NO 的量增加，导致 NO_x 排放浓度增高。

选择性非催化还原法投资少、费用低，但适用温度范围窄，须有良好的混合及适宜的反应时间和空间。

b. 选择性催化还原法　**该法是以贵金属铂或铜、铬、铁、钒、钼、钴、镍等氧化物（以铝矾土为载体）为催化剂，以氨、硫化氢、氯－氨及一氧化碳等为还原剂，选择出最适宜的温度范围进行脱氮反应**。其最适宜的温度范围是随着所选用的催化剂、还原剂，以及烟气的流速的不同而异，一般为 250 ～ 450℃。

根据所选用的还原剂不同可分为氨催化还原法、硫化氢催化还原法、氯 - 氨催化还原法及一氧化碳催化还原法等。

c. 吸收法　**按所使用的吸收剂分为碱液吸收法、熔融盐吸收法、硫酸吸收法及氢氧化镁吸收法等**。

目前，在一套系统中同时实现脱硫脱硝的研究、示范工作也在如火如荼地开展，如液膜法、高能电子活化氧化法、NOXSO 法、SNOX 法、SNRB 法、微生物法等。

③ 汽车尾气净化处理　汽车尾气中含有 CO、碳氢化合物、NO、醛、有机铅化合物、无机铅、苯并 [*a*] 芘等多种有害物。控制方法有两种：**机内净化**（改进发动机的燃烧方式）和**机外净化**（利用装置在发动机外部的净化设备，对排出的废气进行净化治理）。机外净化是目前比较安全可靠的方法，主要有后燃法和催化转化法。

现在，许多发达国家都规定汽车必须安装净化器，这对于控制汽车造成的大气污染有明显的效果。目前广泛应用的净化器有两种：热反应器和催化转化器。

a. 热反应器　在汽车发动机外再增加一个燃烧室，使排出的废气在较高温度下维持一段时间，让碳氢化合物和一氧化碳继续燃烧，直至完全燃烧，变成水蒸气和二氧化碳；热反应器去除的是碳氢化合物。

b. 催化转化器　安装在发动机舱外面，利用两个催化反应器或在一个反应器中装入两段性能不同的催化剂，完成净化反应。先利用废气中的 CO 将 NO_x 还原为 N_2，再在引入空气的作用下，将 CO 和碳氢化合物氧化为 CO_2 和 H_2O。该过程可净化三种有害物，称为三元净化法。所使用的催化剂通常为钯、铂、铑等贵金属．还有稀土金属等。一般汽油中含铅，铅会使催化剂中毒，减少其使用寿命，现各国已推广使用无铅汽油。使用无铅汽油还可减少铅污染。

净化汽车尾气还可采用废气再循环法。这种方法是使汽车排出废气的一部分再回到进气管，然后导入燃烧室，这种方法可降低氮氧化物排放量的 80%。图 4-12 为三元催化反应器示意图。

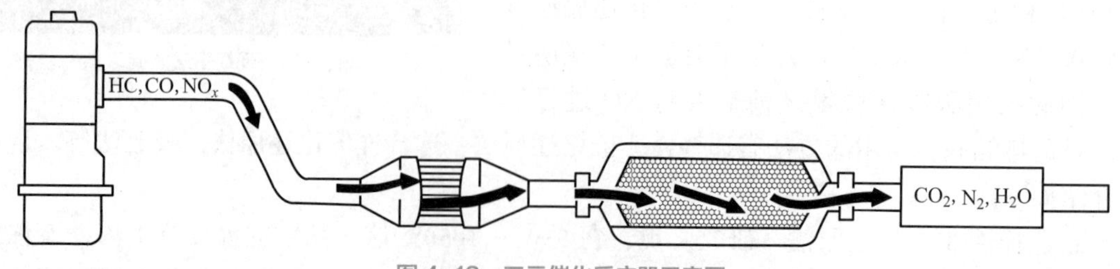

图 4-12　三元催化反应器示意图

当然，发展各种环保汽车是再好不过的了，如氢气汽车、氮气汽车，以及用天然气作燃料的汽车。电动汽车虽然本身不产生污染，但它消耗电，电大多通过燃烧煤、石油转化而来，因此电动汽车间接也会污染环境。

课后习题

一、选择题

1. 按照大气温度垂直地表的变化趋势不同，可以把大气由低到高分为几个圈层。(　　)

A. 3　　B. 4　　C. 5　　D. 6

2. 干洁空气中百分比含量最高的气体是(　　)。

A. N_2　　B. O_2　　C. He　　D. Ar

3.《环境空气质量标准》(GB 3095—2012)将环境空气功能区分为几类。(　　)

A. 2　　B. 3　　C. 4　　D. 5

4. 以下哪类物质不属于颗粒污染物。(　　)

A. 黑烟　　B. 飞灰　　C. SO_2　　D. 硫酸雾

5. 以下哪种物质不是影响我国大气环境质量的主要污染物。(　　)

A. SO_2　　B. NO_x　　C. HCl　　D. 颗粒物

6. 以下哪项不是酸雨带来的危害。(　　)

A. 水体酸化　　B. 森林受破坏　　C. 腐蚀建筑物　　D. 海平面上升

7. 以下哪种方法不能去除废气中的气态污染物。(　　)

A. 吸收法　　B. 离心法　　C. 燃烧法　　D. 催化法

8. 大气中二氧化硫主要来源于(　　)。

A. 硫酸生产　　B. 金属冶炼　　C. 石油炼制　　D. 燃料燃烧

9. 以下哪种不是去除烟气中二氧化硫的方法。(　　)

A. 石灰-石膏法　　B. 活性炭法　　C. 接触氧化法　　D. 喷氨还原法

10. 汽车尾气的三元净化器中，利用以下哪种物质将氮氧化物还原为氮气。(　　)

A. 空气　　B. 氧气　　C. 一氧化碳　　D. 氢气

二、问答题

1. 你了解煤的成分吗？你知道几种煤？利用你学过的化学知识，为除掉煤中的硫出几个“点子”。

2. 汽油中的铅是起什么作用的？推广使用无铅汽油的意义是什么？

3. 列举两个发生在你身边（或通过其他途径了解到）的大气污染现象？分析一下产生的原因，以及可能会造成的后果。

4. 烟气中二氧化硫的处理技术主要有哪些？请简要介绍其原理、流程。

第5章 水污染及防治

学习目标

知识目标

了解中国水资源和水污染现状；掌握水体中主要污染物的来源、危害以及相应的防治技术。

能力目标

能够初步运用水污染控制策略、方法对各类污染进行合理的分析、判断并提出解决措施。

素质目标

树立爱护水、节约水、保护水的意识；提高对专业的认知度。

5.1 概述

5.1.1 天然水循环与水资源

（1）天然水的循环

地球表面的水体如海洋、湖泊、河流等广大水体等在太阳辐射作用下，大量水分被蒸发，上升到空中形成云，又在大气环流的作用下飘移到各处，在适当的条件下又以雨、雪、雹等形式降落下来，这些降落下来的水分落到地面或水体上，再从河道或地下流入海洋。水分这样往返循环不断转移交替的现象称为**水的自然循环**。其内因是水的物理特性。外因是太阳的辐射和地心的引力。**流入江、河、湖、水库或池塘的水形成地面水水源，渗入地层的水形成地下水水源**。这些对陆地生命、经济发展和农业耕种至关重要的淡水资源是人类环境的重要组成部分，是人类生存的要素之一。

人类为了满足生活和生产的需求，不断取用天然水体中的水，经过使用，一部分天然水被消耗，但绝大部分变成生活污水和生产废水，经过处理、排放，最终重新进入天然水体，这样，水在人类社会中也构成了一个循环体系，称为**水的社会循环**。社会循环中取用的水量虽然仅是径流和渗流水量的百分之二三，亦即地球总水量的数百万分之一，然而，就是取用这似乎微不足道的水，却表现出人与自然在水量和水质方面存在着巨大的矛盾。**在水的社会循环中，生活污水和生产废水的排放，是形成自然界水污染的主要根源，也是水污染防治的主要对象。**

（2）水资源概况

地球上的水总量为 14 亿立方千米，其中绝大部分是海水，剩余小部分淡水资源中的 2/3 以上存储在地面冰盖中，十分难以获取。这就导致只有极小比例的湖泊、河流和浅层地下水可供人类饮用、农业耕种和工业使用。地球上水的分布见图 5-1。

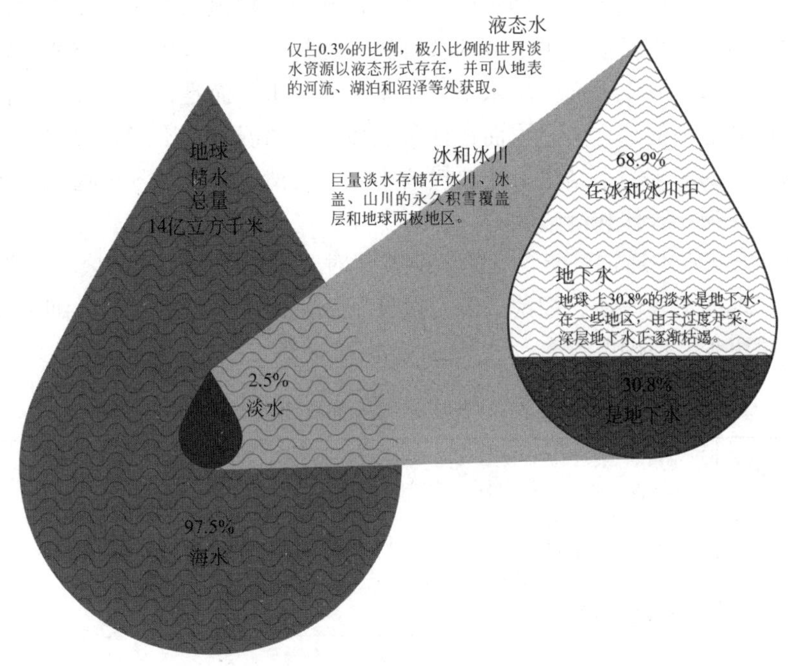

图 5-1　地球上水的分布

我国河川年径流量约为 2.8 万亿立方米，居世界第 6 位，但按人均占有量（约 2200m^3）计算，只有世界人均占有量的 1/4，排在世界第 121 位，已被联合国列为 13 个水资源贫乏国家之一。按照国际公认的标准，我国目前有 16 个省（自治区、直辖市）人均水资源量 1000m^3，属于严重缺水；有 6 个省、自治区（宁夏、河北、山东、河南、山西、江苏）人均水资源量 500m^3，属于极度缺水。近年来，为缓解水资源供需矛盾，北京市通过外调水、动用库存水、超采地下水等特殊措施，以年均 21 亿立方米的水资源量支撑了年均 36 亿立方米的用水需求。2014 年，北京市人均本地水资源量 100m^3 左右，南水北调中线入京后达到 150m^3，仍远远低于国际公认的**人均 500m^3 的极度缺水标准**。

我国水资源短缺表现在两个方面：**一是资源型缺水**，主要原因是水量在地区上分布不平衡、在时程分配上不均匀、水土资源组合不相适应等。**二是水质型缺水**，主要原因是，**我国人口基数大导致的人均水资源占有量严重不足；工农业的快速发展，对水资源的需求量急剧攀升；水资源人为浪费严重**。2020 年全国耗水总量 5812.9 亿立方米。其中生活用水 863.1 亿立方米，工业用水 1030.4 亿立方米，农业用水 3612.4 亿立方米，人工生态环境补水 307.0 亿立方米。在工业用水方面，我国炼钢等生产过程的单位耗水量比国外先进水平高几倍甚至几十倍，水的重复利用率不到发达国家的 1/3。农业灌溉用水量约占总用水量的 70%，农田灌溉水有效利用系数0.565。可见提高用水效率、节约用水、保护水资源是实现工农业生产可持续发展的重要途径之一。

扫码可阅读资料：5-1“最严格水资源管理制度”的“三条红线”指什么？

5-1“最严格水资源管理制度”的“三条红线”指什么

5.1.2 水中的杂质、水质指标及水污染源

(1) 天然水中的杂质

由于水极易与各种物质混杂，溶解能力又较强，所以在自然循环中，任何天然水体都不同程度地含有多种多样的杂质，其中包括地球上各种化学过程和生物过程的产物，人类在生产、生活活动中形成的各种废弃物等。**天然水中这些物质的固有含量就构成了这一水体的水质本底**。因而天然水不是化学上的纯水，而是含有许多溶解性和非溶解性物质所组成的极其复杂的综合体。因而在评价水体污染情况时，不能只根据水体中某些成分的存在与否和含量的多寡而下结论，还要摸清本底。天然水中所含各种物质按溶质粒径的大小分为三类：**悬浮物、胶体和溶解物**。

表5-1指出天然水中通常可能含有的杂质及其对工业使用和人类健康的主要影响。

一般来说，地面水较浑浊、细菌较多、硬度较低，而地下水则较清、细菌较少，特别是深层井水，细菌更少，但硬度较高。

表5-1 天然水中的杂质及其影响

类别	分类	成分	杂质及其影响
悬浮物质及胶体物质	细菌——有致病的和对人体无害的 藻类及原生动物——臭味、色度和浑浊度 泥沙、黏土——浑浊度 溶胶——如硅酸胶体等 高分子化合物——如腐殖质胶体等 其他不溶性物质		
溶解物质	盐类	钙镁	重碳酸盐——碱度、硬度 碳酸盐——碱度、硬度 硫酸盐——硬度 氯化物——硬度、腐蚀锅炉
		钠	重碳酸盐——碱度、有软水作用 碳酸盐——碱度、有软水作用 硫酸盐——锅炉内汽水共腾 氟化物——致病 氯化物——味
		铁盐、锰盐——味、色、硬度、腐蚀金属	
	气体	氧——腐蚀金属 二氧化碳——腐蚀金属、酸度 硫化氢——臭味、酸度、腐蚀金属 氮	
	其他溶解性物质		

(2) 污水中的杂质

水污染即指“水体因某种物质的介入而导致其物理、化学、生物或者放射性等方面特性的改变，从而影响水的有效利用，危害人体健康或破坏生态环境，造成水质恶化的现象”。造成水体污染的污染源有多种，不同污染源排放的污水、废水具有不同的成分和性质，但其

所含的污染物主要有以下几类。

① 固体物质 **固体物质包括悬浮固体和溶解固体。悬浮物主要指悬浮在水中的固体污染物质**，主要是不溶于水中的无机物、有机物及泥沙、黏土、微生物等。冶金、化工、建筑、屠宰等工业废水和生活污水中都含有悬浮状的污染物，排入水体后除了会使水体变得浑浊，影响水生植物的光合作用外，还会吸附有机毒物、重金属、农药等，形成危害更大的复合污染物沉入水底，日久后形成淤积，会妨碍水上交通或减少水库容量，增加挖泥负担。

水体受溶解固体污染后，使溶解性无机盐浓度增加，如作为给水水源，水味涩口，甚至引起腹泻，危害人体健康，故饮用水的溶解固体含量应不高于500mg/L。工业锅炉用水要求更加严格。农田灌溉用水，要求不宜超过1000mg/L，否则会引起土壤板结。

② 耗氧有机物 生活污水和某些工业废水中含有糖类、蛋白质、氨基酸、酯类、纤维素等有机物质，这些物质以悬浮状态或溶解状态存在于水中，排入水体后能在微生物作用下分解为简单的无机物，**在分解过程中消耗氧气，使水体中的溶解氧减少**，严重影响鱼类和水生生物的生存。**当溶解氧降至零时，水中厌氧微生物占据优势**，其代谢过程中产生恶臭物质硫化氢造成水体变黑发臭，将使水体丧失其使用功能。

耗氧有机物的污染是当前我国最普遍的一种水污染。由于有机物成分复杂，种类繁多，**一般用综合指标生化需氧量（BOD）和化学需氧量（COD）表示耗氧有机物的量**。清洁水体中五日生化需氧量（BOD_5）含量应低于3mg/L，BOD_5超过10 mg/L则表明水体已经受到严重污染。

③ 植物性营养物 **植物性营养物主要指含有氮、磷等植物所需营养物的无机、有机化合物，如氨氮、硝酸盐、亚硝酸盐、磷酸盐和含氮、磷的有机化合物**。这些污染物排入水体，特别是流动较缓慢的湖泊、水库、海湾等水体，容易引起水中藻类及其他浮游生物的大量繁殖，从而导致水体发生**富营养化污染**。

水体富营养化除了会使自来水处理厂运行困难，造成饮用水的异味外，严重时也会使水中溶解氧下降，鱼类大量死亡，甚至会导致湖泊的干涸灭亡。特别应注意的是富营养化水体中有毒藻类（如微囊藻类）会分泌毒性很强的生物毒素，如微囊藻毒素，这些毒素是很强的致癌毒素，而且在净水处理过程中很难去除，对饮用水安全构成了严重的威胁。

拯救死亡海域

海洋中高浓度的污染物对海洋生物有致命的影响。氮肥和磷肥导致海水的富营养化并消耗海水中的氧气，造成了所谓的死亡海域。据统计，目前全世界的死亡海域总计405个。死亡海域经历了这样几个阶段：

① 污染水体的注入 富营养化的水体（如城市污水、农业化肥水、家畜排泄物和雨洪排泄）流入海洋中，在密度较大的咸水上形成一层薄膜。

② 淡水层的藻类生长 温暖的日光为藻类的生长提供了一个完美的环境，藻类死亡后沉入海底腐烂，海水中的氧气就在藻类腐烂的过程中不断被消耗。

③ 海藻爆发 日光和化肥共同促进了藻类在海水表面的大量繁殖，阻挡了水生植物吸收太

阳光。

④ **生态系统死亡**　低含氧量导致海洋动物离开或死亡。越来越多的死亡生物使水中氧气进一步减少，最终形成了死亡海域。

随着更多富营养化的淡水的流入，死亡海域的面积在不断扩大。大海是生命的摇篮，拯救大海就是拯救人类自己。保护海洋，拯救海洋，我们该做些什么呢?

④ 有毒的有机污染物　近年来，水中**有毒有机污染物**造成的水污染问题越来越突出。**主要来自人工合成的各种有机物质，包括有机农药、有机化工产品等**。农药中有机氯农药和有机磷农药危害很大。有机氯农药（如DDT、六六六等）毒性大、难降解，并会在自然界积累，造成二次污染，虽已禁止生产与使用多年，但仍然能在环境中检测到它们的存在。现在普遍采用有机磷农药，种类有敌百虫、乐果、敌敌畏、甲基对硫磷等，这类物质毒性大，也属于难生物降解有机物，并对微生物有毒害和抑制作用。

人工合成的高分子有机化合物种类繁多，成分复杂，使城市污水的净化难度大大增加。在这类物质中已被查明具有“三致”作用（致癌、致突变、致畸形）的物质有聚氯联苯、联苯胺、稠环芳烃等多达20余种，疑致癌物质也超过20种。

⑤ 重金属　**重金属污染是危害最大的水污染问题之一**。重金属主要随矿山开采、金属冶炼、金属加工及化工生产等废水进入水体。重金属化合物的溶解度很小，往往沉积于水底。重金属离子由于带正电，在水中易于被带负电的胶体颗粒所吸附，吸附重金属离子的胶体，可以随水流向下游迁移，但大多会很快地沉降下来。因此，重金属一般都富集在排水口下游一定范围内的底泥中。

沉积在底泥中的重金属是一个长期的次生污染源，它们逐渐向下游推移，扩大污染面，每到汛期，河流径流量加大，对河床冲刷力增强，底泥中的重金属随底泥进入径流。一般的污染物，在汛期由于水量大被稀释，其浓度是降低的，而重金属却往往是增高的。金属离子在水中的转移和转化与水体的酸、碱条件有关，如六价铬在碱性条件下的转化能力强于酸性条件，在酸性条件下，二价镉离子易于随水迁移并易被植物所吸收。地表水体中的重金属可以通过食物链，成千上万倍地富集，而达到相当高的程度。**在水生生物中富集后，经食物链摄入人体**。

⑥ 酸碱污染　**酸、碱污染物排入水体会使水体pH发生变化，破坏水体的自然缓冲作用**。当水体pH小于6.5或大于8.5时，水中微生物的生长会受到抑制，致使水体自净能力减弱，并影响渔业生产，严重时还会腐蚀船只、桥梁及其他水上建筑物。用酸性或碱性的水浇灌农田，会破坏土壤的物化性质，影响农作物的生长。酸、碱物质还会使水的含盐量增加，提高水的硬度，对工业、农业、渔业和生活用水都会产生不良影响。

⑦ 油类　含**有石油类产品的废水进入水体后会漂浮在水面并迅速扩散，形成一层油膜，阻止大气中的氧进入水中，妨碍水生植物的光合作用**。石油在微生物作用下的降解也需要消耗氧，造成水体缺氧。同时，石油还会使鱼类呼吸困难直至死亡。食用在含有石油的水中生长的鱼类，还会危害人身健康。

⑧ 放射性物质　**放射性物质主要来自核工业和使用放射性物质的工业或民用部门**。放射性物质能从水中或土壤中转移到生物、蔬菜或其他食物中，并进入人体浓缩和富集。放射

性物质释放的射线会使人的健康受损，最常见的放射病就是血癌，即白血病。

⑨ 热污染　废水排放引起水体温度升高，被称为热污染。**热污染会影响水生生物的生存及水资源的利用价值。水温升高还会使水中溶解氧减少，同时加速微生物的代谢速率，使溶解氧的下降更快，最后导致水体的自净能力降低。**热电厂、金属冶炼厂、石油化工厂等常排放高温废水。

⑩ 病原微生物　**生活污水、医院污水和屠宰、制革、洗毛、生物制品等工业废水，常含有病原体，会传播霍乱、伤寒、胃炎、肠炎、痢疾以及其他病毒传染的疾病和寄生虫病。**污水生物性质的检测指标一般为：总大肠菌群数、细菌总数和病毒等。水中存在大肠菌，就表明该污水受到粪便污染，并可能有病原菌及病毒的存活。水中常见的病原菌有志贺菌、沙门菌、大肠杆菌、小肠结肠炎耶尔森菌、霍乱弧菌、副溶血性弧菌等，已被检出的病毒有100余种。由水中病原微生物导致的大范围的人群感染引起了各国对病原微生物污染的高度重视，各个国家都加强了针对旨在控制病原微生物的环境标准的制定，以保障水质的卫生学安全。

（3）水质指标

水质是水与其中所含杂质共同表现出来的特性，它须通过所含**杂质（或污染物）的组分、种类与数量**等指标来表示。水质指标是水质性质及其量化的具体体现。表5-2列举了水体中的主要污染物及所采用的水质指标。

表5-2　水体中的主要污染物及水质指标

污染物的类型	主要污染物	水质指标
固体污染	泥沙、有机质胶体、微生物、无机悬浮物、胶体和溶解物等	悬浮物（SS）、溶解物（DS）等
耗氧物质污染	碳水化合物、蛋白质、脂肪和木质素等	生化需氧量（BOD）、化学需氧量（COD）等
植物营养物质污染	有机氮，尿素、氨基酸等；无机氮，氨氮、亚硝酸氮、硝酸氮；正磷酸盐、聚合磷酸盐、葡萄糖-6-磷酸、2-磷酸甘油酸等	氨氮（NH_3/NH_4^+）、凯氏氮（TKN）、亚硝酸盐（NO_2^-）、硝酸盐（NO_3^-）、总磷（TP）等
无机有害物	酸、碱、盐	pH值、无机盐
无机有毒物	氰、氟、硫的化合物	以毒物的具体种类来表示，如氰化物、汞、镉、铬、铅、总砷等 酚类化合物、有机磷农药、3，4-苯并[α]芘等；石油类
重金属	汞、镉、铬、铅、砷、铜以及它们的化合物等	
易分解有机毒物	酚、苯、醛等	
难分解有机毒物	DDT、666、狄氏剂、艾氏剂、PCB、多环芳烃、芳香烃、有机磷农药等	
油	石油及其制品	
硫、氮氧化物	二氧化硫、氮氧化物	二氧化硫、氮氧化物
病原微生物	病菌、病毒、寄生虫	细菌总数、总大肠菌群数、病毒

（4）水体污染源

水体污染源是指向水体排放污染物的场所、设备和装置等，按产生过程分为天然源和人为源，其中人为源是造成水体污染的主要原因。人为源包括：

①**工业污染源**　在工业生产过程中要消耗大量新鲜水，排出大量废水，其中夹带许多原料、中间产品或成品，例如重金属、有毒化学品、酸、碱、有机物、油类、悬浮物和放射性物质等。不同工业、不同产品，即使同种产品可能会由于工艺不同、设备条件不同、不同原材料或不同的管理水平等，排出的废水水质、水量差异都很大。因此，工业废水具有面广、量大、成分复杂、毒性大、不易净化、难处理的特点。这些工业废水如不加妥善处理就大量排入水体，必然会对水体造成严重的污染，对人体造成的危害是巨大的。

②**生活污染源**　生活污水主要来自家庭、商业、学校、旅游服务及其他城市公用设施，包括厨房、厕所冲洗、盥洗、淋浴、洗衣等排水。生活污水中含有大量的有机物（占70%），氮、硫、磷等无机盐类，还含有病原菌、寄生虫卵等微生物类。由于地域和人们生活习惯不同、生活水平不同，所排污染物的含量和性质有一定的差别。生活污水的水质成分一般呈较规律地变化，用水量则呈较规律地季节变化，随着城市人口的增长、生活水平的提高及饮食结构的改变，其用水量会不断增加，水质成分亦会有所变化。

生活污水和工业废水多由管道收集后集中排放，因此常被称为点污染源。

③**面污染源**　**大面积的农田地面径流或雨水径流也会对水体造成污染，由于进入的方式是无组织的，通常被称为面污染源**。

面污染源也被称为非点污染源，包括雨、雪水淋洗大气中的有毒污染物、冲刷地面污染物后进入水体，特别是初期雨水径流，有机物含量较高。农田施用化肥和农药流失到水体中，使水体中的氮、磷、农药含量增加。氨的流失使饮用水中硝酸盐含量增加，可变成亚硝酸盐。亚硝酸盐与仲胺在人体内生成亚硝酸铵，是一种致癌物质。农药能杀死水体中的浮游生物，能在人体中积累，对环境与人体造成重大破坏，它既是杀虫剂，又是生物杀灭剂。牲畜粪便污水流入水体除造成水体有机污染外，还会导致水体富营养化现象加剧，水质变质、影响水生物正常生长等情况的发生，严重影响生态环境。**此类污水具有面广、分散、难于收集和难于治理的特点**。

5.1.3　水体的自净作用和水环境容量

（1）水体的自净作用

各类天然水体都有一定的自净能力，污染物随污水排入水体后，经物理、化学和生物等方面的作用，使污染物的浓度或总量减少，经过一段时间后，受污染的水体将恢复到受污染前的状态，这一现象就称为水体的自净作用。**水体的自净能力是有限度的**，影响水体自净的因素主要有：河流、湖泊、海洋等水体的地形和水文条件；水中微生物的种类和数量；水温和复氧状况；污染物的性质和浓度等。

水体自净的机制，可分为以下几类。

① **物理过程**　物理净化作用指污染物由于稀释、混合、沉淀等作用而使其浓度降低的过程。稀释、混合在概念上很简单，而在机制上却是复杂的。稀释除与分子扩散有关外，还受湍流扩散作用的影响，混合作用与温度、水团流量和搅动情况有关。通过沉降过程可降低水中不溶性悬浮物的浓度，由于同时发生的吸附作用，还能消除一部分可溶性污染物。

② **化学及物理化学过程**　指污染物通过氧化、还原、吸附、凝聚中和等反应使其浓度降低的过程。

③ **生物化学过程** 指由于水中微生物的代谢活动，污染物中的有机物质被分解氧化并转化为无害、稳定的无机物，从而使其浓度降低的过程。

水体自净包含十分广泛的内容，任何水体的自净都是上述三项过程的综合，它们同时、同地产生，相互影响、相互交织在一起。**其中以生物自净过程为主**，生物体在水体自净作用中是最活跃、最积极的因素。

以河流的生化自净为例，有机物排入河流后，经微生物生物降解而大量消耗水中的溶解氧，导致河水迅速亏氧；另一方面，空气中的氧通过河流水面不断地溶入水中，使溶解氧逐渐得到恢复。微生物耗氧与大气复氧同时作用，使河流中的 DO 与 BOD_5 浓度处于图 5-2 所示的变化模式中。图 5-2 中 a 为水体有机物浓度随时间变化曲线，b 为水体溶解氧随时间变化曲线，呈下垂状，也称氧垂曲线。途中 *o* 点耗氧速率等于复氧速率，称为**氧垂点或临界亏氧点**，*o* 点的溶解氧含量大于有关规定的量，从溶解氧的角度看，说明污水的排放未超过水体的自净能力。若排入有机污染物过多，超过水体的自净能力，则 *o* 点低于规定的最低溶解氧含量，甚至在排放点下的某一段会出现无氧状态，此时氧垂曲线中断，说明水体已经污染。**在无氧情况下，水中有机物因厌氧微生物作用进行厌氧分解，产生硫化氢、甲烷等，水质变坏，腐化发臭。**

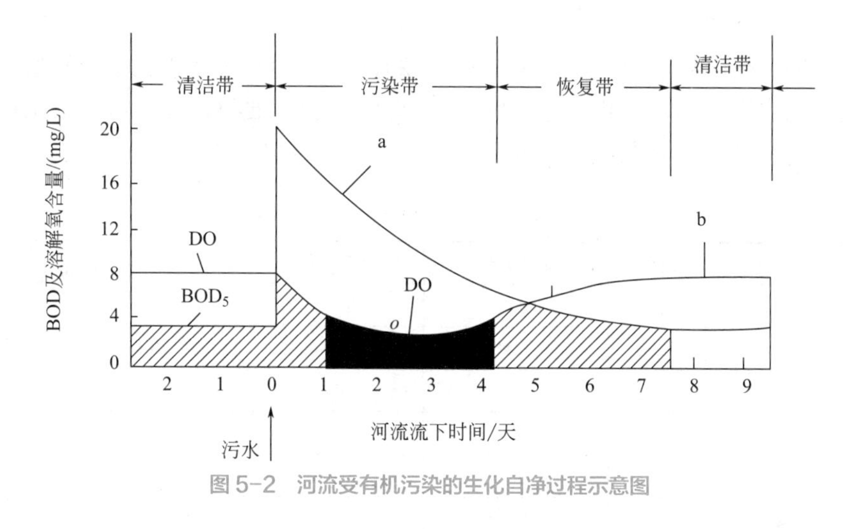

图 5-2 河流受有机污染的生化自净过程示意图

氧垂曲线上，DO 变化规律反映河段对有机污染的自净过程。这一问题的研究，对评价水污染程度，了解污染物对水产资源的危害和利用水体自净能力，都有重要意义。

（2）水环境容量

水体的自净能力说明水体具备接纳一定量的污染物的能力，一定水体所能容纳污染物的最大负荷被称为水环境容量，即某水域所能承担外加的某种污染物的最大允许负荷量。

水环境容量包括稀释容量和自净容量。一般认为：稀释容量是在给定水域的来水污染物浓度低于出水水质目标时，依靠稀释作用达到水质目标所能承纳的污染物量；自净容量是由于沉降、生化、吸附等物理、化学和生物作用，给定水域达到水质目标所能自净的污染物量。

水环境容量大小与**水质目标、水体特征、污染物特性及水环境利用方式有关。水环境容量是制定地区水污染物排放标准的主要依据之一，也是水资源综合开发利用规划的主要依据。**

5.2 我国的水污染状况及水污染带来的危害

5.2.1 我国的水污染状况

（1）水环境质量标准

《地表水环境质量标准》（GB 3838—2002）依据地表水水域环境功能和保护目标，按功能高低依次划分为五类：

Ⅰ类水体：为源头水、国家自然保护区；Ⅱ类水体：为集中式饮用水水源地一级保护区，珍稀水生生物栖息地、鱼虾类产卵场、仔稚幼鱼的索饵场等；Ⅲ类水体：集中饮用水水源地二级保护区、鱼虾类越冬场、洄游通道、水产养殖区、游泳区；Ⅳ类水体：一般工业用水和人体非直接接触的娱乐用水；Ⅴ类水质可用于农业用水及一般景观用水；劣Ⅴ类水质除调节局部气候外，几乎无使用功能。

（2）近几年我国主要污染物排放情况

经过多年努力，我国水环境质量持续改善、稳中向好，**主要污染物排放总量大幅减少，水环境风险得到一定的遏制**。

全国生态环境统计数据显示，我国2016～2019年，所排废水中化学需氧量、氨氮、总氮、重金属（铅、汞、镉、铬和类金属砷），工业源中的石油类、挥发酚、氰化物等排放量都呈逐年下降的态势。具体数据见表5-3。

表5-3　2016～2019年全国环境统计主要指标

指标	单位	2016年	2017年	2018年	2019年
生活源	万吨	100.2	101.9	103.6	102.4
集中式	万吨	0.8	0.5	0.4	0.4
总磷	万吨	9.0	7.0	6.4	5.9
其中：工业源	万吨	1.7	0.8	0.7	0.8
农业源	万吨	0.6	0.3	0.2	0.2
生活源	万吨	6.7	5.8	5.4	5.0
集中式	万吨	0.0	0.0	0.0	0.0
废水重金属	t	167.8	182.6	128.8	120.7
其中：工业源	t	162.6	176.4	125.4	117.6
集中式	t	5.1	6.2	3.4	3.1
石油类（工业源）	万吨	1.2	0.8	0.7	0.6
挥发酚（工业源）	t	272.1	244.1	174.4	147.1
氰化物（工业源）	t	57.9	54.0	46.1	38.2

表5-3中，工业污染源简称工业源，农业污染源简称农业源，生活污染源简称生活源，集中式污染治理设施简称集中式。

（3）我国的水污染状况

① 地表水污染状况　中国生态环境状况公报显示，2020年，全国地表水监测的1937个

水质断面中，Ⅰ～Ⅲ类水质断面占 83.4%，比 2019 年上升 8.5%；劣Ⅴ类占 0.6%，比 2019 年下降 2.8%；主要污染指标为化学需氧量、总磷和高锰酸盐指数。图 5-3 为 2020 年全国地表水总体水质状况。

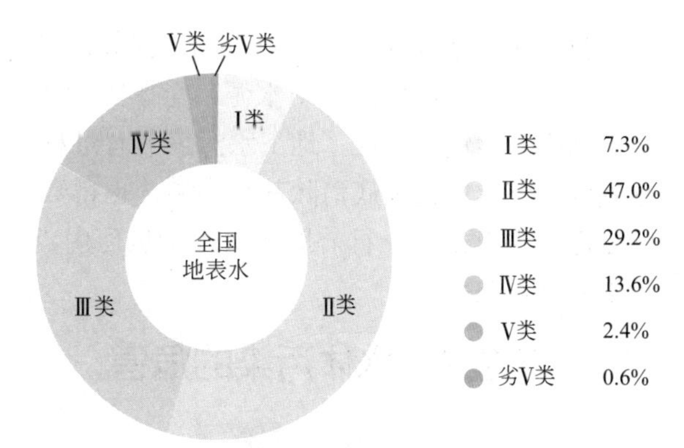

图 5-3　2020 年全国地表水总体水质状况

珠江、松花江、淮河、海河、辽河七大流域和浙闽片河流、西北诸河、西南诸河主要江河监测的 1614 个水质断面中，Ⅰ～Ⅲ类水质断面占 87.4%，主要污染指标为**化学需氧量、高锰酸盐指数和五日生化需氧量**。

西北诸河、浙闽片河流、长江流域、西南诸河和珠江流域水质为优，黄河流域、松花江流域和淮河流域水质良好，辽河流域和海河流域为轻度污染。

湖泊和水库：开展水质监测的 112 个重要湖泊（水库）中，Ⅰ～Ⅲ类湖泊（水库）占 76.8%，**主要污染指标为总磷、化学需氧量和高锰酸盐指数**。开展营养状态监测的 110 个重要湖泊（水库）中，贫营养状态湖泊（水库）占 9.1%，中营养状态占 61.8%，轻度富营养状态占 23.6%，中度富营养状态占 4.5%，重度富营养状态占 0.9%。

② 地下水污染状况　2020 年，自然资源部门 10171 个地下水水质监测点Ⅰ～Ⅲ类水质监测点占 13.6%，Ⅳ类占 68.8%，Ⅴ类占 17.6%；水利部门 10242 个地下水水质监测点（以浅层地下水为主）中，Ⅰ～Ⅲ类水质监测点占 22.7%，Ⅳ类占 33.7%，Ⅴ类占 43.6%，**主要超标指标为锰、总硬度和溶解性总固体**。

③ 我国海洋水环境质量状况

管辖海域　2020 年，Ⅰ类水质海域面积占管辖海域面积的 96.8%，与 2019 年基本持平；劣Ⅴ类水质海域面积为 30070km^2，比 2019 年增加 1730km^2。**主要超标指标为无机氮和活性磷酸盐**。

近岸海域　2020 年，全国近岸海域水质总体稳中向好，优良（Ⅰ、Ⅱ类）水质海域面积比例为 77.4%，比 2019 年上升 0.8%；劣Ⅴ类为 9.4%，比 2019 年下降 2.3%。**主要超标指标为无机氮和活性磷酸盐**。

辽宁、河北、山东、广西和海南近岸海域水质为优，福建和广东近岸海域水质良好，天津近岸海域水质一般，江苏和浙江近岸海域水质差，上海近岸海域水质极差。

面积大于 100km^2 的 44 个海湾中，8 个海湾春、夏、秋三期监测均出现劣Ⅴ类水质。**主要超标指标为无机氮和活性磷酸盐**。

2020 年，我国海域共发现赤潮 31 次，累计面积 1748km^2。其中，有毒赤潮 2 次，分别发现于天津近岸海域和广东深圳湾海域，累计面积 81km^2。累计面积最大的两起赤潮过程分别发生在浙江南麂 - 洞头 - 温岭以东海域和石浦 - 渔山海域，最大面积均为 380km^2。持续时间最长的赤潮过程发生在天津市近岸海域，持续时间 84 天，为 8 月 21 日至 11 月 12 日，最大面积 75km^2（资料来源：自然资源部《中国海洋灾害公报》）。

数据表明，全国地表水“好水”比例在上升，“差水”比例在下降，地下水大多受到了不同程度的污染，海洋形势不容乐观。

我国地下水资源量约占全国水资源总量的 1/3，地下水源供水量约占全国供水总量的 20%。地下水是重要的饮用水源，全国近 70% 人口饮用地下水。地表以下地层复杂，地下水流动极其缓慢，因此，地下水污染具有过程缓慢、不易发现和难以治理的特点。地下水一旦受到污染，即使彻底消除其污染源，也得数十年乃至数百年才能使受污染的地下水水质得以复原。调查发现，目前地下水污染呈现由点到面、由浅到深、由城市到农村的扩展趋势，污染程度日益严重。

5.2.2 水体污染的危害

（1）威胁着人类生命健康

水污染直接影响饮用水水源的水质，当饮用水水源受到有毒有害物质污染时，有的自来水厂在净水工艺上不能保证饮用水的安全可靠，这将会导致如腹泻、肝炎、胃癌等很多疾病的发生。与不洁的水接触也会染上如皮肤病、沙眼、血吸虫、钩虫病等疾病。

据一些地区居民健康普查结果显示，污染区居民的肠道疾病率及婴儿先天性畸形、畸胎的发生率均比对照区有明显提高。

（2）降低农作物的产量和质量，影响了农业生产的发展

受水资源条件的制约或用水成本等因素影响，很多地区的农民有采用污水灌溉农田的习惯。但惨痛的教训表明，含有有毒有害物质的污水污染了农田土壤，造成作物枯萎死亡，使农民受到极大的损失。研究表明，在一些污水灌溉区生长的蔬菜或粮食作物中，可以检出痕量有机物，包括有毒有害的农药等，它们必将危及消费者的健康。

（3）影响了渔业生产的发展

渔业生产的产量和质量与水质直接紧密相关。淡水渔场由于水污染而造成鱼类大面积死亡的事故，已经不是个别事例，还有很多天然水体中的鱼类和水生物正濒临灭绝或已经灭绝。海水养殖事业也受到了水污染的威胁和破坏。水污染除了造成鱼类死亡影响产量外，还会使鱼类和水生生物发生变异。此外，在鱼类和水生生物体内还发现了有害物质的积累，使它们的食用价值大大降低。

（4）制约工业的发展

由于很多工业（如食品、纺织、造纸、电镀等）需要利用水作为原料或洗涤产品而使其直接参与到产品的加工过程中，水质的恶化将直接影响产品的质量。在工业用水中，冷却水的用量最大，水质恶化也会造成冷却水循环系统的堵塞、腐蚀和结垢问题，水硬度的增高还会影响锅炉的寿命和安全。水质的恶化，会加大工业用水处理的负担，增加工业用水的成本。

（5）加速生态环境的退化和破坏

水污染造成的水质恶化，对于生态环境的影响更是十分严峻。水污染除了对水体中天然鱼类和水生生物造成危害外，对水体周围生态环境的影响也是一个重要方面。污染物在水体中形成的沉积物，对水体的生态环境也有直接的影响。

（6）造成经济损失

水污染对人体健康、农业生产、渔业生产、工业生产以及生态环境的负面影响，都可以表现为经济损失。例如，人体健康受到危害将减少劳动力，降低劳动生产率，疾病多发需要支付更多医药费；对工农业、渔业产量质量的影响更有直接的经济损失；对生态环境的破坏

意味着对污染治理和环境修复费用的需求将大幅度增加。

5.3 水污染防治

5.3.1 水污染防治策略

《中华人民共和国水污染防治法》提出：水污染防治应当坚持预防为主、防治结合、综合治理的原则，优先保护饮用水水源，严格控制**工业污染、城镇生活污染、农业面源污染**，积极推进生态治理工程建设，预防、控制和减少水环境污染和生态破坏。

（1）工业污染源的防治策略

众所周知，工业废水中的污染物种类多、特性各异、处理难度大，排入环境后造成的危害大，因此，防治工业水污染仍然是水污染防治的首要任务。工业水污染防治侧重于以下几个方面：

① 优化产业结构与工业结构，合理进行工业布局 在产业规划和工业发展中，贯穿可持续发展的指导思想，调整产业结构，完成结构的优化，使之与环境保护相协调。工业结构的优化与调整应按照“物耗少、能源少、占地少、污染少、技术密集程度高及附加值高”的原则，限制发展那些能耗大、用水多、污染大的工业，以降低单位工业产品或产值的排水量及污染物排放负荷。

② 积极推行清洁生产 清洁生产是通过生产工艺的改进和改革、原料的改变、操作管理的强化以及污物的循环利用等措施，将污染物尽可能地消灭在生产过程之中，使污水排放量减到最少。在工业企业内部加强技术改造，推行清洁生产，是防治工业水污染的最重要的对策与措施。“十四五”期间，国家将推行钢铁企业焦炉采用干熄焦技术，印染行业实施低排水染整工艺，制药（抗生素、维生素）行业推行绿色酶法生产技术，制革行业实施铬减量化和封闭循环利用技术等。依法在“双超双有高耗能”行业实施强制性清洁生产审核，引导其他行业自觉自愿开展审核。

③ 积极推进工业节水减污 企业通过开展水平衡测试、用水绩效评价及水效对标等措施挖掘企业节水潜力。其一，推广应用先进适用节水技术装备，实施企业节水改造。其二，推进企业内部用水梯级、循环利用，提高重复利用率。 其三，实施工业废水资源化利用。

政府也在积极推动开展节水型工业园区建设。使印染、造纸、食品等高耗水行业在工业园区集聚发展，鼓励企业间串联用水、分质用水，实现一水多用和梯级利用，推行废水资源化利用。有条件的工业园区与市政再生水生产运营单位合作，建立企业点对点串联用水系统。鼓励园区建设智慧水管理平台，优化供用水管理。实施国家高新技术产业开发区废水近零排放试点工程。

④ 严格执法，加强工业废水治理 进一步完善污水排放标准和相关的水污染控制法规和条例，加大执法力度，严格限制污水的超标排放。规范各企、事业单位的污染物排放口，对各排放口和受纳水体进行在线监测，逐步建立完善城市和工业排污监测网络和数据库，进行科学的监督和管理，杜绝“偷排”现象。扫码可阅读资料：5-2 2019 年辽宁省水污染环境违法典型案例。

5-2 2019 年辽宁省水污染环境违法典型案例

（2）城市污水防治对策

近年来，我国城镇污水处理设施建设和运行管理力度在不断加大，污水收集处理能力水平不断提升。目前，我国城镇污水处理厂已经有 9320 多家，设计处理能力达 2.5 亿吨 / 日，年处理废水 700 多亿吨，污水收集率近 70%。**但由于经济的快速发展，存在着管网建设相对滞后、处理设施布局不够均衡、污水资源化利用率低、设施可持续运维能力差，以及污泥无害化资源化不规范**等主要问题，城市污水治理任务十分艰巨。

① 加强城市污水处理厂的建设与运行 对于城市污水防治，有效的办法是加强污水处理厂的建设，并确保其正常运行。“十四五”期间，我国将进一步推广厂网一体、泥水并重、建管并举，提升运行管理水平，实现设施稳定可靠运行，提升设施整体效能。选择经济适用、节能低碳工艺路线，分区分类建设污水处理设施。

② 大力推行城市污水资源化利用 污水资源化利用是指污水经三级或高级处理后达到特定水质标准，作为再生水替代常规水资源，用于工业生产、居民生活、生态补水、农业灌溉等，以及从污水中提取其他资源和能源。污水资源化利用具有水量稳定、水质可控等特点，国际上也有很好的经验做法和实践，经济、社会、生态环境效益显著，推进污水资源化利用可以增加水资源供给，缓解水资源供需矛盾，同时减轻水体污染，保障生态安全。

③ 积极推进污泥的无害化处理和资源化利用 据统计，我国只有不到 3% 的污水厂配备了厌氧消化设施，且相当一部分运行状况不佳，污水处理厂产出的污泥不能够及时处理，或处理不到位造成二次污染的状况也比比皆是，说明我国在污泥的无害化处理和资源化利用方面存在很大的缺口，给生态环境安全带来了很大的风险。

《“十四五”城镇污水处理及资源化利用发展规划》指出，新建污水处理厂必须有明确的**污泥处置途径**。鼓励采用热水解、厌氧消化、好氧发酵、干化等方式进行无害化处理。鼓励采用污泥和餐厨、厨余废弃物共建处理设施方式，提升城市有机废弃物综合处置水平。

在实现污泥稳定化、无害化处置前提下，稳步推进资源化利用。污泥无害化处理满足相关标准后，可用于土地改良、荒地造林、苗木抚育、园林绿化和农业利用。鼓励污泥能量资源回收利用，土地资源紧缺的大中型城市推广采用“生物质利用 + 焚烧”“干化 + 土地利用”等模式。推广将污泥焚烧灰渣建材利用。

未来污水处理厂不仅要实现水质的净化，还要实现碳中和这一终极运行目标。国外已有污水处理厂实现了碳中和运行，为我国污水处理厂运行提供了借鉴。**污水厂实现碳中和需要对资源和能量进行高效回收利用，实现污水厂能源自给自足。资源型污水处理**正逐渐成为**全球污水处理行业**的时代主题，我国污水厂实现碳中和虽然仍面临一系列挑战，但也在积极探索适合自己发展的道路。**概念污水厂理念**的提出开启了我国污水处理可持续发展、和谐城市水生态的新篇章。

（3）农业面污染源防治对策

农村水污染源大部分是面源污染，如农田中使用的化肥、农药，会随雨水径流流入到地表水体或渗入地下水体；畜禽养殖粪便及乡镇居民生活污水等，随便排入水体，其污染源面广而分散，污染负荷很大，是水污染防治中不容忽视而且较难解决的问题。结合生态农业和社会主义新农村的建设，国家农业农村部、生态环境保护部等相关部门制定了相关的规范、标准等，旨在规范、指导化肥、农药的安全使用，有效防治农业和农村产生的非点源污染，主要对策有：

① **发展节水型农业** 我国是农业大国，农业用水所占比例在60%以上，随着农业灌溉规模的不断扩大，加上水源污染，使得可以有效利用的淡水资源量就更加少了，我国水资源短缺的情况会越来越严重。

5-3 以色列农业节水灌溉情况简介

通过合理建设灌排设施，提高工程输配水利用效率。分区域规模化推广喷灌、微灌、低压管灌、水肥一体化等高效节水灌溉技术等措施，发展节水型农业。节约灌溉用水，不仅可以减少对水资源的使用，同时可以减少化肥和农药随排灌水的流失，从而减少其对水环境的污染。

扫码可阅读资料：5-3 以色列农业节水灌溉情况简介。

② **合理利用化肥和农药** 《化肥使用环境安全技术导则》（HJ 555—2010）对化肥品种选择、化肥用量控制、化肥的施用方法和化肥环境安全使用管理等都作了详细的规定。《农药使用环境安全技术导则 HJ 556—2010》规定了预防农药对环境污染的各项技术措施，包括防止污染土壤、地下水、地表水等的技术措施，防止危害有益生物的技术措施及防止污染环境的管理措施。

③ **加强对畜禽排泄物、村镇生活污水、生活垃圾的有效处理** 《畜禽养殖业污染治理工程技术规范》（HJ 497—2009），用于指导畜禽养殖业的污染防治。《农村生活污染控制技术规范》（HJ 574—2010）用于指导农村生活污染控制的监督与管理。2018 年 11 月，生态环境部联合农业农村部印发了《农业农村污染治理攻坚战行动计划》，明确了农业农村污染治理的总体要求、行动目标、主要任务和保障措施，对农业农村污染治理攻坚战作出了全面部署。

5.3.2 废水处理的基本方法

废水中污染物多种多样，从污染物形态分有溶解性的、胶体状的和悬浮状的污染物；从化学性质分有有机污染物和无机污染物；有机污染物从生物降解的难易程度又可分为可生物降解的有机物和难生物降解的有机物。废水处理是用各种技术措施将各种形态的污染物从废水中分离出来，或将其分解和转化为无害和稳定的物质，从而使废水得以净化的过程。

根据所采用的技术措施的作用**原理和去除对象**，废水处理方法**有物理法、化学法、物理化学法和生物法**四大类。

（1）物理法

废水的物理处理法是利用物理作用进行废水处理的方法，**主要用于分离去除废水中不溶性的呈悬浮状态的污染物**。在处理过程中废水及污染物的化学性质不发生改变。主要工艺有筛滤截留、重力分离（自然沉淀和上浮）、离心分离等，使用的处理设备和构筑物有格栅和筛网、沉砂池和沉淀池、气浮装置、离心机、旋流分离器等。

以下是几种主要的物理法处理技术：

① 格栅与筛网 **格栅是一组平行的金属栅条制成的框架，斜置在污水流经的渠道上，或泵站集水池的进口处，用以截留大块的悬浮物或漂浮物**，如杂草、树叶、碎纸片、破布头等。以防止后续处理构筑物的管道阀门或水泵被堵塞。格栅截留的污物可以人工清除，也可用机械清除。污物可以作填埋、焚烧、堆肥或与其他污泥混合后进行消化处理，也可将污物粉碎后送回污水厂进口。扫描二维码 5-4 可查看动画。

5-4 移动伸缩臂式格栅除污机

当需要从水中去除纤维、纸浆、藻类等稍小的杂物时，可用筛网过滤的办法去除，筛网是由穿孔滤板或金属网构成的过滤设备。微滤机就是一种截留细小悬浮物的筛网过滤装置。微滤机可用于自来水厂去除原水中的藻类、水蚤等浮游生物，也可用于工业废水中有用物质的回收等。扫描二维码 5-5 可查看动画。

② 沉淀法　沉淀法的基本原理是利用**重力作用**使废水中密度大于水的固体物质下沉，从而达到与废水分离的目的，这种工艺在废水处理中应用广泛，主要应用于：a. 在沉砂池去除无机砂粒；b. 在初次沉淀池中去除密度大于水的悬浮物；c. 在二次沉淀池中使水与生物污泥分离，与生物处理构筑物共同构成处理系统；d. 在混凝工艺之后去除混凝形成的絮凝体；e. 在污泥浓缩池中分离污泥中的水分，浓缩污泥。扫描二维码 5-6 至二维码 5-8 可查看动画。

③ 离心分离　使含有悬浮物的废水在设备中高速旋转，由于悬浮物和废水质量不同，所受的**离心作用**不同，从而使悬浮物和废水分离的方法。根据离心力的产生方式，常用的离心分离设备有两种：一种是容器固定不动，由沿器壁切向进入器内的高速水流的自身旋转产生离心力，叫水力旋流分离器；另一种是利用容器的高速旋转带动器内的废水旋转产生离心力，叫离心机或水力旋流分离器。扫描二维码 5-9 可查看动画。

④ 过滤　**利用粒状介质层截留水中细小悬浮物的方法，称为过滤**。过滤常被用于废水的深度处理和饮用水处理过程。进行过滤操作的构筑物称为滤池。普通快滤池是应用最广的一种滤池。扫描二维码 5-10 可查看动画。

此外，属于物理法的还有磁分离、蒸发、冷凝等。

5-5 微滤机

5-6 曝气沉砂池

5-7 平流式沉淀池

5-8 辐流式沉淀池

5-9 水力旋流分离器

5-10 普通快滤池

（2）化学法

化学处理法是利用**化学反应来分离、回收废水中的污染物**，或将其转化为**无害物质**，主要工艺有中和、混凝、化学沉淀、氧化还原、吸附和萃取等。

① 混凝　混凝法是通过向废水中投入一定量的混凝剂，使废水中难以自然沉淀的**胶体状污染物和一部分细小悬浮物**经脱稳、凝聚、架桥等反应过程，形成具有一定大小的絮凝体，以便能通过自然沉降或过滤的方法从水中分离去除的方法。通过混凝，能够降低废水的浊度、色度，去除呈悬浮状或胶体状的无机、有机污染物和某些重金属物质。

② 气浮法　用于分离**相对密度与水接近或比水小，靠自身重力难以沉淀的细微颗粒污染物**。其基本原理是在废水中通入空气，使之产生大量的微小气泡，并使其附着于细微颗粒污染物上，形成相对密度小于水的浮体，上浮至水面，从而达到使细微颗粒与废水分离的目的。如加压溶气气浮法，就是将空气和水送入溶气罐，在加压的情况下，使空气溶解在废水中达到饱和状态，然后由加压状态突然减至常压，这时溶解在水中的空气就成了过饱和状态，水中的空气迅速形成极微小的气泡，不断向水面上升。气泡在上升过程中，捕集废水中的悬浮颗粒以及胶状物质等，一同带出水面，然后从水面上排除。

③ 中和法　中和法是利用化学方法使**酸性废水或碱性废水中和达到中性**的方法。在中

和处理中，应尽量遵循“以废治废”的原则，优先考虑废酸或废碱的使用，或酸性废水与碱性废水混合中和的可能性，其次才考虑采用药剂（中和剂）进行中和。扫描二维码 5-11 可查看动画。

5-11 变流速升流式膨胀中和滤池

④ 氧化还原法　氧化还原法是利用**溶解在废水中的有毒有害物质能被氧化或还原的性质**，把它们转变为**无毒无害物质**的方法，废水处理使用的氧化剂有臭氧、次氯酸钠等，还原剂有铁、锌、亚硫酸氢钠等。

⑤ 化学沉淀法　化学沉淀法是通过向废水中投入某种化学药剂，使之与废水中的某些溶解性污染物发生反应，形成**难溶性盐类沉淀**下来，从而降低水中溶解性污染物浓度的方法。化学沉淀法一般用于含重金属工业废水的处理。根据使用的沉淀剂的不同和生成的难溶盐的种类，化学沉淀法可分为氢氧化物沉淀法、硫化物沉淀法和钡盐沉淀法等。

（3）物理化学法

① 吸附　吸附法是采用**多孔性的固体吸附剂**，利用固、液相界面上的物质传递，使废水中的污染物转移到固体吸附剂上，从而使之从废水中分离去除的方法。具有吸附能力的多孔固体物质称为吸附剂。根据吸附剂表面吸附力的不同，可分为**物理吸附、化学吸附和离子交换性吸附**，在废水处理中所发生的吸附过程往往是几种吸附作用的综合表现。废水常用的吸附剂有活性炭、磺化煤、沸石等。扫描二维码 5-12 可查看动画。

5-12 移动床吸附塔的构造

② 离子交换法　离子交换法是指在固体颗粒和液体的界面上发生的离子交换过程，离子交换水处理法即是利用**离子交换剂对物质的选择性交换能力**去除水和废水中的杂质和有害物质的方法。常用的离子交换剂有磺化煤和离子交换树脂。

离子交换法被广泛地应用于水与废水的处理，如进行水质软化和除盐，去除废水中的重金属，以及净化放射性废水等。

③ 电解　电解质溶液在**直流电作用下发生的电化学反应**称为电解，电解是**电能转变为化学能**的过程。电解法处理废水的作用有氧化反应、还原反应、凝聚作用、气浮作用等。如用电解法处理含氰废水，就是使氰在阳极上被氧化；电解法处理含铬废水，是使六价铬还原为三价铬；电解法还可用于废水的脱色、除油以及其他重金属离子废水的处理。

④ 膜分离　利用特殊的**薄膜（如半透膜）**来对水中杂质进行**浓缩、分离**的方法，统称为膜分离。根据膜孔隙的大小及过滤时的推动力，膜分离法可分为：扩散渗析法、电渗析法、反渗透和超过滤法。

（4）生物法

在自然界中，栖息着大量的微生物，这些微生物具有氧化分解有机物并将其转化成稳定无机物的能力。废水的生物处理法就是利用微生物的这一功能，并采用一定的人工措施，营造有利于微生物生长、繁殖的环境，使微生物大量繁殖，以提高微生物氧化、分解有机物的能力，从而使废水中的有机污染物得以净化的方法。扫描二维码 5-13 可查看动画。

5-13 塔式生物滤池

根据采用的微生物的呼吸特性，生物处理可分为**好氧生物处理和厌氧生物处理**两大类。根据微生物的生长状态，废水生物处理法又可分为悬浮生长型（如活性污泥法）和附着生长型（如生物膜法）。

① 好氧生物处理法　好氧生物处理法是利用好氧微生物，在有氧环境

下，将废水中的有机物分解成二氧化碳和水。好氧生物处理法处理效率高、使用广泛，是废水生物处理中的主要方法。好氧生物处理的工艺很多，包括活性污泥法、生物滤池、生物转盘、生物接触氧化、生物流化床等工艺。

② **厌氧生物处理法**　厌氧生物处理法是利用兼性厌氧菌和专性厌氧菌在无氧条件下降解有机污染物的处理技术，最终产物为甲烷、二氧化碳等。多用于有机污泥、高浓度有机工业废水，如啤酒废水、屠宰厂废水等的处理，也可用于低浓度城市污水的处理。污泥厌氧处理构筑物多采用消化池，最近三十多年来，开发出了一系列新型高效的厌氧处理构筑物，如厌氧滤池（AF）、升流式厌氧污泥床（UASB）、厌氧流化床（AFB）、厌氧膨胀颗粒污泥床（EGSB）、内循环厌氧反应器（IC）、厌氧折流板式反应器（ABR）等。

③ **自然生物处理法**　自然生物处理法即利用在天然条件下生长、繁殖的微生物处理废水的技术。主要特征是工艺简单，建设与运行费用都较低，但净化功能易受到自然条件的制约。主要的处理技术有稳定塘、土地处理法和人工湿地等。

5.3.3　污水处理工艺流程

由于废水含有的污染物种类繁多、性质各异，一般都不可能仅采用一种方法使其净化。应根据废水性质、环境标准对废水排放的要求，以及不同处理方法的特点，选择处理方法并组成一定的废水处理流程。

（1）城市污水处理工艺

城市污水处理工艺的主要任务是去除城市污水中含有的悬浮物和溶解性有机物。现代水处理技术，根据不同的处理程度，**可分为预处理、一级处理、二级处理、三级处理和高级处理5个等级**。

① 预处理　主要工艺包括格栅、沉砂池，用于去除城市污水中的**粗大悬浮物和相对密度大的无机砂粒**，以保护水泵及后续处理设施正常运行并减轻负荷。

② 一级处理　一级处理一般为物理处理，主要去除污水中**呈悬浮状态**的固体物。悬浮物去除率可达50%～70%，有机物去除率为25%左右，一般达不到排放标准。因此，一级处理属于二级处理的前处理。**主要设施为沉淀池**。

③ 二级处理　二级处理为**生物处理**，用于大幅度去除污水中**呈胶体或溶解性的有机物**，有机物去除率可达90%以上，处理后出水BOD可降至20～30 mg/L，**并同时完成生物脱氮除磷，使处理出水的有机污染物、氮和磷达到排放标准**。主要工艺有活性污泥法、生物膜法等。

④ 三级处理　在二级处理之后，用于进一步去除残存在废水中的**有机物和氮、磷**等以满足**更严格的废水排放或回用**要求。采用的工艺有生物除氮脱磷法，或混凝沉淀、过滤、吸附等一些物理化学方法。

⑤ 高级处理　为满足用户**特定**要求，在三级处理的基础上，进一步强化无机离子、微量有毒有害污染物和一般溶解性有机污染物去除的水质净化过程。采用的工艺有混凝沉淀、吸附、膜分离、离子交换等一些物理化学方法。

（2）工业废水综合处理流程

工业废水中污染物质成分多种多样，一个工厂的废水可根据废水的水量和水质、处理程度要求，以及所要处理的工业选取适宜的单元技术和工艺流程。

5.3.4 污泥处理技术

污泥是污水处理过程中的产物，因其中含有大量污染物，必须对其进行妥善处理，以防止其对环境的危害。

（1）城市污水处理厂污泥的处理和处置

城市污水处理产生的污泥含有大量有机物、肥分，可以作为农肥使用，无机物可作建材利用，但又含有大量细菌、寄生虫卵以及从生产污水中带来的重金属离子等，需要作**减量、稳定与无害化及最终处置**。

对污泥进行减量、稳定与无害化的处理，主要方法有浓缩、脱水、消化、稳定、干化或焚烧等处理工艺。污泥的最终消纳方式，有农业利用、建筑材料、卫生填埋、裂解等。

具体的处理方法及工艺的选择要因地制宜，土地资源紧缺的大中型城市推广采用“生物质利用＋焚烧”处置模式。“生物质利用”可采用以污泥为主体的城市有机固体废物联合厌氧消化（好氧发酵）技术，该技术是目前实现污泥资源化的主流技术，厌氧消化产生的沼气可用于发电和产热，符合节能减碳发展方向；“焚烧”是解决污泥大量积存、消纳出路受限等问题的主流工艺，利用现有窑炉协同焚烧，或采用单独焚烧，焚烧灰渣可作为建筑材料回收或回收其中的磷，符合资源化发展方向。

（2）工业废水污泥的处理与处置

在工业废水处理过程中，也会产生一定量的污泥，其性质随废水性质而定。与城市污水污泥相比，工业废水污泥成分复杂，可能含有更多的有毒有害物质，如重金属、有毒化学品等。工业废水污泥，必须得到妥善、安全地处理。高浓度有机废水处理过程产生的污泥可进行厌氧消化处理，充分利用其中的生物能；食品、酿酒工业类废水污泥经厂内处理后，可用作土地利用；如果污泥中有毒有害物质属于《国家危险废物名录》中所列危险废弃物，该污泥应该严格按照危险废弃物进行处理处置。

5.3.5 城市污水再生利用

城市污水水质、水量稳定，经处理和净化后可以作为新的再生水源加以利用，世界上不少缺水国家把城市污水的资源化作为解决水资源短缺的重要对策之一。**污水资源化利用是缓解水资源短缺和水环境污染问题的有效途径，也是实现碳达峰、碳中和的重要举措**。

（1）再生水利用途径

根据城市污水处理程度和出水水质，经净化处理后的城市污水可以有多种回用途径。国家标准《城市污水再生利用分类》（GB/T 18919—2002）列出了再生水的主要用水类别，主要有**生态用水、景观环境用水、市政用水、工业用水、农林牧渔业用水、补充水源水等用途，涉及的行业领域十分广泛**。

（2）再生水水质标准与处理工艺

国家标准《水回用导则　再生水分级》（GB/T 41018—2021）根据处理工艺将再生水分为A、B和C三个级别（见表5-4）。根据再生水水质，将再生水进一步分为10个细分级别。再生水水质达到相关要求时，可用于相应用途。

表 5-4　再生水分级

级别		水质基本要求①	典型用途	对应处理工艺
C	C2	GB 5084（旱地作物、水田作物）② GB 20922（纤维作物、旱地谷物、油料作物、水田谷物）②	农田灌溉③（旱地作物）等	采用二级处理和消毒工艺。常用的二级处理工艺主要有活性污泥法、生物膜法等
	C1		农田灌溉③（水田作物）等	
B	B5	GB 5084（蔬菜）② GB 20922（露地蔬菜）②	农田灌溉③（蔬菜）等	在二级处理的基础上，采用三级处理和消毒工艺。三级处理工艺可根据需要，选择以下一个或多个技术：混凝、过滤、生物过滤、人工湿地、微滤、超滤、臭氧等
	B4	GB/T 25499	绿地灌溉等	
	B3	GB/T 19923	工业利用（冷却用水）等	
	B2	GB/T 18921	景观环境利用等	
	B1	GB/T 18920	城市杂用等	
A	A3	GB/T 1576	工业利用（锅炉补给水）等	在三级处理的基础上，采用高级处理和消毒工艺。高级处理和三级处理可以合并建设。高级处理工艺可根据需要选择以下一个或多个技术：纳滤、反渗透、高级氧化、生物活性炭、离子交换等
	A2	GB/T 19772（地表回灌）	地下水回灌（地表回灌）等	
	A1	GB/T 19772（井灌）	地下水回灌（井灌）等	
		GB/T 11446.1	工业利用（电子级水）	
		GB/T 12145	工业利用（火力发电厂锅炉补给水）	

① 当再生水同时用于多种用途时，水质可按最高水质标准要求确定；也可按用水量最大用户的水质标准要求确定。

② 农田灌溉的水质指标限值取 GB 5084 和 GB 20922 中规定的较严值。

③ 农田灌溉应满足《中华人民共和国水污染防治法》的要求，保障用水安全。

污水的再生处理工艺直接决定了再生水的水质。**二级处理是再生水处理的基础，三级处理或高级处理是再生水处理的主体单元，消毒工艺是再生水处理的必备单元**。

三级处理或高级处理的主要方法可分为混凝沉淀法和介质过滤法，基于再生水安全性的考虑，**以膜处理为核心的再生水利用技术成为污水厂发展的趋势**。通过膜处理实现污水厂水资源再生回用的技术在国外得到广泛应用，具有技术和安全上的可行性。

消毒作为再生水回用的必备处理单元，是保障再生水水质安全的关键措施。消毒的主要目的是杀死水体中对人体有害的病原体、细菌等微生物，防止水传播疾病，保证出水中微生物指标达到相关要求。

加氯消毒是最传统的消毒方法，在实际工程应用中，加氯一般用于对水质要求不高且与人体接触较少的工业用水。臭氧和紫外线与氯系消毒法联合使用，一般用于对水质要求较高的城市杂用水和景观用水。近年来，也有采用紫外线同次氯酸钠结合、次氯酸钠和氯胺结合或者氯和二氧化氯联合的工艺方式进行消毒。用联合工艺消毒不仅可以提高消毒效率，还可以降低消毒副产物的生成，并且节约成本。扫描二维码 5-14 可查看动画。

5-14 氯氧化消毒系统

需要指出的是，如果从再生水厂输出的再生水中需要保持一定的余氯，此时即使选择其他消毒方法，也应把具有后消毒能力的氯、二氧化氯或氯胺消毒作为辅助消毒设施。

（3）我国的污水再生与回用

在 20 世纪 80 年代中期，我国就开始倡导和推动污水再生与回用。经过 30 多年的技术研究和工程实践，开发了成套的城市污水回用于工业冷却与工艺过程、市政景观、化学工业、钢铁工业和石化工业等的工艺技术，攻破了污水再生利用过程中的水质稳定、管道设备防腐防垢、微生物污染等技术难题。大批再生水示范工程项目已经陆续形成规模化生产能力。出台了一批配套的再生水标准，对各种先进、经济、适用的再生处理技术进行了技术综合与集成应用。实践证明，我国再生处理技术经济上可行、技术上可靠。目前，我国再生水年利用量已经超过 100 多亿立方米，占年污水处理量的 20%。

随着我国《关于推进污水资源化利用的指导意见》《“十四五”城镇污水处理及资源化利用发展规划》等相关政策措施的相继出台，将会逐步解决：**污水再生利用设施建设滞后，配套管网建设不足；污水处理设施布局不合理；市场机制不健全、价格机制不完善、政策激励不够，影响了社会资金进入再生利用设施建设和运营的积极性等一系列影响污水资源利用方面的问题**。逐渐实现我国城市生活污水收集管网基本全覆盖，城镇污水处理能力全覆盖，全面实现污泥无害化处置，污水污泥资源化利用水平显著提升，城镇污水得到安全高效处理，全民共享绿色、安全的城镇水生态环境。扫码可阅读资料：5-15 污水处理概念厂案例。

5-15 污水处理概念厂案例

养殖渔业对环境的影响

随着野生鱼类资源濒临枯竭，养殖渔业的产量开始快速攀升。养殖渔业满足了人们饭桌上对美食和营养的需求，已经消失多年的珍贵的鱼种又端上了人们的餐桌。养殖渔业提供了大量的海水鱼和淡水鱼，包括鲟鱼、鲑鱼和鲈鱼等，以及越来越多的虾和龙虾等甲壳类海洋生物和贻贝等软体动物。在过去的 30 年时间里，全球野生鱼类捕捞量从 6900 万吨增加到 9300 万吨，养殖渔业产量从 500 万吨增加到 6300 万吨，预计 2030 年，养殖鱼的消耗量将达到全球总消耗量的 38%。养殖渔业已经成为一个全球的产业，世界养殖鱼总产量的 60% 来自我国。与养殖渔业快速发展态势相伴随的却是养殖活动对我国生态环境的严重破坏。

请根据养殖作业活动内容分析养殖渔业对环境造成的影响，为养殖渔业找到一条可持续发展之路。

① 投加各种饲料，**饲料的种类不同**，吸收利用率也不同；

② 投加渔药，主要有恩诺沙星、阿维菌素、二氧化氯、氟苯尼考、聚维酮碘、戊二醛、苯扎溴铵、氟苯胍、孢虫净、地克珠利、环烷酸铜等；

③ 一般来说，在鱼类池塘的养殖后期，随着养殖密度的不断加大，残饵、鱼类排泄物大量沉积，为改善养殖水质，大约每个星期至少需要对养殖池塘换水一次；

④ 有些地区为了防治养殖箱周围水草过分生长，需要投加除草剂；

⑤ 养殖箱时有外逃的小鱼。

课后习题

一、判断题

（1）自然界的水取之不尽，用之不竭。（　　）

（2）水通过循环获得再生，是可再生资源。（　　）

（3）水体的自净能力是有限的。（　　）

（4）水体的环境容量与水的使用功能没有关系。（　　）

（5）水体中的 DO 是衡量水质清洁程度非常重要的指标之一。（　　）

（6）BOD 和 COD 都是表征水中有机物含量的指标。（　　）

（7）氮、磷是植物营养物质。（　　）

（8）磷是湖泊杀手。（　　）

（9）对污泥处理要遵循减量、稳定与无害化的原则。（　　）

（10）城市污水处理厂二级处理的对象是处理废水中呈胶体和溶解状态的有机物。（　　）

二、简答题

1. 什么是水体污染？
2. 什么叫水体自净？
3. 生活污水中主要有哪些污染物？
4. 简述水污染的类型及危害。
5. 简述对各类污染源的控制策略。
6. 简述污水处理方法有哪些。
7. 简述推行水再生利用的重要性。

第6章
固体废物处理与资源化利用

学习目标

知识目标

了解我国固体废物污染现状；掌握固体废物来源、分类和性质；掌握固体废物管理体系。

能力目标

掌握城市生活垃圾的处理和资源化利用技术；掌握典型行业固体废物的处理和资源化利用技术；掌握固体废物最终处置技术。

素质目标

增强环境保护意识，树立生态文明理念；具备跟踪新技术、新规范标准和探究学习的能力。

6.1 概述

6.1.1 固体废物基本概念

《中华人民共和国固体废物污染环境防治法》对固体废物的定义，**固体废物**是指在生产、生活和其他活动中产生的丧失原有利用价值或者虽未丧失利用价值但被抛弃或者放弃的固态、半固态和置于容器中的气态的物品、物质以及法律、行政法规规定纳入固体废物管理的物品、物质。

随着我国经济的高速发展，城市化进程速度不断加快，人民生活水平不断提高，固体废物尤其是城市生活垃圾的产生量不断增加，对环境造成的污染日益严重，成为阻碍我国经济可持续发展的障碍之一，引起了全社会的关注，十九大报告中着重强调：“**加强固体废物和垃圾处置**。”目前我国每年产生的固体废物超过100亿吨，而且我国固废处理行业起步比较晚，在未来的5～10年，我国固体废物处理行业的大崛起时代将要到来。

6.1.2 固体废物特性

（1）废物和资源的双重性

固体废物是在错误的时间放在错误地点的资源，具有**污染源释放**和**资源化**的双重特性，具有鲜明的**时间和空间特征**。从时间方面讲，固体废物仅仅是在目前的科学技术和经济条件下无法加以利用，但随着时间的推移，科学技术的发展，以及人类需求的变化，今天的固体废物可能会成为明天的资源，如秸秆作为一种农业固体废物，在工业时代的主要处理方式是焚烧，不仅污染大气环境，对人体健康也会造成影响，而如今秸秆已经被认为是最具开发利用潜力的新能源之一，目前我国已经建成多家秸秆发电厂；从空间角度看，在某一行业没有利用价值的固体废物可能是另一个行业的重要资源，如粉煤灰是燃煤电厂排出的主要固体废物，在火电行业堆积成山、随风飞扬，却在建筑行业得到了广泛的应用，将其“变废为宝”，生产水泥、粉煤灰砖等。因此，固体废物有“**放错位置的原料**”之称。

（2）潜在性和滞后性

由于污染物在土壤中的迁移是一个比较缓慢的过程，如渗滤液中的有机物和重金属在黏土层中的迁移速率每年约为数厘米，与废水、废气污染环境的特点相比，固体废物污染环境的**滞后性非常强**，其危害可能在数年以至数十年后才能发现，但是当发现造成污染时已造成难以挽救的灾难性后果。且由于固体废物成分多样性和复杂性，一旦发生固体废物对环境的污染，其影响具有**潜在性、长期性和不可恢复性**。

美国拉夫运河事件

美国的拉夫运河事件是典型的固体废物污染事件。1930 ~ 1953 年期间，美国胡克化学工业公司在纽约州附近的拉夫运河废河谷填埋了 2.18 万吨有害固体废物，1953 年用土填平。1978 年大雨和融化的雪水造成有害固体废物外溢，并陆续发现该地区井水变臭，婴儿畸形，居民得怪异疾病，大气中有害物质浓度超标 500 多倍，测出有毒物质 82 种，其中 11 种致癌物质，包括有剧毒的二噁英。1978 年美国政府颁布法令，710 多户居民全部迁出，并拨款 2700 万美元进行治理。

（3）富集终态和污染源头的双重性

固体废物往往是其他污染成分的**终极状态**，如一些有害气体或飘尘，通过治理最终富集成为固体废物，废水中的一些有害溶质或悬浮物，通过治理被分离成污泥或残渣等固体废物。这些“终态”物质中的有害成分，在长期的自然因素作用下，又会**转入大气、水体和土壤**，成为大气、水体和土壤环境污染的“**源头**”。

6.1.3 固体废物来源与分类

固体废物的主要来源有两类：一类是在生产过程中产生的废物；另一类是产品在流通过程和消费使用后产生的固体废物。

固体废物的分类方法很多，按其形态分为固态、半固态、液态或气态废物[1]；按其化学性质分为有机固体废物、无机固体废物；按其污染特性分为一般固体废物、危险固体废物、放射性固体废物[2]；**按照固体废物管理角度的不同分为：城市生活垃圾、工业固体废物、危险废物**。

（1）城市生活垃圾

城市生活垃圾，是指在日常生活中或者为日常生活提供服务的活动中产生的固体废物，以及法律、行政法规规定视为生活垃圾的固体废物，其主要成分包括厨余垃圾、废纸、废塑料、废金属、废玻璃、砖瓦渣土、粪便、废旧家电等。城市生活垃圾主要来源于居民生活、城市商业、餐饮业、旅游业、行政事业单位等，主要特点是**成分复杂多变、产生量不均匀、地域差异大**，这与城市的人口密度、能源结构、经济状况、生活习惯等都有很大的关系。目前主要的处理技术是焚烧和填埋。

（2）工业固体废物

工业固体废物，是指在工业生产活动中产生的固体废物。主要包括以下几类。

① 冶金工业固体废物　**冶金工业固体废物**是指金属冶炼过程中产生的废渣，如高炉炼铁过程中产生的高炉渣、炼钢过程中产生的钢渣、制铝工业提取氧化铝时产生的赤泥、生产金属铬或铬盐过程中产生的铬渣等。

② 能源工业固体废物　**能源工业固体废物**主要包括采煤和洗煤过程中产生的煤矸石、燃煤电厂产生的粉煤灰等。

③ 化学工业固体废物　**化学工业固体废物**主要包括磷肥工业中产生的磷石膏、磷泥、黄磷炉渣，纯碱工业产生的纯碱废渣，硫酸工业产生的硫铁矿烧渣，以及废催化剂、蒸馏残渣、废母液等。

④ 石油工业固体废物　**石油工业固体废物**是指石油开采、炼制过程中产生的固体废物，如油泥、焦油页岩渣、废有机溶剂等。

⑤ 矿业固体废物　主要包括**废石和尾矿**，废石是指矿山开采过程中从主矿上剥离下来的围岩，尾矿是指在选矿过程中提取精矿之后剩下的尾渣。

⑥ 轻工业固体废物　**轻工业固体废物**主要包括食品工业、造纸印刷工业、纺织印染工业、皮革工业等工业加工过程中产生的污泥、动物残物、废酸、废碱以及其他废物。

⑦ 其他工业固体废物　其他工业固废主要包括机加工过程产生的金属碎屑、电镀污泥、建筑废料以及其他工业加工过程产生的废渣等。

（3）危险废物

危险废物，是指列入国家危险废物名录或者根据国家规定的危险废物鉴别标准和鉴别方法认定的具有危险特性的固体废物。2021 年**《国家危险废物名录》**共计列入 467 种危险废物。生活垃圾焚烧飞灰、废电路板、废灯管、医院的特种垃圾等都列入了国家危险废物名录。

---

[1] 液态（气态）固体废物：指置于容器中的有毒有害固体废物。

[2] 放射性废物：不包含在危险废物的范围内，由其自身的特性所决定，必须由专业的部门以及专业设备来处理，因此单独分类，不列入危险废物。

新冠抗原检测试剂

新冠肺炎疫情是我国遭遇的传播速度最快、感染范围最广、防控难度最大的一次重大突发公共卫生事件。新冠病毒的检测作为抗疫的重要一环，2022 年 3 月我国在核酸检测基础上增加抗原检测作为补充。社区居民可自行购买抗原检测试剂进行自测，不过，与医疗卫生机构、医护人员进行核酸采样后样品集中回收处理不同，社区居民进行自测后，废弃物千万不能“说扔就扔”。隔离观察人员，检测结果不论阴性还是阳性，所有使用后的采样拭子、采样管、检测卡等装入密封袋由管理人员参照医疗废物或按程序处理。社区居民，检测结果阴性的，使用后的所有鼻拭子、采样管、检测卡等装入密封袋作为一般生活垃圾处理；检测结果阳性的，在人员转运时一并交由医疗机构按照医疗废物处理。

6.1.4 固体废物污染及危害

在自然条件影响下，**固体废物中的部分有害成分可以通过环境介质——大气、土壤、水体等直接或间接进入环境**，影响人类健康，固体废物污染环境及人体的途径如图 6-1 所示。

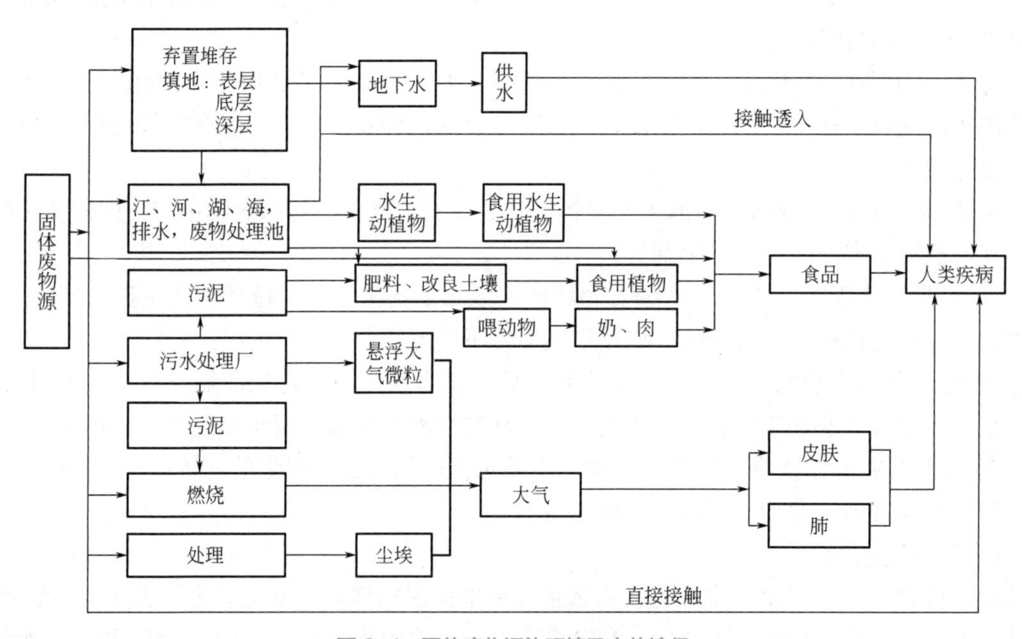

图 6-1　固体废物污染环境及人体途径

固体废物对环境及人类的主要危害有：

（1）侵占土地

固体废物如不能及时处理和处置，将占用大量宝贵的土地，加剧了我国可耕地面积短缺的矛盾。据统计，每堆积 1 万吨废渣约占地 0.067hm^2，目前，我国**大宗固体废物**[1]累计堆存

[1] 大宗固体废物：指单一种类年产生量在1亿吨以上的固体废弃物，包括煤矸石、粉煤灰、尾矿、工业副产石膏、冶炼渣、建筑垃圾和农作物秸秆等七个品类。

量约600亿吨，年新增堆存量近30亿吨，其中赤泥、磷石膏、钢渣等固废利用率仍较低，占用大量土地资源，存在较大的生态环境安全隐患。此外，城市生活垃圾**侵占大量农田**，城市“垃圾围城”现象愈发严重，严重威胁了生态环境和居民身体健康。

“垃圾围城”

垃圾是城市发展的附属物。城市运转，每年产生上亿吨的垃圾。一边是不断增长的城市垃圾量，一边是无法忍受的垃圾恶臭，成为城市垃圾处理中的棘手问题。高速发展中的城市，正在遭遇“垃圾围城”之痛。有统计数据显示，全国600多座大中城市中，有2/3陷入垃圾的包围之中，且有1/4的城市已没有合适场所堆放垃圾。统计数据显示，全国城市垃圾历年堆放总量高达70亿吨，而且产生量每年以约8.98%速度递增，北京每天产生垃圾1.83万吨，每年增长8%。因此必须采取有效措施处理垃圾。垃圾分类是当前减少垃圾量和回收有用物质的有效方法。

（2）污染土壤

固体废物堆放或没有适当防渗措施的垃圾填埋，其中的有害成分很容易经过风化、雨淋、地表径流的侵蚀渗入土壤之中，这种有害物质会使土地毒化、酸化、碱化，污染面积往往超过所占土地数倍，并对土壤中微生物的活动产生影响，同时会在植物有机体内积蓄，通过食物链危及动物及人体健康。

（3）污染水体

固体废物弃置于水体，将使水质直接受到污染，严重危害水生生物的生存条件，影响水资源的充分利用，缩减江河湖面有效面积，使其排洪和灌溉能力有所降低。堆积的固体废物经过雨水的浸渍和废物本身的分解，其渗滤液和有害化学物质的转化和迁移，将对附近地区的河流及地下水系和资源造成污染。

（4）污染大气

固体废物可通过多种途径污染大气，如一些有机固体废物在适宜的温度和湿度下被微生物分解、释放出有害气体；露天堆置的固体废物对大气造成了严重的污染，尾矿和粉煤灰在4级以上风力作用下，可飞扬40～50m，使其周围灰砂弥漫，长期堆放的煤矸石因含硫量高可引起自燃，向大气中散发大量的SO_2、CO_2、NH_3等气体会造成严重的大气污染。

（5）危害人体健康

固体废物污染环境对人类健康将遭受的潜在危害是难以估量的。工业固体废物处置不当，其中毒性物质在环境中扩散，能引起中毒事件；未经无害化处理的垃圾、粪便进入环境，会严重影响人们居住环境的卫生状况，导致传染病病菌繁殖，对人们的健康构成潜在的威胁。

6.1.5 固体废物的管理

（1）固体废物的管理原则

固体废物的管理包括固体废物的产生、收集、贮存、运输、利用、处理和最终处置等**全过程的管理**，基于固体废物从其产生到最终处置的全过程的各个环节都有可能产生污染危害，因此每一个环节都实行控制管理和开展污染防治。

《中华人民共和国固体废物污染环境防治法》中确立了固体废物污染防治的“三化”原则：**“减量化”“资源化”“无害化”**。

固体废物减量化的实质是在生产、流通和消费等过程中减少资源消耗和废物产生。实施固体废物减量化必须重视源头治理，从工艺和原材料的选择上就要考虑到“节能、降耗、减污、增效”，减量化是防止固体废物污染的优先措施，通过改进生产工艺、优化生产原料、积极推广**清洁生产**等措施，使生产过程中不产生或少产生固体废物。

资源化是指采取工艺措施从固体废物中回收有用的物质和能源，充分发挥固体废物的资源属性。如具有高位发热量的固体废物煤矸石，可以通过燃烧回收热能或转换为电能，也可以用来生产内燃砖，既实现了物质转换，也实现了能量转换。

6-1《巴塞尔公约》

无害化是指将固体废物通过工程处理，使其对周围环境不产生污染，对人体健康不产生影响，如生活垃圾的焚烧、卫生填埋、堆肥，有害废物的热处理和稳定化处理等。

（2）固体废物管理的法律体系

① 国际公约 《控制危险废物越境转移及其处置巴塞尔公约》《关于持久性有机污染物的斯德哥尔摩公约》等。扫码可阅读资料：6-1《巴塞尔公约》。

6-2《中华人民共和国固体废物污染环境防治法》

② 法律 《中华人民共和国环境保护法》《中华人民共和国固体废物污染环境防治法》等。扫码可阅读资料：6-2《中华人民共和国固体废物污染环境防治法》。

③ 行政法规 《医疗废物管理条例》《废弃电器电子产品回收处理管理条例》等。

④ 部门规章 《电子废物污染环境防治管理办法》《危险废物转移管理办法》《城市生活垃圾管理办法》等。

6.2 城市生活垃圾处理与资源化利用

城市生活垃圾是指在城市日常生活中或者为城市日常生活提供服务的活动中产生的固体废物以及法律、行政法规规定视为城市生活垃圾的固体废物，主要包括居民生活垃圾、商业垃圾、建筑垃圾、公共场所垃圾、学校或机关等单位的垃圾。

6.2.1 城市生活垃圾收集和运输

用钢制或塑料垃圾桶、塑料袋、纸袋等垃圾收集容器，将分散的垃圾收集，运送到处理场所，是生活垃圾处理的第一步工序。

垃圾的收集和运输应尽量做到：①**实行垃圾分类收集**；②收集容器、运输工具的车厢应密闭，防止污染环境；③最大限度地方便居民；④尽量改善清洁工人的工作条件；⑤收集、运送运输成本要低。目前垃圾混合收集方式正在逐渐被淘汰，我国已进入垃圾分类收集时代，居民在投放垃圾时，按类别放入相应的垃圾收集容器中，垃圾收运人员也按其分类进行运输，最终进行相应的处理处置。

6.2.2 城市生活垃圾预处理

为了使城市生活垃圾满足后续处理或处置的工艺要求，提高资源回收利用效率，往往需对其进行预处理，预处理工艺包括：**压实**、**破碎**、**分选**、**脱水**。

（1）压实

压实是通过施加外力使固体废物体积缩小、密度增加的方法，经压实处理后，固体废物体积减小，便于装卸、运输和填埋，还可以利用压实技术制取高密度的惰性材料或建筑材料，便于贮存和再次利用。压实适用于压缩性能大、复原性能小的固体废物，如金属细丝、纸张、冰箱、洗衣机等，对于一些原本已经很密实的固体废物不宜采用压实的方法，如木材、金属块、玻璃等。垃圾组分、垃圾含水率、垃圾层的厚度和压实设备等因素都会影响压实的效果。压实设备分为两大类：**固定式压实器和移动式压实器**。固定式压实器是利用人工或机械的方法把固体废物送入压实设备内部进行压实的设备，适用于工厂内部或垃圾转运站，常见的固定式压实器有**水平压实器**、**三向联合压实器**、**回转式压实器**。移动式压实器一般安装在压实卡车内或应用于垃圾填埋场，常见的移动式压实器有履带式压实机、钢轮式压实机等。扫描二维码 6-3 至二维码 6-6 可查看动画。

（2）破碎

破碎是固体废物处理技术中最常用的预处理工艺，其目的是把固体废物破碎成小块或粉状小颗粒，以利于后续处理和利用。破碎的难易程度通常用机械强度和硬度来衡量。固体废物的破碎方法有**干法破碎**、**湿法破碎和半湿法破碎**，其中应用最广泛的方法是干法破碎。扫描二维码 6-7 至二维码 6-12 可查看动画。

① 干法破碎　干法破碎分为机械能破碎和非机械能破碎，机械能破碎是借助于各种破碎机械对固体废物进行破碎，如利用破碎机的**挤压**、**劈裂**、**冲击**、**剪切**、**磨剥**等作用将固体废物破碎。非机械能破碎是利用**电能**、**热能**、**超声波**等作用对固体废物进行破碎，如低温破碎的原理是利用一些固体废物在低温（−120 ～ −60℃）条件下脆化的性质而达到破碎的目的，可用于废塑料及其制品、废橡胶及其制品、废电线等固体废物的破碎。目前机械能破碎应用较为广泛，常用的机械能破碎设备有颚式破碎机、冲击式破碎机、锤式破碎机、辊式破碎机、球磨机等。

② 湿法破碎　湿法破碎技术是以回收城市生活垃圾中大量的纸类为目的而发展起来的，将含纸垃圾投入到湿式破碎机内，与大量的水流一起搅拌成浆液，从而回收垃圾中的纸纤维。湿法破碎技术适用于对纸含量较高的生活垃圾进行破碎。

③ 半湿法破碎　半湿法破碎是利用城市生活垃圾中不同物质的强度和脆性差异，在半湿状态下将其破碎成粒度不同的碎块，再通过不同孔径的筛网进行分离回收。**半湿法破碎技术往往和筛分功能相结合，常用设备为半湿式选择性破碎分选机**。

(3)分选

固体废物分选技术是将固体废物中各种有用资源或不利于后续处理的组分通过人工或机械的方法分离出来的过程，从而可达到充分利用垃圾的目的。城市生活垃圾的分选方法有**手工分选、筛分、重力分选、浮选、电力分选、磁力分选和光电分选**等。

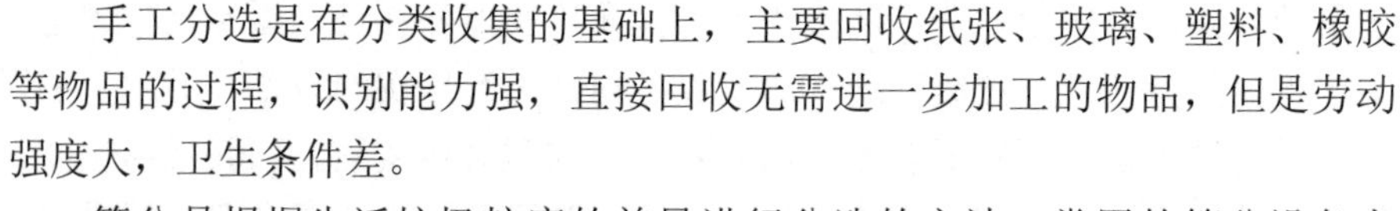

手工分选是在分类收集的基础上，主要回收纸张、玻璃、塑料、橡胶等物品的过程，识别能力强，直接回收无需进一步加工的物品，但是劳动强度大，卫生条件差。

6-13 滚筒筛

筛分是根据生活垃圾粒度的差异进行分选的方法，常用的筛分设备有固定筛、滚筒筛、振动筛。扫描二维码 6-13 可查看动画。

6-14 重力分选

重力分选是根据生活垃圾密度的差异进行分选的方法，重力分选过程都是在介质中进行的，常用的介质有空气、水、重液和重悬浮液，常用的重力分选设备有风力分选机、鼓形重介质分选机、跳汰分选机等。扫描二维码 6-14 可查看动画。

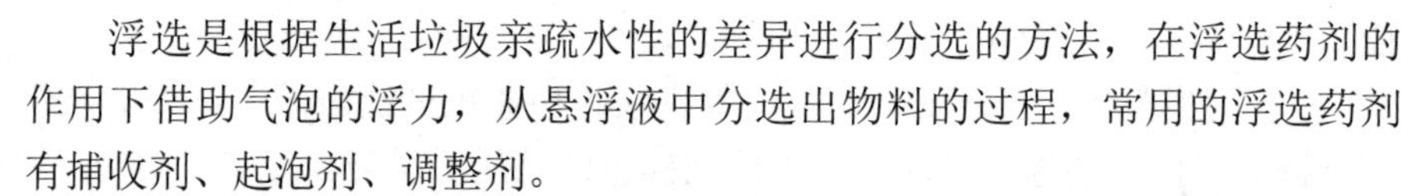

浮选是根据生活垃圾亲疏水性的差异进行分选的方法，在浮选药剂的作用下借助气泡的浮力，从悬浮液中分选出物料的过程，常用的浮选药剂有捕收剂、起泡剂、调整剂。

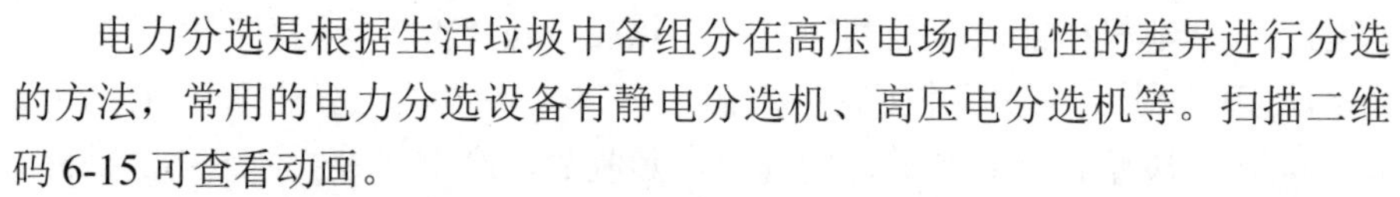

6-15
电力分选

电力分选是根据生活垃圾中各组分在高压电场中电性的差异进行分选的方法，常用的电力分选设备有静电分选机、高压电分选机等。扫描二维码 6-15 可查看动画。

磁力分选是根据生活垃圾磁性差异进行分选的方法，特别是近年来新兴的磁流体分选技术，可用于城市垃圾焚烧飞灰以及堆肥产品中铁、铜、铝、锌等金属的回收。扫描二维码 6-16 可查看动画。

6-16
磁力分选

光电分选是利用物质表面光反射特性的不同而分离物质的方法，可用于从城市垃圾中回收橡胶、塑料、金属、玻璃等物质，或不同颜色垃圾的分离。

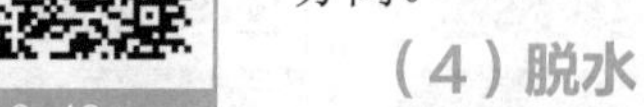

(4)脱水

脱水技术适用于处理污泥、粪便等含水率高的固体废物。城镇污水处理厂的污泥含水率高达 96% ～ 99%，必须脱水减容，以利于后续的运输、贮存和处理处置。固体废物的脱水方法有浓缩脱水和机械脱水。浓缩脱水主要去除固体废物中的间隙水，为后续机械脱水创造条件，主要方法有重力浓缩、气浮浓缩和离心浓缩。浓缩后的污泥含水率仍高达 85% 以上，应继续进行机械脱水。机械脱水是利用机械力去除固体废物颗粒内部的水分，常用的机械脱水设备有真空过滤机、板框压滤机、离心过滤机等。扫描二维码 6-17 至二维码 6-19 可查看动画。

6-17
真空过滤机

6-18
板框压滤机

6-19
离心过滤机

6.2.3 生活垃圾热处理

（1）焚烧

随着生活垃圾“减量化、资源化、无害化”处理需求的日益增长，我国垃圾焚烧处理技术逐渐取代垃圾填埋的主导地位，成为目前我国垃圾处理的主流方式。

垃圾焚烧是将城市生活垃圾作为固体燃料送入炉膛内燃烧，在 800 ～ 1000℃的高温条件下，垃圾中的可燃组分与空气中的氧进行剧烈的化学反应，释放出热量并转化为高温的燃烧气和少量性质稳定的固定残渣。当垃圾有足够的热值时，垃圾能维持自燃，而不用提供辅助燃料。垃圾燃烧产生的高温燃烧气可作为热能用于发电或供热，烟气中的有害气体需经处理达标后排放，性质稳定的残渣可直接填埋处置，见图 6-2。

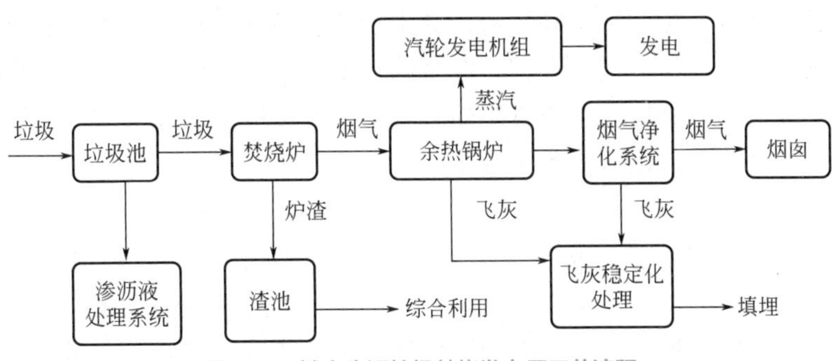

图 6-2　城市生活垃圾焚烧发电厂工艺流程

垃圾焚烧系统包括进料系统、焚烧系统、助燃空气系统、余热利用系统、烟气处理系统、灰渣处理系统、废水处理系统等。垃圾焚烧的核心设备是焚烧炉，目前国际上常用的焚烧炉主要有机械炉床式焚烧炉、旋转窑式焚烧炉、流化床式焚烧炉、模组式焚烧炉。扫描二维码 6-20、二维码 6-21 可查看动画。

6-20 炉排

6-21 加料系统

垃圾焚烧过程中会产生烟气、灰渣、废水、恶臭、噪声等二次污染问题，尤其是焚烧过程中产生的大量烟气，处理不当会造成大气污染。烟气中的主要污染物包括：**颗粒物、酸性气体、重金属、二噁英及呋喃**。颗粒物可使用布袋除尘器去除，重金属、**二噁英及呋喃**可用**活性炭**吸附的方法去除，SO_2、HCl 等酸性气体可使用湿法、干法或半干法的洗涤塔去除，NO_x 可以使用**选择性催化还原法（SCR）**或**选择性非催化还原法（SNCR）**去除。目前我国垃圾焚烧发电厂广泛采用的烟气处理工艺是“**SNCR+ 半干法 + 干法 + 活性炭喷射 + 布袋除尘器**”的组合。

二噁英是什么?

在垃圾的焚烧过程中产生大量的有毒物质，其中最为危险的当属被国际组织列为人类一级致癌物中毒性最强的二噁英。二噁英通常指具有相似结构和理化特性的一组多氯取代的平面芳烃类化合物，属氯代含氧三环芳烃类化合物，包括 75 种多氯代二苯并对二噁英（PCDD）和 135 种多氯代二苯并呋喃（PCDF）。二噁英主要是由垃圾中的塑料制品焚烧产生，它不仅具有强致癌性，而且具有极强的生殖毒性、免疫毒性和内分泌毒性。这种比氰化钾毒性还要大 1 千多倍的化合物由于化学结构稳定，亲脂性高，又不能生物降解，因而具有很高的环境滞留性。无论存在于空气、水还是土壤中，它都能强烈地吸附于颗粒上，借助于水生和陆生食物链不断富集而最终危害人类。

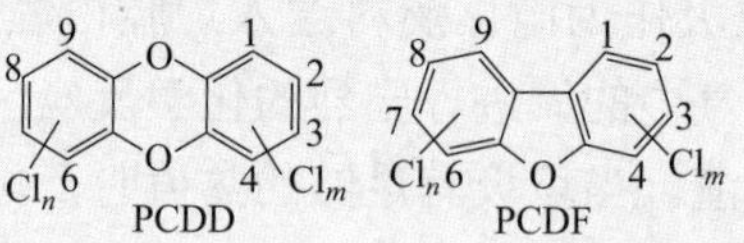

PCDD　　PCDF

垃圾焚烧处理相比较于堆肥、填埋等处理方法能最大限度实现垃圾减量化和资源化，垃圾经焚烧处理后仅产生少量的炉渣和飞灰，其中炉渣经过处理后可用于制砖等用途，节约了大量的土地资源。此外，垃圾焚烧过程中产生的热量用于发电或供热，进一步提升了资源利用效益。但是我国长期以来垃圾混合收集的方式，使得垃圾焚烧成本增加且不可避免地产生污染物质，因此**垃圾分类可以从根源上减少垃圾焚烧厂环境污染问题**。

（2）热解

热解技术是指将城市生活垃圾在**无氧或缺氧**状态下加热，使垃圾中固体有机废物分解为：①以氢气、一氧化碳、甲烷等低分子碳氢化合物为主的**可燃性气体**；②在常温下为液态的包括乙酸、丙酮、甲醇等化合物在内的**燃烧油类**；③纯碳与玻璃、金属、土砂等混合形成的**炭黑**的化学过程。

热解技术的主要优点是能够将废物中的有机物转化为便于贮存和运输的有用燃料，而且尾气排放量和残渣量较少，**是一种低污染的处理与资源化技术**。城市垃圾、污泥、工业废料如塑料、树脂、橡胶以及农林废料、人畜粪便等含有机物较多的固体废物都可以采用热解方法处理。但热解并非适用于所有的有机废物，对含水率过高、性质不同的可热解有机混合物，因热解困难，回收燃料油或燃料气在经济上不合算，即使是同类有机物，若数量不足以发挥处理设备能力的经济优势，也是不经济的，因此在使用热解技术时需要充分研究废物的组成、性质和数量，考虑其经济性。

6.2.4　城市生活垃圾生物处理

（1）好氧堆肥

垃圾堆肥是城市垃圾的生物转化法，类似于我国传统的农家堆肥方法。堆肥过程是创造适宜的环境，使得从垃圾中分选出来的可降解性有机废物在微生物的作用下快速而高效地转化为稳定的腐殖质的过程。**堆肥化**的产物称作**堆肥**，是一种土壤改良剂。

堆肥有**好氧堆肥**和**厌氧堆肥**两种。厌氧堆肥是在密闭隔绝空气的条件下，将垃圾堆积发酵，其生物转化机制与有机废水厌氧处理相似。厌氧堆肥需要的时间较长，一般要十个月以上，不适于大规模堆肥。

好氧堆肥过程包括四个阶段：**潜伏阶段、中温阶段、高温阶段、熟化阶段**。好氧堆肥必须保证堆内：①有足够的微生物；②有足够的有机物和适当的 C：N：P 比例关系；③保持适当的水分和酸、碱度；④适当通风，供给氧气。好氧堆肥分解转化快，一般 5～6 周即可完成，适于大规模、机械化堆肥。

好氧堆肥的工艺流程为：**前处理、主发酵、后发酵、后处理、脱臭、贮存**。发酵阶段常用的设备有筒仓式堆肥反应器（图 6-3）、塔式堆肥反应器（图 6-4）、滚筒式堆肥反应器（图 6-5）、隧道窑式堆肥反应器（图 6-6）等。

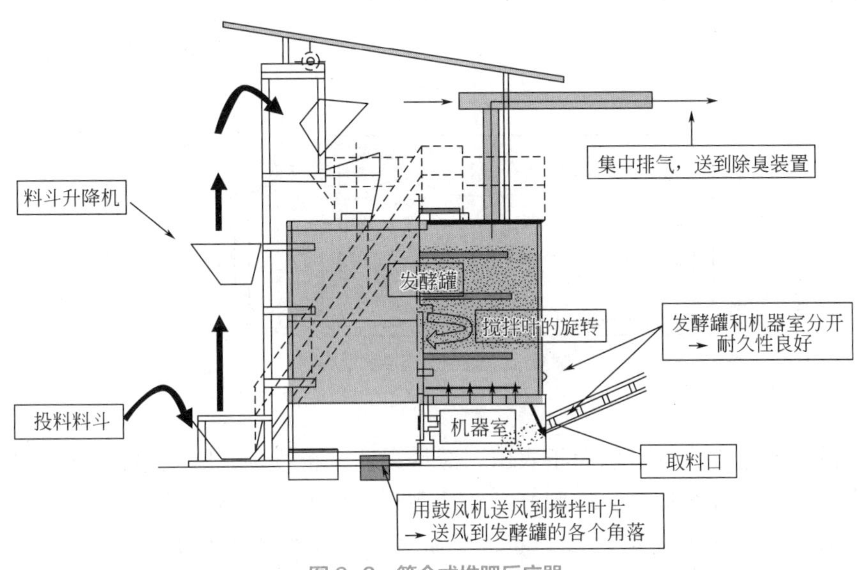

图 6-3　筒仓式堆肥反应器

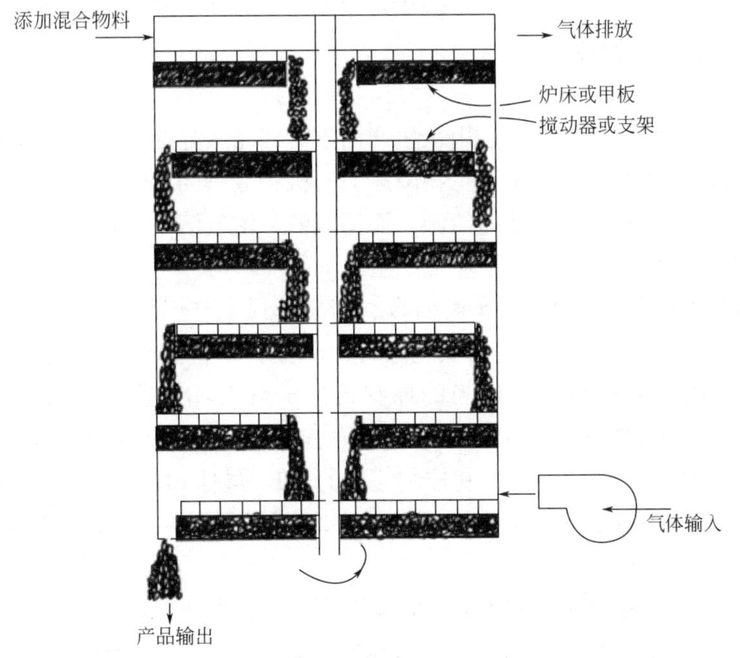

图 6-4　塔式堆肥反应器

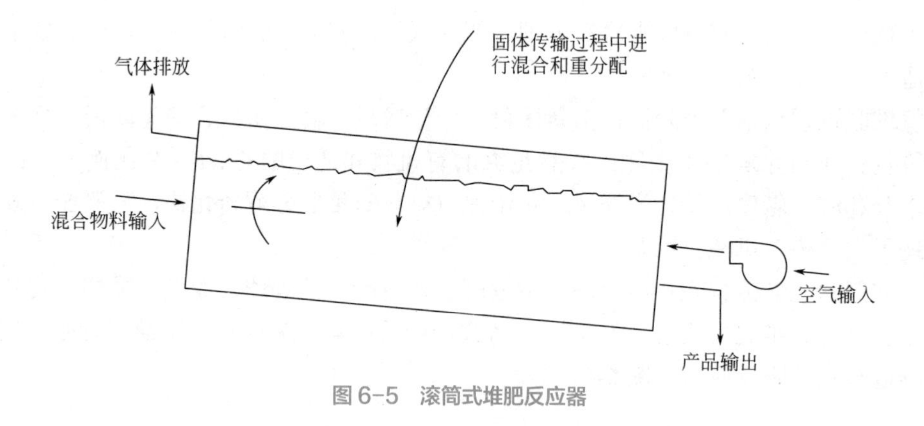

图 6-5　滚筒式堆肥反应器

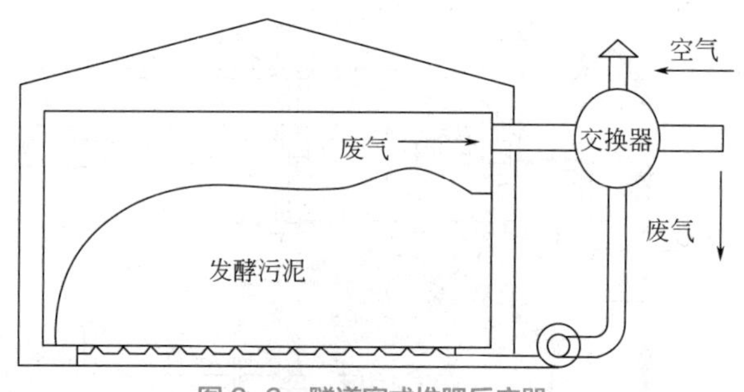

图 6-6　隧道窑式堆肥反应器

堆肥产品的用途很广，可以用于农田、绿地果园、畜牧场、庭院绿化、蘑菇栽培、过滤材料、隔音板及制作纤维板等。堆肥产品要达到稳定化才认为堆肥过程已结束，方可施用于土壤。在农业上，通过堆肥腐熟度判断堆肥质量，常用的判断方法有：**表观分析法、化学法、生物活性法、植物毒性法、安全性测试法**等。

垃圾堆肥技术简单、堆肥产品可资源化利用，但此方法只适用于厨余垃圾、园林垃圾以及动物粪便等有机垃圾的处理。

（2）厌氧发酵

垃圾中含有大量的有机物，可以用来生产沼气。在**完全隔绝氧气**的条件下，利用多种厌氧菌的生物转化作用使城市垃圾中可生物降解的有机物分解为稳定的无毒物质，同时获得以**甲烷**为主的沼气，是一种比较清洁的能源，而沼气液、沼气渣又是理想的有机肥料。制取沼气的过程还可以杀灭病虫卵，有利于环境卫生。

厌氧发酵过程包括三个阶段：**水解阶段、产酸阶段、产甲烷阶段**，其中产甲烷阶段是严格厌氧的阶段。制取沼气应满足的工艺条件：①接种丰富的厌氧微生物；②沼气池必须密封，保持严格的厌氧环境；③适当的原料比，一般 C∶N 比值在（25 ～ 30）∶1；④适宜的干物质浓度，一般为 7%～ 9%；⑤选定适宜的发酵温度，高温（47 ～ 55℃）、中温（35 ～ 38℃）和常温（22 ～ 28℃）；⑥控制适宜的 pH，最佳 pH 为 7 ～ 9。

厌氧发酵常用设备有立式圆形水压式沼气池、立式圆形浮罩式沼气池、长方形发酵池、联合沼气池等。

厌氧发酵技术在城市污水厂的污泥、农业固体废物、粪便处理中已得到广泛应用。厌氧发酵的产物有沼气、沼液和沼渣，沼气可以用来供热、发电等，沼液可以用作肥料、浸种、禽畜饲料等，沼渣可以用作肥料、配置营养土、养殖蚯蚓等。

6.2.5 城市生活垃圾资源化利用

目前我国城市垃圾资源化程度低、经济效益差，但垃圾资源化的潜力巨大，前景广阔。《“十四五”城镇生活垃圾分类和处理设施发展规划》中提道：**到 2025 年底，全国城市生活垃圾资源化利用率达到 60% 左右**。餐厨垃圾、秸秆、建筑垃圾的资源化利用方法如下。

（1）餐厨垃圾资源化利用

餐厨垃圾是餐饮垃圾[1]和厨余垃圾[2]的总称，主要成分包括淀粉类食物、植物纤维、动物蛋白和脂肪类等有机物，具有含水率高，有机质、油脂、盐分含量高，易腐烂变质、散发恶臭，传播细菌和病毒，若收运或处理不当还会引起水体富营养化等环境问题，成为潜在的环境和健康风险。

餐厨垃圾的资源化利用主要途径有：好氧堆肥、厌氧发酵、饲料化技术等。

餐厨垃圾采用好氧堆肥方式处理时，应进行水分调节、盐分调节、脱油、碳氮比调节，物料粒径应控制在 50mm 以内，含水率宜为 45% ～ 65%，碳氮比宜为（20 ～ 30）：1，一般可将餐厨垃圾与园林垃圾、秸秆、粪便等有机废物混合堆肥。

餐厨垃圾采用厌氧消化方式处理时，应将其破碎为粒度小于 10mm 的颗粒，根据餐厨垃圾含固率的不同分为湿式厌氧消化（含固率宜为 8% ～ 18%）和干式厌氧消化（含固率宜为 18% ～ 30%）。

饲料化技术主要采用热处理技术，分为湿热和干热两种处理技术。湿热处理技术是将分选破碎后的餐厨垃圾在含水 85% 的条件下高温蒸煮，脱水脱油后，经干燥、筛选等工序制成饲料原料。干热处理技术是将餐厨垃圾经分选、破碎、脱水、脱油、脱盐的预处理后，进入烘干机烘干，经筛选后制成饲料原料。

（2）秸秆资源化利用

农作物秸秆是农业生物质资源的主要来源之一。秸秆综合利用技术，包括**秸秆肥料化**技术，如秸秆直接还田、间接还田等；**秸秆饲料化**技术，如微贮、黄贮、青贮、碱化、氨化、饲料集成等；秸秆能源化技术，如产沼气、发电、生产燃料乙醇、制造生物炭等；**秸秆基料化**技术，如栽培食用菌、园艺作物等；秸秆材料化技术，如制作人造板、制浆造纸、制作活性炭等。

（3）建筑垃圾资源化利用

随着工业化、城市化进程的加速，建筑业也快速发展，相伴而产生的建筑垃圾日益增多，目前我国建筑垃圾已占到城市垃圾总量的 30% ～ 40%，绝大部分建筑垃圾未经任何处理，便被运往郊外或乡村，露天堆放或填埋，占用大量的土地，同时清运和堆放过程中会产生粉尘、灰沙飞扬等问题，造成了环境污染。建筑垃圾主要有开挖泥土、砖瓦碎块、混凝土块、废木材等，经过破碎、分选等预处理后很多材料可以回收再利用。如开挖泥土可以用来回填、绿化、堆山造景等；砖瓦碎块可以用来做路基、制混凝土砌块等；混凝土块可以用来做再生骨料、制路面砖等；废木材可以用来做堆肥原料、制复合板材、燃烧发电等。

---

[1] 餐饮垃圾：餐馆、饭店、单位食堂等的饮食剩余物以及后厨的果蔬、肉食、油脂、面点等的加工过程废弃物。

[2] 厨余垃圾：家庭日常生活中丢弃的果蔬及食物下脚料、剩菜剩饭、瓜果皮等易腐有机垃圾。

6.3 工业固体废物处理与资源化利用

工业固体废物是指在工业生产活动中产生的固体废物，所有与工业生产相关的活动都有可能成为工业固体废物的来源，如生产过程中排入环境的各种废渣、粉尘等。工业固体废物产生后，一般有资源化利用、处置、贮存和倾倒等处理方式，其中资源化利用是最主要的方式，也是最应鼓励的方式，处置方法有填埋、焚烧、专业贮存场（库）封场处理、深层灌注、回填矿井等。

6.3.1 工业固体废物减量化

工业固体废物减量化不仅包括减少固体废物的数量和体积，还包括尽可能地减少其种类、降低有毒有害成分、消除其危险特性等，**通过总量控制、改进生产工艺、减容三方面来进行控制**。

（1）总量控制

总量控制是通过减少生产过程中有毒有害物质和其他原材料的使用量，从而减少固体废物的产生量。在产品生产前，对原料和工艺进行全面的评估，此外，还需要对新的生产工艺的废物减少潜力进行评价。

（2）改进生产工艺

落后的工艺会使原材料利用率低，甚至会在生产过程中发生泄漏和溢出，从而造成原材料损失，是固体废物产生量大的一个重要原因。因此**改进生产工艺**，**提高原料利用率**，在减少固体废物产生量的同时还可以降低成本，是一种经济合理的减量化方法。此外，使用低毒或无毒的原材料代替产品生产过程中的有毒有害原料，可以有效减少产品生产和使用过程中有毒有害物质的量，从而降低固体废物对环境和人体的危害。

（3）减容

减容技术是指将废物的有毒有害部分分离开，以减少废物的容积和处置费用。可选择的减容技术有**压缩**、**焚烧**、**湿法氧化**、**等离子体熔融**等。

6.3.2 工业固体废物收集、运输及贮存

工业固体废物的收集应由专业人员操作，并配备相应的防护措施，为了降低收集成本，工业固体废物按照“**谁污染，谁治理**”的原则进行收集处理，大、中型企业一般设置专门的管理部门进行固体废物的收集和运输，小型企业的固体废物由相关部门定期集中收集。

工业固体废物的运输方式包括公路运输、船舶运输、铁路运输、气力管道运输。

气力管道运输

气力管道运输是指通过真空抽吸或空气压的方式将固体废物通过管道运送，在国外多用于城市生活垃圾，也可以应用于泥态或液态的工业固体废物，如炼铁企业的矿渣传送。此方法提高了运输效率，且不受天气影响，减少人工成本，对周围大气影响较小。

工业固体废物的贮存场所应符合《一般工业固体废物贮存、处置场污染控制标准》，采取防扬尘、防渗、防漏等措施，避免对外环境造成二次污染。

6.3.3 工业固体废物资源化利用

工业固体废物资源化利用是指通过回收、加工、循环、交换等方式，从固体废物中提取或者使其转化为可以利用的资源、能源和其他原材料。**工业固体废物资源化途径**很多，主要归纳为以下几个方面。

（1）用作建筑材料

许多工矿业废渣都可作为水泥、砖瓦、砌块、混凝土骨料、道路材料、铸石及微晶玻璃、保温材料等的主要原料，用于工业及民用建筑、道路、桥梁等土木工程设施。

（2）用作冶炼金属的原料

在某些废石、尾矿和废渣中常常含有一定量的有用金属元素或冶炼金属所需的辅助原料，进一步提取其中的有用金属元素或将其作为冶金原料，不仅可解决这些固体废物对环境的危害，而且还可收到良好的经济效益。如从铅锌废渣、粉煤灰、煤矸石中回收金属金、锗、银、铟等；废钢铁、钢渣、钢铁尘泥等可作为炼铁的原料等。

（3）回收能源

煤矸石的热值大约为 800 ～ 8000kJ/kg，在粉煤灰和锅炉渣中也常含有 10%以上的未燃尽炭。因此，将它们与黏土混合烧制砖瓦可从中直接回收炭，既可节省黏土，又可节省能源。某些有机废物可通过一定的配料制取沼气回收能源。

（4）用作农肥、改良土壤

固体废物常含有一定量的促进植物生长的肥分和微量元素，并具有改良土壤结构的作用，如钢铁渣、粉煤灰和自燃后的煤矸石所含的硅、钙等成分，可增强植物的抗倒伏能力，起硅钙肥的作用；钢渣中的石灰可对酸性土壤起中和作用，磷起磷肥作用；粉煤灰形似土壤，透气性好，它不仅对酸性土壤、黏性土壤和盐碱地有改良作用，而且还可以提高土壤上层的表面温度，起到保墒、促熟和保肥作用。

工业固体废物种类繁多，我国几种典型的工业固体废物资源化利用如下。

（1）煤矸石

煤矸石是煤炭加工和生产过程中产生的固体废物，2019 年煤矸石产量为 4.8 亿吨，是目前我国排放量最大的工业固体废物之一。煤矸石化学成分复杂，主要成分为氧化硅和氧化铝，还有氧化铁、氧化钙、氧化钠、氧化镁和微量的稀有金属元素等。长期存放不仅占用大量土地，里边的硫化物逸出或浸没还会污染大气、土壤和水体，还容易自燃发生火灾。煤矸石可以作为燃料发电，近年来煤矸石电厂向大型循环流化床燃烧技术方向发展，燃烧生成的灰渣物化性能好，可以用来生产建筑材料。煤矸石中的硅质及铝质组分可以替代黏土来生产水泥、烧结砖等。此外煤矸石还可以生产轻骨料、微孔吸声砖等建筑材料以及结晶三氯化铝、聚合铝、硫酸铵等化工产品。

（2）粉煤灰

粉煤灰是燃料燃烧所产生的烟气灰分中的细微固体颗粒物，是火力发电的必然产物。粉煤灰的主要化学成分是二氧化硅和三氧化二铝，还有三氧化二铁、氧化钙、氧化镁和微量的稀有金属元素等。粉煤灰中含有碳、铁、铝以及粉煤灰空心微珠[1]等有用组分，因此可从粉煤灰中选炭、选铁、提取氧化铝或空心玻璃珠等。粉煤灰还可以用来生产水泥、轻骨料，制砖、制分子筛、生产化肥等。

（3）冶炼废渣

冶炼废渣是在冶炼生产中产生的高炉渣、钢渣、铁合金渣等。高炉渣是冶炼生铁时产生的固体废物，主要化学成分是二氧化硅、三氧化二铝、氧化钙，还有氧化镁、氧化锰、氧化铁和硫等。高炉渣可以水淬成粒状生产水泥、矿渣砖瓦和砌块，也可经急冷加工成膨胀矿渣珠或膨胀矿渣，经慢冷的重矿渣可以代替普通石材用于建筑工程中。钢渣可以作为高炉、转炉炉料，还可以生产水泥、混凝土等建筑材料。铁合金渣中含有铬、锰、钼、钛等有价金属，可以优先考虑回收这些金属，不能回收的可以用于生产建筑材料和农业肥料。

（4）炉渣资源化利用

炉渣是燃烧设备中从炉膛中排出的块状废渣，炉渣生产量最大的行业是电力、热力生产和供应业。炉渣的化学成分与粉煤灰相似，但含碳量比粉煤灰高。炉渣可以用作**制砖、生产保温材料、生产水处理吸附剂**等。

6.4 危险废物无害化及资源化利用

危险废物是指列入国家危险废物名录（见二维码 6-22）或者根据国家规定的危险废物鉴别标准和鉴别方法（见二维码 6-23）认定的具有危险特性的废物。**危险特性包括腐蚀性、毒性、易燃性、反应性和感染性。**

6.4.1 危险废物固化 / 稳定化技术

6-22《国家危险废物名录》（2021 年版）

6-23《危险废物鉴别标准通则》

固化技术是在危险废物中添加固化剂，使有毒有害物质固定或包容在惰性固化基材中的一种无害化处理过程。稳定化技术是利用物理或化学方法将有毒有害物质转变为低溶解性、低迁移性及低毒性的物质。固化可以看作是一种特定的稳定化过程。

固化 / 稳定化处理的步骤是：①危险废物预处理，如分选、干燥、中和等；②加入固化剂和添加剂；③在适宜的条件下混合、凝固，形成固化体；④根据固体废物特性将固化体填埋或资源化利用。

固化 / 稳定化技术根据所使用的固化剂、稳定剂的不同，可分为水泥固化、石灰固化、塑性材料固化、熔融固化、自胶结固化等。

（1）水泥固化

水泥是常用的危险废物稳定剂，由于水泥是一种无机胶结材料，经过水化反应后可以生成坚硬的水泥固化体，所以水泥固化技术是在处理危险废物时最常用的固化技术。水泥固化是将经过预处理的危险废物、水、水泥和添

[1] 空心微珠：是一种硅铝氧化物为主的非晶质相，分布于微珠表层，呈微细粒中空球体，外观为灰白色，是一种松散、流动性好的粉体材料。

加剂混合，经过水化反应，在常温条件下进行养护，形成具有一定强度的水泥固化体，从而达到降低固体废物中危险成分浸出的目的，水泥固化多用来处理**电镀污泥**、**焚烧飞灰**等。

（2）石灰固化

石灰固化的固化剂是石灰，添加剂通常使用粉煤灰、水泥窑灰，在适当的催化环境下使有害成分稳定化，可以达到以废治废的目的，可以用来处理含有**重金属的污泥**，但由于石灰固化所形成的固化体强度较差，很少单独使用。

（3）塑性材料固化

塑性材料固化包括热固性塑料固化技术和热塑性材料固化技术，其中最为经典的方法是热塑性材料固化技术中的沥青固化，使用沥青作为固化剂，与危险废物在一定温度下混合经皂化反应，将有毒有害物质包容在沥青中，从而形成固化体，沥青固化适用于处理**低水平放射性蒸发残液**、**污泥**、**焚烧飞灰**、**砷渣**等。

（4）熔融固化

熔融固化是将危险废物与细小的玻璃质以一定的配比混合，在 1000 ～ 1100℃高温下熔融，形成稳定的玻璃固化体，由于玻璃体具有致密的晶体结构，可以确保固化体的稳定性。熔融固化可以处理**焚烧飞灰**、**放射性废物和不挥发的高危险性废物**等。

（5）自胶结固化

自胶结固化是利用固体废物本身胶结黏性进行固化处理的方法，将含有硫酸钙或亚硫酸钙的固体废物在控制温度的条件下进行煅烧，产生具有胶结作用的亚硫酸钙半水化合物，加入石灰、粉煤灰、水泥灰等添加剂，经过凝结硬化过程形成自胶结固化体。这种固化体抗渗透性高、抗微生物降解和污染物浸出率低。自胶结固化仅适用于处理**含有大量硫酸钙和亚硫酸钙的废物，如磷石膏、烟道气脱硫废渣**等。

6.4.2 危险废物焚烧处理

危险废物的焚烧处理与生活垃圾相近，但由于它具有**危害性**，操作管理较生活垃圾严格且复杂，废气的排放标准也更加严格。因此，危险废物的焚烧不仅需要选择适宜的焚烧设备，还要尽可能地回收焚烧过程中产生的能量，实现资源的循环利用，避免出现二次污染。目前回转窑焚烧炉是国内外危险废物焚烧中应用最广泛的，它可以同时处理固体、气体和液体危险废物，适应性极强，焚烧温度可以达到 1400℃以上，使有毒固体废物彻底分解。

水泥窑协同处置危险废物

水泥窑协同处置危险废物作为一种新兴的危险废物焚烧处置技术，具有焚烧温度高、停留时间长、处理效果好、改造成本低等多项优势，应用前景广泛。水泥窑是用于生产水泥生料的煅烧设备，将满足或经过预处理后满足入窑要求的固体废物投入水泥窑，在进行水泥熟料生产的同时实现废物无害化处置。如利用水泥窑协同处置电镀污泥不仅可以将污泥中的有毒有害物质分解固化，还能将其作为水泥生产的原料和燃料，实现污泥的资源化利用。但是并不是所有可焚烧的危险废物都能在水泥窑中进行协同处置，进入水泥窑处置的危险废物需满足一定的要求，即不能影响水泥窑的正常运作，不能影响水泥产品的质量，不能导致窑尾烟气污染物排放超标等。我国“十四五”相关规划已将水泥窑协同处置作为列入的内容，目前，水泥窑协同处置危险废物能力超4000万吨/年，泥窑协同处置危险废物能够在实现危险废物无害化、减量化、资源化处置的同时，促进水泥行业的可持续发展，是未来危险废物处置的主要技术之一。

6.4.3 危险废物资源化利用

（1）铬渣

铬渣是冶金和化工部门在生产金属铬或铬盐时排出的废渣，其中所含的六价铬的毒性较大，处理方法是将毒性大的六价铬还原为毒性小的三价铬，并生成不溶性化合物，在此基础上再加以利用。我国对铬渣的资源化利用主要有以下几个方面。

① 铬渣作玻璃着色剂　用铬渣代替铬铁矿作着色剂制造绿色玻璃，在玻璃窑炉1600℃高温还原气氛下，铬渣中的六价铬被还原成三价铬而进入玻璃熔融体中，急冷固化后即可制得绿色玻璃，同时铬也被封固在玻璃中，达到了除毒的目的。

② 铬渣作助熔剂制造钙镁磷肥　可代替蛇纹石、白云石等与磷矿石配料，经高炉或电炉的高温焙烧（800～1500℃），六价铬还原成三价铬和金属铬，分别进入磷肥和铬镍铁中。经研究，铬渣用于生产钙镁磷肥是可行的，此法可使铬渣彻底解毒并资源化。

此外，铬渣还可用于制造炼铁烧结熔剂、铬渣铸石、制砖、作水泥添加剂生产水泥等。不少技术的推广还有难度，有待进一步研究和实践。

（2）焚烧飞灰

焚烧飞灰是生活垃圾焚烧由除尘器收集的细小颗粒，焚烧飞灰结构复杂、性质多变，多以无定形态和多晶聚合体结构形式存在，通常飞灰颗粒粒径小于100μm，且其表面粗糙，**具有较大的比表面积和较高的孔隙率**。焚烧飞灰的主要化学成分有**氧化钙**、**二氧化硅**、**三氧化二铝**、**氧化铁**等，此外，焚烧飞灰含有高浓度的**重金属**，如Hg、Pb、Cd、Cu、Cr及Zn等，这些重金属主要以气溶胶小颗粒和富集于飞灰颗粒表面的形式存在，同时在焚烧飞灰中还含有少量的**二噁英和呋喃**，因此焚烧飞灰具有很强的潜在危害性。我国对焚烧飞灰的资源化利用主要有以下几个方面。

① 生产建材　**水泥窑协同处置焚烧飞灰**，可以将飞灰中的二噁英等有机物在高温烧成工段彻底分解，飞灰中的重金属被固化在水泥熟料中，同时水泥窑中的氧化钙可以有效抑制氯化氢气体的排放。此外，焚烧飞灰与工业固体废物或黏土等原料混合，加入助熔剂、黏结剂等添加剂后，加热至飞灰的熔点，形成可作为陶粒使用的轻质致密固体。

② 肥料和土壤改良剂　氮、磷、钾是植物生长过程中必需的营养物质，而垃圾焚烧飞灰中就含有一定的**钾盐和磷盐**，因此焚烧飞灰可以作为肥料为植物提供养分，也可以作为土壤改良剂，在实际应用中可以用飞灰替代石灰，加入土壤中，调节土壤酸碱度。但在使用过程中应注意加入的量要控制得当，避免飞灰中的重金属及盐类对环境和人体造成危害。

③ 吸附材料　焚烧飞灰具有颗粒小、比表面积大的特点，可以作为很好的吸附材料，如利用飞灰生产**沸石**，将其应用到工业废水吸附重金属或农业废水中吸附铵离子具有很好的效果。

（3）电子垃圾

近年来我国已成为电器电子产品生产和消费大国，许多产品已到了淘汰报废的高峰期。被淘汰的电脑、手机、打印机、家用电器等电子产品被称为电子垃圾。电子垃圾中含有许多有用的资源，如铜、铝、铁及各种稀贵金属、玻璃和塑料等，具有很高的再利用价值。几种典型电子垃圾的资源化利用途径如下。

① CRT 显示器　CRT 显示器是一种使用阴极射线管的显示器，在医疗、冶金行业应用较多。CRT 显示器中主要的污染物质是铅，通过玻璃分离技术分别回收铅含量较高的锥玻璃和铅含量相对较低的屏玻璃，屏玻璃部分可以制备成泡沫玻璃、玻璃棉、玻璃陶瓷等建筑材料，锥玻璃部分可以制备成核电站的防辐射混凝土、医院和检测机构的 X 射线透射室的屏蔽窗玻璃。

② 电路板　电路板是电子设备中必不可少的电子元件，含有 30% 的高分子材料、30% 的惰性氧化物和 40% 的金属。电路板表面的芯片、电容、极管等电子元件提取后可回收利用；**金、银、钯**等金属产品可以利用酸洗法、溶蚀法、热处理法等方法回收；树脂和玻璃纤维可以用于油漆、涂料和建筑材料的**添加剂**。

③ 空调、冰箱　空调、冰箱等制冷类的家用电器含有大量制冷剂，制冷剂对臭氧层破坏作用较大，将其拆解回收里面的制冷剂，通过再生处理去除里面的水分、空气、油等杂质后进行再生利用，对于已经失去利用价值的制冷剂必须进行销毁处理。

6.5　最终处置

《中华人民共和国固体废物污染环境防治法》中将“最终处置”定义为：将固体废物最终置于符合环境保护规定要求的填埋场的活动。固体废物的最终处置包括土地耕作、土地填埋、深井灌注、深地表处置等，其中土地填埋技术是应用最广泛的一种处置技术。

6.5.1　卫生土地填埋

卫生土地填埋是将一般固体废物填埋于不透水材质或低渗水性土壤内，并设有渗滤液、填埋气体收集或处理设施及地下水监测装置的填埋场的处理方法。多应用于处置无需稳定化预处理的废物，**城市生活垃圾的填埋多采用卫生土地填埋**。

6-24 地面法填埋

（1）填埋方式

卫生土地填埋方法依据不同的地形条件大体可分为地面法、沟槽法和斜坡法三种。

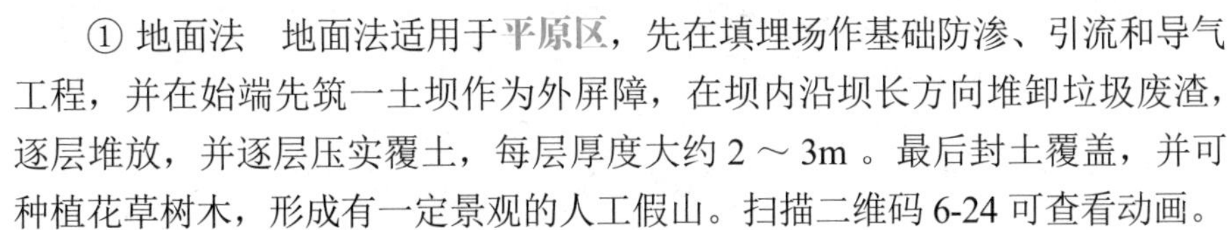

① 地面法　地面法适用于**平原区**，先在填埋场作基础防渗、引流和导气工程，并在始端先筑一土坝作为外屏障，在坝内沿坝长方向堆卸垃圾废渣，逐层堆放，并逐层压实覆土，每层厚度大约 2 ～ 3m 。最后封土覆盖，并可种植花草树木，形成有一定景观的人工假山。扫描二维码 6-24 可查看动画。

6-25 沟槽法填埋

② 沟槽法　沟槽法适用于**场地有丰富的可供开挖的覆盖层物质**，而且地下水水位较低、土层较厚的地区。这种填埋方式要求具有良好的低渗透

6-26 斜坡法填埋

性天然密封层的地质条件，如各种矿物成分的黏土层、基岩山区的黏土层和页岩等。先挖一条条形沟槽，填入废物压实，最后覆土压实，沟槽长度为30～120m、深0.8～2.0m、宽4.7～7.5m。扫描二维码6-25可查看动画。

③ 斜坡法　斜坡法适用于**山地地形**，具有占地面积小、填埋量大等优点。填埋时将固体废物直接铺撒在斜坡上，经移动压实设备压实后，用土壤或膜覆盖。斜坡法实际上是地面法与沟槽法的结合，故也称为混合法。扫描二维码6-26可查看动画。

6-27 填埋作业

（2）填埋过程

进场的垃圾经过计量称重运送至填埋单元，在限定的区域内完成填埋作业，填埋作业包括：**卸料、推铺、压实、撒药、覆盖、封场**。常用的填埋机械有推土机、压实机、挖掘机、铲运机等。填埋过程见图6-7。扫描二维码6-27可查看动画。

（3）填埋系统组成

卫生土地填埋场的基本组成部分包括：填埋单元、洪雨水排放系统、防渗系统、渗滤液收集及处理系统、填埋气体收集及处理系统、监测系统、覆盖和封场系统等。卫生土地填埋场结构示意见图6-8。

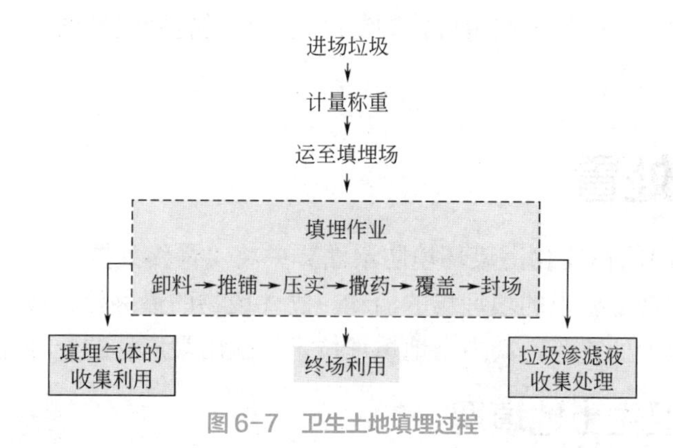

图6-7　卫生土地填埋过程

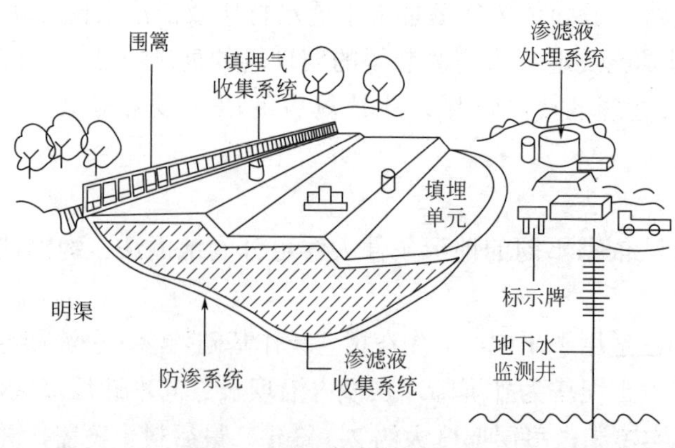

图6-8　卫生土地填埋场结构图

① 防渗系统　垃圾在堆放和填埋过程中由于压实、发酵等物理、生物、化学作用，同时在降水和其他外部水的渗流作用下会产生大量的渗滤液。垃圾渗滤液具有**有机物含量高**、

氨氮含量高、磷含量低、金属离子含量高等特点。为了防止渗滤液污染周围水体，垃圾填埋场场底和边坡都铺设防渗衬层，常用的防渗材料有：

a. 天然防渗材料，如黏土、膨润土等；

b. 人工合成防渗材料，如高密度聚乙烯膜（HDPE 膜）、聚氯乙烯膜、氯丁橡胶膜、乙丙橡胶膜等；

c. 复合防渗材料，如膨润土防水垫等。

② 渗滤液收集处理系统　填埋场还应设置渗滤液收集和处理系统，收集系统一般由导流层、导流沟、导流管、集水池、提升管、调节池组成，由调节池收集后，根据不同填埋场的渗滤液性质的不同，采用“预处理＋生物处理＋深度处理”“预处理＋物化处理”或“生物处理＋深度处理”等组合工艺进行处理。

③ 填埋气收集处理系统　垃圾填埋场在运营期和封场后很长一段时间内都会产生填埋气体，填埋气体的主要成分是沼气，还有少量的氮气和氧气。为了防止填埋气体污染周围环境，垃圾填埋场应设置填埋气收集和处理系统。填埋气的收集系统包括被动集气系统和主动集气系统。被动集气系统是通过填埋场内部生成气体的压力和浓度梯度，将气体导排入大气或控制系统，该系统无需外加动力系统，结构简单、投资少，适用于填埋量小、填埋深度浅或产气量低的小型垃圾填埋场。主动集气系统是利用真空或负压，使填埋区域的气体向收集管路迁移，从而将其收集，主要包括抽气井、集气输送管道、抽风机、冷凝液收集装置等，结构相比于被动集气系统复杂、投资大，适用于大中型垃圾填埋场，新建的卫生填埋场多采用主动集气系统。收集的填埋气体可以通过化学吸收、物理吸附等方法净化后利用，如发电、制作甲醇原料等。

④ 监测系统　填埋场环境监测是确保填埋场正常运行和进行环境评价的重要手段，检测项目主要包括：渗滤液监测、地下水监测、地表水监测以及气体监测。填埋场内渗滤液监测是利用填埋场的集水井进行渗滤液水质和水位的监测，监测频率为每月一次；填埋场衬层结构一旦破坏，渗滤液就会渗出污染地下水，因此地下水监测是监测重点，监测频率为每季度监测一次，如果发现水质变坏，应增加监测频率；地表水监测的目的是判断填埋场附近的地表水是否受到渗滤液的污染，取样地点为靠近填埋场的河流、湖泊；填埋场气体监测包括填埋场排气监测和填埋场附近大气监测，填埋场排气监测是对填埋场排出的气体进行分析，测定气体成分，便于掌握填埋场内有机物质降解情况，填埋场附近大气监测是为了判断填埋场气体排放对大气的影响，监测频率为每月一次。

⑤ 覆盖和封场系统　当填埋到最终的设计高度后，需在顶部铺设覆盖层，即封场覆盖，其目的在于减少雨水的渗入，控制害虫繁殖、气体的迁移和不良气味，降低火灾系数，改善填埋场的景观，进行填埋场生态恢复。最终覆盖层由下至上主要由排气层、防渗层、排水层、绿化土层等构成，如图 6-9 所示。封场后的土地利用是填埋后期管理的重要内容，应根据封场后的渗滤液水质、填埋气体释放速度和组分、垃圾堆体温度、填埋场表面沉降速度、垃圾矿化度等判定指标来判断填埋场的稳定化程度，从而选择土地利用类型，一般用作公园绿地，包括高尔夫球场和运动场等。

6.5.2　安全土地填埋

安全土地填埋是将危险废物填埋于抗压及双层不透水材质所构筑并设有阻止污染物外泄

及地下水监测装置场所的处理方法，适用于**危险废物**的处置。安全土地填埋场多为全封闭型填埋场，如图 6-10 所示。全封闭型填埋场是利用地层结构的低渗透性或工程密封系统来减少渗滤液渗透，将对地下水的污染减少到最低限度，并将收集后的渗滤液进行妥善处置，将废物、渗滤液与环境隔绝数十年甚至上百年。

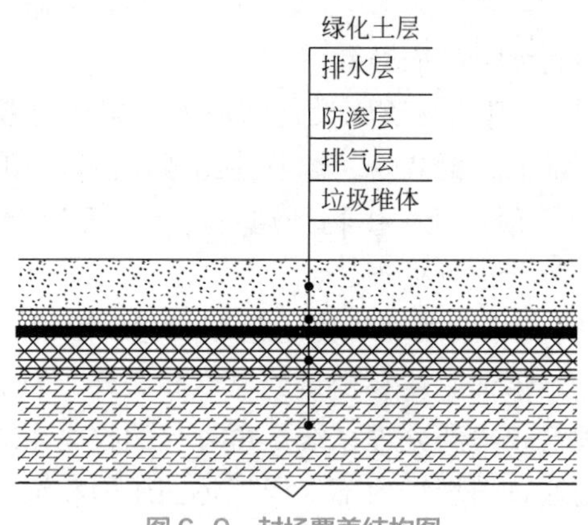

图 6-9　封场覆盖结构图

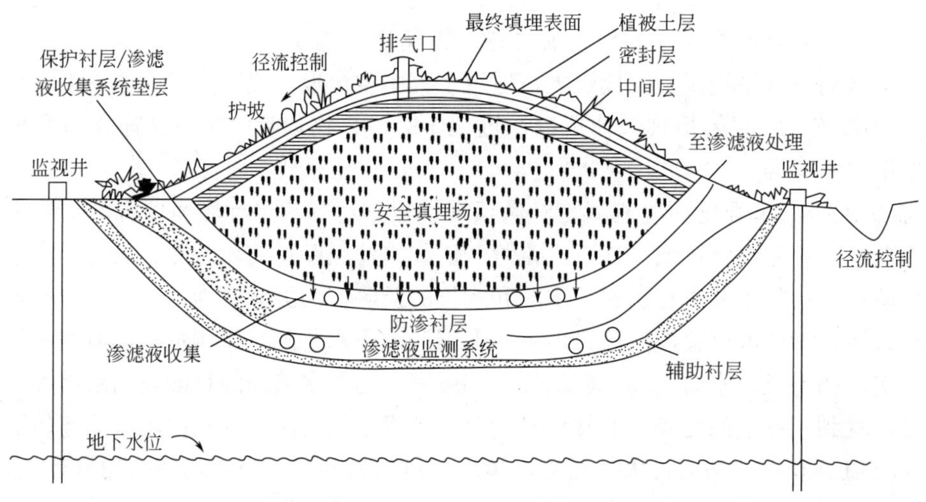

图 6-10　全封闭型安全土地填埋场剖面图

安全填埋场用于处置经过适度预处理的毒性和腐蚀性无机废物，不处置易燃、易爆、有化学反应性或体积膨胀性的废物以及含油废物。安全土地填埋场与卫生土地填埋场有相似之处，但是由于危险废物的特殊性，安全土地填埋场在选址、防渗、污染控制、监测、现场运行管理和封场管理等方面的要求要严于卫生土地填埋场。

课后习题

一、判断题

1. 固体废物就是没有任何利用价值的废物。(　　)

2. 一个时空的废物在另一个时空领域可能是宝贵的资源。( )

3. 城市生活垃圾的收集方式有分类收集和混合收集，其中分类收集是最理想的收集方式。( )

4. 固体废物如木头、玻璃、金属等本身已经很密实的固体不宜作压实处理。( )

5. 自胶结固化只适用于含硫酸钙、亚硫酸钙泥渣的处理。( )

6. 在固体废物焚烧系统中，焚烧炉是焚烧系统的核心。( )

7. 热解处理固体废物可以产生燃料油、燃料气等，而且对大气污染较小，所以可以替代焚烧处理技术。( )

8. 煤矸石中的硅质及铝质组分可以替代黏土来生产水泥、烧结砖。( )

9. 城市生活垃圾焚烧飞灰不属于危险废物。( )

10. 卫生土地填埋场封场后也需要定期进行水质和气体监测。( )

二、单选题

1. 2020 年 4 月 29 日第十三届全国人民代表大会常务委员会第十七次会议第二次修订《中华人民共和国固体废物污染环境防治法》，于 ( ) 实施。

A. 2020 年 6 月 1 日

B. 2020 年 9 月 1 日

C. 2021 年 1 月 1 日

D. 2021 年 9 月 1 日

2. 对于主要含纸张的垃圾，常采用 ( ) 的方法进行破碎处理。

A. 辊式破碎　　B. 冲击式破碎　　C. 低温破碎　　D. 湿式破碎

3. 固体废物焚烧烟气处理时，采用活性炭吸附法主要是为了去除 ( )。

A. 烟尘　　B. 二噁英　　C. SO_2　　D. HCl

4. 堆肥的工艺流程通常由 ( )、脱臭及贮存等工序组成。

A. 前处理、驯化、发酵、后处理

B. 分选、主发酵、后发酵、后处理

C. 前处理、主发酵、后发酵、后处理

D. 前处理、一次发酵、主发酵、后处理

5. 填埋气体中最主要的两种气体是二氧化碳和 ( )。

A. 二氧化硫　　B. 甲烷　　C. 硫化氢　　D. 氨气

三、多选题

1. 固体废物的“三化”管理基本原则是 ( )。

A. 减量化　　B. 能量化　　C. 资源化　　D. 无害化

2. 常见的固体废物压实设备有 ( )。

A. 水平压实器　　B. 三相联合压实器　　C. 锤式压实器　　D. 回转式压实器

3. 厌氧发酵包括 ( )。

A. 水解阶段　　B. 产酸阶段　　C. 产碱阶段　　D. 产甲烷阶段

4. 固体废物的运输方式主要包括 ( )。

A. 公路运输　　B. 铁路运输　　C. 船舶运输　　D. 气力管道运输

5. 工业固体废物资源化利用的途径有 ( )。

A. 用作建筑材料

B. 用作冶炼金属原料

C. 回收能源

D. 用作农肥

四、简答题

1. 综述污泥资源化利用途径。

2. 结合我国固体废物处理与处置现状，谈谈你对固体废物处理与处置的认识。

第7章 土壤污染及其防治

学习目标

知识目标

了解土壤在环境学中的地位与作用；掌握土壤污染现状及危害；掌握土壤环境污染防治的动态。

能力目标

掌握土壤环境污染修复技术的主要类型和基本原理；学会针对不同类型污染选择适用的土壤污染控制及修复方法。

素质目标

提升生态环境保护意识，树立人与自然和谐共生的生态伦理观。

7.1 土壤概述

7.1.1 土壤及其组成

土壤是指位于地球表面的具有一定肥力且能够生长植物的疏松表层。土壤由岩石风化而成的矿物质、动植物、微生物残体腐解产生的有机质、土壤生物、水分、空气以及氧化的腐殖质等组成。

土壤里的物质可以概括为三个部分：固体部分、液体部分和气体部分。

土壤中固体物质包括土壤矿物质、有机质等，土壤矿物质是土壤中的主体物质，在土壤中起着骨架的作用，土壤中动植物残体的分解和再合成产物及土壤微生物构成土壤的有机质。土壤固体颗粒之间的空隙被土壤空气和土壤溶液所占据。

土壤中液体物质主要指土壤水分，土壤水分是植物所需水分的主要供给源，是养分输入的重要载体，并参与很多土壤物理、化学和生物学过程，同时也是污染物在土壤中迁移的主要途径。

土壤中的气体是指存在于土壤孔隙中的空气，土壤气体中绝大部分是由大气层进入的 O_2、N_2 等，小部分为土壤生物生命活动所产生的 CO_2 和 H_2O 等。

土壤中这三类物质构成了一个矛盾的统一体，它们互相联系、互相制约，为作物提供必需的生活条件，是土壤肥力的物质基础。

7.1.2 土壤的性质

（1）土壤胶体性质

土壤胶体[1]对污染物在土壤中的迁移、转化有重要作用，土壤胶体以其巨大的**比表面积和带电性**，对土壤中离子态污染物有较强的吸附、固定和离子交换的能力，由此可降低或缓和其危害性。土壤胶体能吸附进入土壤中的化学农药和重金属离子，降低以至消除化学农药和重金属离子的活性。土壤中铁、铝氧化物胶体带正电荷，有较大的表面能，因而对土壤中的含氧酸根负离子（如砷、铬等污染物）有很强的吸附能力，减少其对土壤的污染。

（2）土壤缓冲性能

土壤缓冲性能是指具有缓和酸碱度以防发生剧烈变化的能力，它可以保持土壤反应的相对稳定，为植物生长和土壤生物的活动创造比较稳定的生活环境。

土壤溶液中含有碳酸、硅酸、磷酸、腐殖酸和其他有机酸等弱酸及其盐类，构成一个良好的**缓冲体系**，对酸碱具有缓冲作用。此外，土壤胶体吸附的盐基离子和氢离子能分别对酸和碱起缓冲作用。

（3）土壤氧化还原性

土壤中有许多有机和无机的氧化性和还原性物质，因而使**土壤具有氧化还原特性**。一般，土壤中主要的氧化剂有空气中的游离氧、NO_3^-、高价金属离子（如 Fe^{3+}、Mn^{4+}、V^{5+}、Ti^{6+} 等），主要的还原剂有有机质和低价金属离子。此外，土壤中植物的根系和**土壤生物**也是土壤发生氧化还原反应的重要参与者。

土壤氧化还原反应条件受季节变化和人为措施（如稻田的灌水和落干）影响而经常变化，衡量土壤氧化还原反应状况的指标是氧化还原反应电位（Eh）。在我国自然条件下，一般认为 Eh 低于 300mV 时为还原状态，淹灌水田的 Eh 值可降至负值。土壤氧化还原电位一般在 200 ～ 700mV 时，养分供应正常。土壤中某些变价的重金属污染物，其价态变化、迁移能力和生物毒性等与土壤氧化还原状况有密切的关系。如土壤中的亚砷酸（H_3AsO_3）比砷酸（H_3AsO_4）毒性大数倍。当土壤处于氧化状态时，砷的危害较轻，而土壤处于还原状态时，随着 Eh 值下降，土壤中砷酸还原为亚砷酸就会加重砷对作物的危害。

7.1.3 土壤背景值和土壤环境容量

（1）土壤背景值（environmental background values of soil）

土壤背景值是指土壤在自然成土过程中，构成土壤自身的化学元素的组成和含量，即未受人类活动影响的土壤本身的化学元素组成和含量，也称为**本底值**，**是判断土壤环境质量状况和污染程度的基本依据**。目前，在全球环境受到污染冲击的情况下，要寻找绝对不受污染的背景值，是非常难做到的，只能去找影响尽可能少的土壤。不同自然条件下发育的不同土类或同一种土类发育于不同的母质母岩区，其土壤环境背景值也有明显差异，同一地点采集的样品，分析结果也不可能完全相同，因此，土壤背景值在时间上和空间上都具有相对性。土壤类型、气候、地形、植被等是影响土壤元素背景值的重要因素。我国部分城市土壤重金

[1] 土壤胶体：直径在1 ～ 1000nm之间的土壤颗粒，它是土壤中最细微的部分，表现出强烈的胶体的特征。

属元素背景值见表 7-1。

表 7-1 我国部分城市土壤重金属元素背景值

城市	背景值 / (mg/kg)					
	Hg	Cd	As	Pb	Cr	Zn
全国	0.042	0.11	10	23	73	68
北京	0.031	0.09	8	19	58	58
哈尔滨	0.027	0.08	8	22	49	57
西安	0.059	0.13	12	23	75	70
上海	0.075	0.12	7	27	88	107
成都	0.047	0.13	13	23	81	76
长沙	0.068	0.08	14	26	94	72
广州	0.147	0.15	14	47	44	71
昆明	0.132	0.27	9	41	97	90

（2）土壤环境容量（soil environmental capacity）

土壤环境容量是指土壤环境生态系统中某一特定单元一定时限内遵循环境质量标准，既保证农产品产量和生物学质量，同时也不使环境污染时，土壤所能允许承纳的污染物的最大数量或负荷量。土壤环境容量实质是土壤中容纳的某污染物质不致阻滞植物的正常生长发育，不引起植物可食部分中某污染物积累到危害人体健康的程度，同时又能最大限度地发挥土壤的净化能力。土壤环境容量是实现污染物总量控制的重要基础，在土壤质量评价、制定农田灌溉水质标准等方面发挥重要作用。

7.1.4 土壤的自净过程

土壤自净是指外界污染物进入土壤后，在土壤矿物质、有机质和土壤微生物的综合作用下，经过一系列物理、化学及生物化学反应过程，降低其浓度或改变其形态，从而消除或降低污染物毒性的现象。

土壤自净包括物理自净、物理化学自净、化学自净、生物自净。其中物理自净指的是通过土壤自身特性和功能，促使污染物的物理形态以及空间位置发生改变，如机械阻留、吸附、淋溶、稀释、挥发、扩散等；物理化学自净是指污染物的阳离子和阴离子与土壤胶体上原来吸附的阳离子和阴离子之间发生离子交换吸附作用；化学自净指的是通过凝聚与沉淀、氧化还原反应、络合与螯合、酸碱中和等化学反应，促使污染物的结构、性质、价态发生变化，从而降低毒性；生物自净指的是通过微生物降解，将有机污染物转变为农作物生长所需的物质。**土壤自净是这四种自净共同作用的结果。**

但土壤的自净速度较为缓慢，且自净能力有限，当土壤中的污染物量超过土壤自净能力时，土壤就会受到污染，特别是对于某些人工合成的农药以及重金属物质，土壤是难以自净的，因此，必须充分合理地利用和保护土壤的自净作用。

7.2 土壤环境污染

7.2.1 土壤环境污染及其特点

2018 年颁布的《中华人民共和国土壤污染防治法》中指出：土壤污染是指因人为因素导致某种物质进入陆地表层土壤，引起土壤化学、物理、生物等方面特性的改变，影响土壤功能和有效利用，危害公众健康或者破坏生态环境的现象。

江苏某学院“毒地”事件

江苏某学院自 2015 年 9 月搬到新校址后，先后有 493 名学生被检查出皮炎、血液指标异常等情况，甚至有些学生查出患有白血病、淋巴癌等恶性疾病。该校区地下水、空气均检出污染物，而罪魁祸首疑为学校北边的一片化工厂旧址，据前员工证实，2008 ~ 2011 年，化工厂曾将数量不明的生产废料填埋到地下，随后掩上泥土，生产废料包括蒸馏残渣和废有机溶剂，均在《国家危险废物名录》之列，使得这片地块土壤中的氯苯、四氯化碳等有机污染物以及汞、铅、镉等重金属污染物超标严重，其中污染最严重的是氯苯，它在土壤中的浓度超标达 78899 倍，四氯化碳浓度超标也有 22699 倍，其他的如二氯苯、三氯甲烷和高锰酸盐指数超标也有数千倍之多。

土壤污染通常具有以下特点：

（1）隐蔽性和滞后性

大气污染和水污染一般都比较直观，通过感官就能察觉，而土壤污染往往要通过土壤样品分析、农作物检测，甚至人畜健康的影响研究才能确定。因此，土壤污染从产生到发现危害通常时间较长。如日本的“痛痛病”经过了 10 ～ 20 年之后才被人们所认识。

（2）累积性

与其他介质相比，污染物在土壤中不易迁移、扩散和稀释。因此，污染物容易在土壤中不断累积而达到很高的浓度，从而使土壤环境污染具有地域性特点。

（3）不均匀性

由于土壤性质差异较大，而且污染物在土壤中迁移慢，导致土壤中污染物分布不均匀，空间变异性较大。

（4）不可逆性

由于土壤中的重金属难以降解，导致重金属对土壤的污染基本上是一个不可完全逆转的过程，这是由于土壤中存在着胶体，它们对重金属有较强的吸附能力，限制了重金属在土壤中的迁移。另外，土壤中的许多有机污染物也需要较长时间才能降解。

（5）难治理性

土壤污染治理具有艰巨性，土壤污染一旦发生，仅仅依靠切断污染源的方法很难恢复。总体来说，治理土壤污染成本高、周期长、难度大。

7.2.2 土壤污染物及其来源

土壤中的污染物来源广、种类多，一般可分为**无机污染物和有机污染物**。

无机污染物包括重金属、酸、碱等，以重金属为主，如镉、汞、砷、铅、铬、铜、锌、镍，局部地区还有锰、钴、硒、钒、锑、铊、钼等。由于重金属不能被微生物分解，而且可被生物富集，土壤一旦被重金属污染，其自然净化过程和人工治理都是非常困难的。此外，重金属可以被生物富集，因而对人类有较大的潜在危害。

土壤有机污染物主要是**化学农药**。目前大量使用的化学农药约有50多种，其中主要包括有机磷农药、有机氯农药、氨基甲酸酯类、苯氧羧酸类、苯酚、胺类等。此外，石油、多环芳烃、多氯联苯、甲烷、有害微生物等，也是土壤中常见的有机污染物。

土壤污染从总体来看，是由自然灾害和人类活动所造成的。**人为污染源是土壤环境污染研究的主要对象，包括工业污染源、农业污染源和生活污染源**。

(1) 工业污染源

工矿企业生产经营活动中排放的**废气、废水、废渣**是造成其周边土壤污染的主要原因。工业废气中的污染物由于沉降从大气中降至地面时，就成为了土壤污染物，如工业燃煤所排放的废气中含有大量的酸性气体，如 SO_2、NO_x 等，这些酸性污染物可以沉降到地面，使**土壤酸化**。工业废水往往成分复杂，含有比较丰富的有机物质，利用污水灌溉不仅可以提高水资源利用率，还能够为农作物提供养分，但这些废水中的污染物浓度比较高，会造成一定程度的土壤污染，其中重金属污染物的危害最为严重。废渣的任意堆放不仅占用大量耕地，而且可通过大气扩散或降水淋滤，使周围地区的土壤受到污染。

(2) 农业污染源

农业生产活动是造成土壤污染的重要原因。污水灌溉，化肥、农药的不合理使用和畜禽养殖等，都会导致土壤受到污染。农药在喷洒时有将近一半都落在地表，落在植株上的农药也会随雨水的淋滤降至地面，最后仍会污染土壤。化肥是直接施用于地表的，对土壤的污染作用更为明显。

(3) 生活污染源

土壤生活污染源主要包括城市生活污水、屠宰加工厂污水、医院污水、生活垃圾、公路交通污染、电子垃圾污染等。如生活垃圾在土壤表面的堆积、生活污水在土壤表面的溢流等，这些废物废水中都含有大量有机物、无机营养元素、病原细菌等，尤其是在乡村，人类的生活废物废水缺少较为合理的处理方式，导致生活污染成为继农业污染源之后的又一严重污染源。

公路交通污染源

随着经济的发展，近年来机动车数量剧增，运输活动也越来越频繁，汽车专用公路发展迅速，而道路两侧多为农业用地，机动车尾气排放，显著引起了公路两侧的土壤污染。研究报道，汽车尾气及扬尘可使公路两侧 300 ~ 1000m 范围内的土壤受到严重污染，其中主要是重金属铅和多环芳烃的污染，如四乙基铅作为汽油抗爆剂被广泛使用，这种汽油燃烧后有 85% 的铅随尾气排出，经过排气管净化，其中有 1/3 迅速沉降在道路两侧的土壤中，随着灌溉等农业活动迁移到土壤深层。近年来我国汽油改用低铅甚至无铅汽油，以及新能源汽车的使用，都可以大大减少汽车尾气对土壤造成的污染。

7.2.3 土壤污染的危害

（1）对土壤结构和性质的影响

化肥和农药的不合理使用，会造成土壤性质发生变化，改变土壤 pH 值，破坏土壤结构和微生物的生长环境，造成土壤质量和肥力下降，影响农作物的生长。如长期大量施用化肥，会加速土壤有机质的矿化与损失，恶化土壤理化性质，造成**土壤板结和酸化**，导致耕地土壤退化，生产力降低。

（2）对水体的影响

土壤中的污染物在降水和灌溉条件下，通过地表径流进入河流、湖泊、水库等水体环境，造成水体污染。农业生产中大量的氮肥、磷肥残留在农田中，不断地被淋溶到农作物种植区域的水体中，导致**水体富营养化**，使水生生态系统失去平衡。

（3）对大气的影响

土壤中的污染物可通过多种途径进入到大气中。如土壤中的挥发性有机污染物可先从土壤中解吸至土壤气中，然后在浓度梯度的作用下，以分子扩散的形式，从土壤气中迁移至地表空气或室内空气中，造成对空气的污染；如农田生态系统中施用氮肥，会使氨挥发及氮氧化物释放到大气中，导致空气质量恶化。另外，土壤表层的污染物可能在风的作用下直接进入到大气环境，并进一步通过呼吸作用进入人体。

（4）对动植物的影响

土壤污染影响植物、动物和微生物的生长和繁衍。当土壤污染物浓度达到一定水平时会影响植物生长，造成农作物减产甚至死亡，土壤中的重金属污染物会富集在农作物中，影响农产品质量，给农业生产带来巨大的经济损失。此外，土壤是各种生物、微生物以及动物的重要生存场所，如果土壤受到污染，生物群的多样性指数和均匀度指数等都会受到影响，从而对生物的生存繁衍造成严重的威胁。

（5）对人体健康的危害

土壤污染一旦形成，就会对人类健康造成很大的影响，污染物通过植物的吸收和食物链的积累等过程，通过经口摄入、呼吸吸入和皮肤接触等多种途径进入人体，从而危害人体健康。含有过多重金属离子的农作物被人食用后，会引发心脑血管病、内脏受损、癌症等疾病。

骨痛病事件

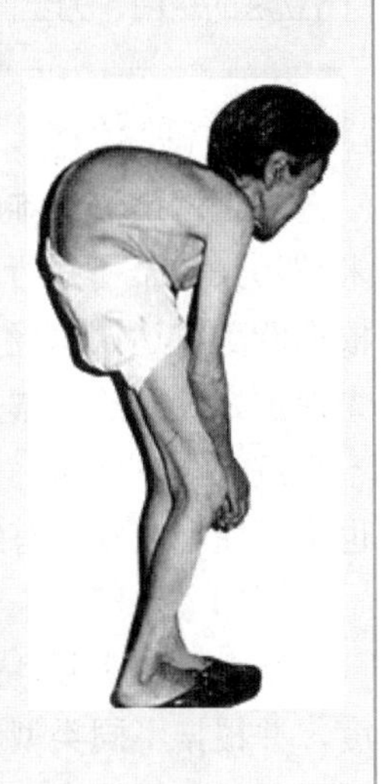

骨痛病事件是指1931年于日本富士县神通川流域发现的一种土壤污染公害事件，20世纪初期开始，人们发现这个地区的水稻普遍生长不良，1931年，这里又出现了一种怪病，患者病症表现为腰、手、脚等关节疼痛，病症持续几年后，患者全身各部位会发生神经痛、骨痛现象，行动困难，甚至呼吸都会带来难以忍受的痛苦，到了患病后期，患者骨骼软化、萎缩，四肢弯曲，脊柱变形，骨质松脆，就连咳嗽都能引起骨折，患者不能进食，疼痛无比，常常大叫“痛死了！”，有人甚至因无法忍受痛苦而自杀，这种病由此得名为“骨痛病”或“痛痛病”。发病是由于神通川上游某铅锌矿的含镉选矿废水和尾矿渣污染了河水，使其下游用河水灌溉的稻田土壤受到污染，产生了“镉米”，人们长期食用“镉米”而得病，从而“痛痛病”被定为日本第一号公害病。

7.3 我国土壤污染现状与防治

7.3.1 土壤污染的现状

我国的土壤污染问题比较严重，尤其是在农业和工业活动较为频繁的地区，土壤污染现象更加严重。土壤污染类型主要以无机型为主，有机型次之，复合污染比重较小，全国大多数地区土壤存在着一定程度的无机污染问题，其中最主要的是重金属污染，西南、中南地区重金属超标面积较大。我国南方地区的土壤污染程度比北方地区更加严重，长江三角洲、珠三角等经济发达地区及东北工业区的污染问题尤为突出。

2005年4月至2013年12月我国开展了首次全国土壤污染状况调查，调查范围覆盖全部耕地，部分林地、草地、未利用地和建设用地，实地调查面积约630万平方公里，全国土壤环境质量的总体状况在《全国土壤污染状况调查公报》发布。扫码可阅读资料：7-1《全国土壤污染状况调查公报》。

7-1《全国土壤污染状况调查公报》

7.3.2 土壤污染防治的原则

《中华人民共和国土壤污染防治法》中明确：**土壤污染防治应当坚持预防为主、保护优先、分类管理、风险管控、污染担责、公众参与的原则**。

为加强土壤污染治理，国务院于2016年5月印发《土壤污染防治行动计划》(简称“土十条”)作为全国土壤污染防治工作的行动纲领，“土十条”强调“防”和“控”，提出开展土壤污染调查、加强污染源监管、开展污染治理和修复等要求，以期实现土壤的安全利用。

2019年1月1日，《中华人民共和国土壤污染防治法》正式实施，填补了我国土壤污染防治专门立法的空白，为全面落实土壤污染防治工作提供了有力的法律武器。

（1）预防为主，保护优先

土壤污染治理难度大、成本高、周期长，因此，土壤污染防治工作应坚持预防为主，对未被污染的土壤进行保护，综合运用法律、经济、技术和必要的行政措施，实行防治结合。根据欧美发达国家经验，污染预防、风险管控、治理修复的投入比例大致为1∶10∶100，优先保护好优质的土壤是避免后期治理与修复大量投入的关键。此外，**重金属、持久性有机物**一旦进入土壤环境，对土壤结构、功能的破坏是**长期、持续的**，即使采取治理与修复措施，也难以完全恢复原有结构和功能，因此土壤环境治理**以预防为主**。

（2）分类管理，风险管控

结合各地实际，按照土壤环境现状和经济社会发展水平，强化落实土壤污染风险管控制度，并根据不同类型土地的特点，分别对农用地和建设用地采取土壤污染风险管控和修复的不同对策和措施。如农村地区要以基本农田、重要农产品产地特别是**“菜篮子”**基地为重点监管对象。

（3）污染担责，公众参与

土壤是经济社会发展不可或缺的重要公共资源，关系到农产品质量安全和人民健康，《中华人民共和国土壤污染防治法》在“谁污染，谁治理”的基本原则上强化**污染者责任**，并明确了土壤污染防治是各级政府的责任。鼓励和引导社会力量参与、支持土壤污染防治。

7.3.3 土壤污染的预防措施

（1）科学利用污水灌溉

在利用废水灌溉农田之前，应明确灌溉水中的成分并进行**净化处理**，严格控制灌溉水水质，实现污水的科学灌溉，这样既可以节约水资源，又能够有效防止污染物通过灌溉水进入土壤。

（2）合理使用化肥农药

根据土壤特性、气候状况和农作物生长发育特点，合理使用化肥，按需施用；积极推广应用高效、低毒、低残留的农药，控制化学农药的用量、使用范围、喷施次数和喷施时间，提高喷洒技术，尽可能减轻农药对土壤的污染。

（3）积极推广生物防治技术

为了既能有效地防治农业病虫害又能减轻化学农药对土壤的污染，需要积极推广生物防治病虫害的技术，利用益鸟、益虫和某些病原微生物来防治农林病虫害，如赤眼蜂防治玉米螟技术。

（4）提高公众土壤保护意识

通过教育、媒体等多种形式，大力宣传土壤资源保护与利用的相关知识，提高全社会保护土壤环境的意识和责任。

7.3.4 污染土壤修复

(1) 物理化学修复

① 气相抽提技术　**土壤气相抽提技术**是利用真空泵抽提产生负压，驱使空气流经污染区域时，夹带土壤空隙中的挥发性有机污染物和半挥发性有机污染物，由气流将其带走，经抽提井收集后最终处理，达到修复土壤的目的。

气相抽提系统主要由**抽气井群、输气管道、抽气系统和尾气处理系统**组成。土壤中的污染物挥发至气相，真空泵抽气促使土壤空气流动，污染物随气流抽出，抽出的气体由尾气处理系统处置，**尾气处理**可采用**活性炭吸附、催化氧化或焚烧**等方法，处理达标后排放，气相抽提技术原理见图 7-1。

气相抽提技术适用于挥发性较强的有机污染修复，且要求土壤均匀性和渗透性好、空隙率大、含水率低。气相抽提技术所使用的设备简单，可操作性强，修复时间短，成本低，因其对挥发性污染物治理的有效性和广泛性，被美国环保局列为“革命性技术”。

气相抽提技术不能去除重油、多氯联苯、二噁英等污染物，且单独使用此技术很难将污染物降到很低的浓度，为了提高处理效果，有时需要和其他修复技术**联合使用**，如热强化气相抽提技术、生物强化气相抽提技术、空气喷射气相抽提技术等强化技术。

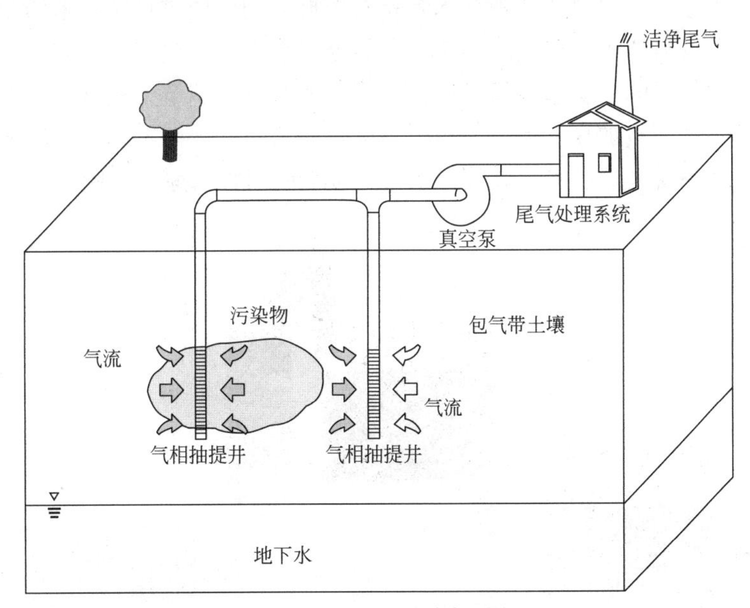

图 7-1　气相抽提技术原理

② 热脱附技术　**热脱附技术**是指通过直接或间接的热量交换方式，加热土壤中的有机污染物和金属汞等，使之受热挥发而与土壤介质分离，并对挥发出的污染物进行有效收集并处理的过程。

根据操作温度，可将热脱附技术分为高温热脱附及低温热脱附，**高温热脱附技术**是将受污染土壤加热至 320 ～ 560℃，**低温热脱附技术**是将受污染土壤加热至 150 ～ 320℃。

根据修复位置，可将热脱附技术分为**原位热脱附技术**及**异位热脱附技术**。

a. 原位热脱附技术　原位热脱附技术是指对未挖掘的土壤进行热脱附修复，如深层土壤及建筑物下面的土壤污染修复，将污染土壤加热至目标污染物的沸点以上，通过控制系统温度和物料停留时间有选择地使污染物挥发，借着气流或真空系统将挥发后的污染物收集并进行集中处理，土壤原位热脱附技术原理见图 7-2。

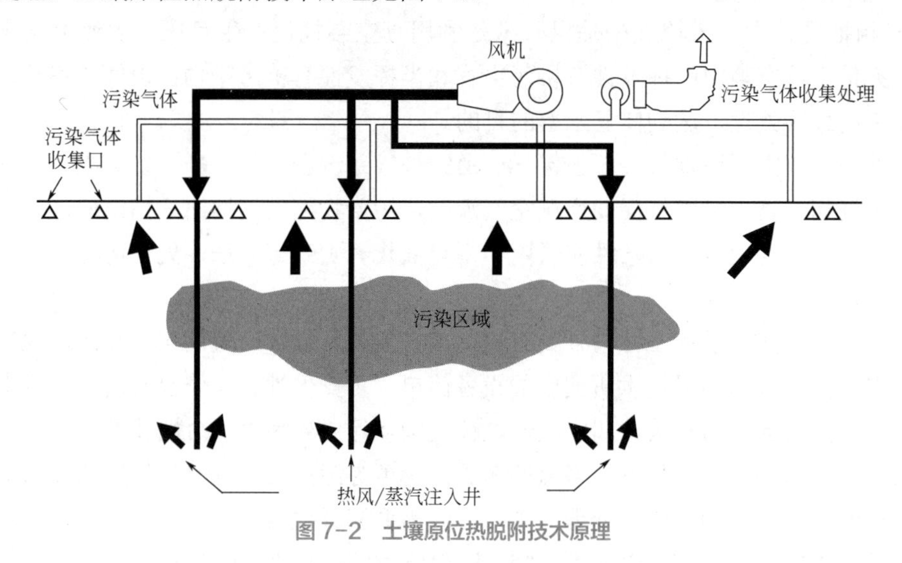

图 7-2　土壤原位热脱附技术原理

b. 异位热脱附技术　异位热脱附技术是指对挖掘后的土壤进行热脱附修复。异位热脱附系统包括前处理及进料单元、热脱附系统、尾气处理系统。主要实施过程如下：**对被污染土壤进行挖掘**；对挖掘后的土壤进行适当的预处理，如筛分、调节土壤含水率、磁选等；污染土壤进入热脱附系统中被加热，系统加热至污染物的沸点后，污染物与土壤分离；汽化的污染物进入尾气处理系统处理达标后排放，土壤异位热脱附技术原理见图 7-3。

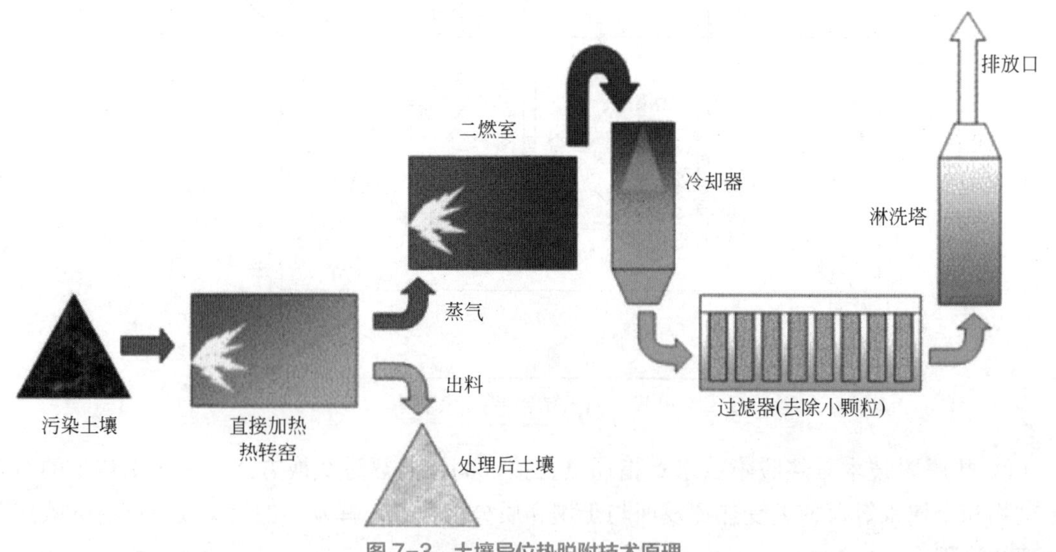

图 7-3　土壤异位热脱附技术原理

热脱附技术具有处理范围宽、设备可移动等优点，广泛适用于**挥发态有机物**、**半挥发态有机物**、**农药**、**二噁英等污染土壤**的治理和修复。但相关设备价格昂贵、脱附时间长、处理成本高，且不适用于修复无机污染土壤（汞除外）、腐蚀性有机物含量较高的土壤、氧化剂或还原剂含量较高的土壤。

③ 电动修复技术　**电动修复技术**是通过在污染土壤两侧施加直流电压形成电场梯度，使土壤中的污染物在电场作用下定向迁移，富集在电极区域后进行集中处理，从而使土壤得以修复的方法，电动修复技术原理见图 7-4。

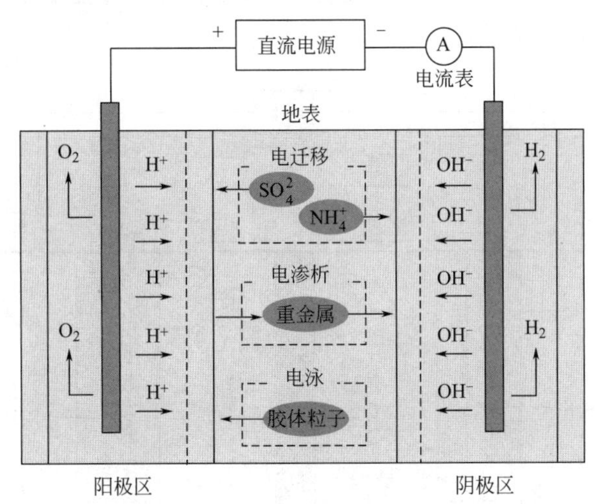

图 7-4　电动修复技术原理

电动修复过程中污染物的迁移主要涉及 3 种电动力学现象：

a. 电渗析　大多数土壤颗粒表面通常带负电荷，与孔隙水中的离子形成双电层，在外加电场作用下，土壤中的孔隙水从阳极向阴极方向流动。随孔隙水迁移的污染物质富集在阴极附近，可以被抽出进行处理。

b. 电迁移　土壤中带电离子或配位体在外加电场作用下向电性相反的电极迁移，阳离子向阴极迁移，阴离子向阳极迁移。

c. 电泳　土壤中带电胶体颗粒，包括细小土壤颗粒、腐殖质及微生物细胞等，在外加电场作用下运动，吸附在这些胶体颗粒上的污染物会随着胶粒的运动在土壤中发生迁移，从而达到去除污染物的作用。

电动修复技术修复速度较快、成本较低，在低渗透性、高黏性的土壤修复上污染物去除效率较高，适用于小范围的重金属污染土壤和可溶性有机物污染土壤的修复，对于不溶性有机污染物，需要化学增溶，易产生二次污染。

电动修复技术具有一定的局限性，常需强化或与其他修复技术联用，如**电动－生物联合技术**、**电动－可渗透反应墙耦合技术**、**电动－Fenton 氧化法**等。

电动－可渗透反应墙耦合技术

电动－可渗透反应墙（EKR-PRB）耦合技术是近年新兴的一类原位污染场地修复技术，在污染场地土壤和地下水修复中有着良好的应用前景。电动修复技术（EKR）通过电迁移、电渗析和电泳的方式使土壤中的污染物质迁移到电极两侧从而修复土壤污染。可渗透反应墙技术（PRB）主要利用污染物通过填充的活性反应材料时，产生沉淀、吸附、氧化还原和生物降解反应而使污染物得以去除。电动－可渗透反应墙（EKR-PRB）耦合技术，结合了电动修复和渗透反应墙技术两者的优点，其基本原理是用电动力将毒性较高的重金属及有机物质向电极两端移动，使污染物质与渗透反应墙内的填料基质等充分反应，通过吸附去除或降解成毒性较低的低价金属离子和有机物，从而达到去除或降低毒性的目的。

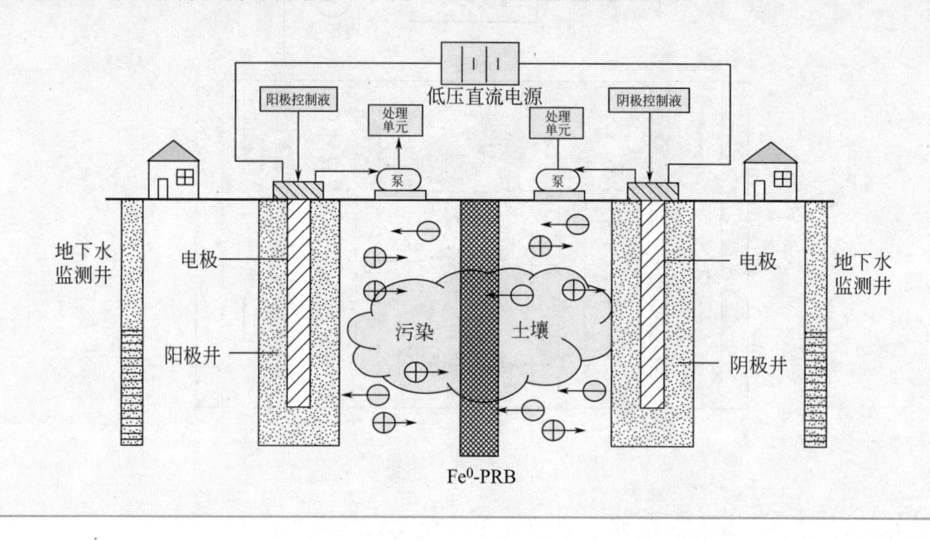

④ 固化 / 稳定化技术　**固化 / 稳定化技术**是指将污染土壤与固化剂或稳定剂混合，使污染物实现物理封存或发生化学反应形成固体沉淀物，从而达到土壤修复的目的。实际上包括固化和**稳定化**两种技术。固化技术是将低渗透性物质包裹在污染土壤外面，或将污染物封入特定的晶格材料中，限制污染物的迁移转化。稳定化技术是通过化学反应将污染物转化为不易溶解、迁移能力或毒性更小的形式，以降低污染物的环境风险和健康风险。这两种技术在修复污染土壤时是联合使用的。

固化 / 稳定化修复技术常用的材料有：**无机材料**，如水泥、石灰、粉煤灰等；**有机材料**，如沥青、聚乙烯、酚醛塑料等；**化学药剂**，如氢氧化钠、磷酸盐、硫酸亚铁、EDTA 等。

固化 / 稳定化技术适用于处理土壤中含有大量的无机污染物和部分有机污染物，此方法易于操作、修复费用较低，综合效益好，已被广泛应用。但这种方法也存在一定的局限性，如由于固化剂的加入，使污染土壤的体积有所增加，且被固定的污染物有可能随着时间的推移会重新释放出来。

⑤ 化学淋洗技术　**化学淋洗技术**是指将可促进土壤污染物溶解或迁移的淋洗剂注入受污染土壤中，使其与污染物发生解吸、螯合、络合或溶解等物理化学反应，最终形成迁移态化合物，从而将污染物从土壤中分离出来并进行处理的技术。土壤淋洗主要包括三个阶段：**向土壤中施加淋洗剂、淋洗液收集、淋洗液处理**。

淋洗剂的选择取决于污染物类型、性质和土壤的理化特性，淋洗剂主要有**无机淋洗剂、螯合剂和表面活性剂**。无机淋洗剂，如酸、碱、盐等，通过酸溶、络合、离子交换等作用破坏土壤中官能团与重金属形成的络合物，从而将重金属交换解吸下来，并被淋洗剂洗出；螯合剂包括 EDTA、CDTA 等人工螯合剂和柠檬酸、酒石酸、草酸等天然螯合剂，通过螯合作用与重金属形成稳定的螯合体，从而将土壤中的重金属分离出来。为了提高对有机物污染土壤的处理效果，通常添加表面活性剂。

化学淋洗技术可分为原位淋洗技术和异位淋洗技术。

a. **原位淋洗技术**　土壤原位淋洗技术是通过注射将淋洗液注入待修复区域，使其不断向下渗透，穿过污染物并与之相互作用，再将含有污染物的淋洗液从提取井收集并处理，实现对土壤的修复治理。土壤原位淋洗技术如图 7-5 所示，该技术需要在原地搭建修复设施，包括淋洗液投加系统、收集系统等。该技术既适用于无机污染物，也适用于有机污染物，尤其是**孔隙较大、渗透性较强的土壤污染修复**，具有可操作性强、去除效率高、修复彻底等优点，但在淋洗过程中如果操作不当，就可能会对地下水造成二次污染，增加处理成本。

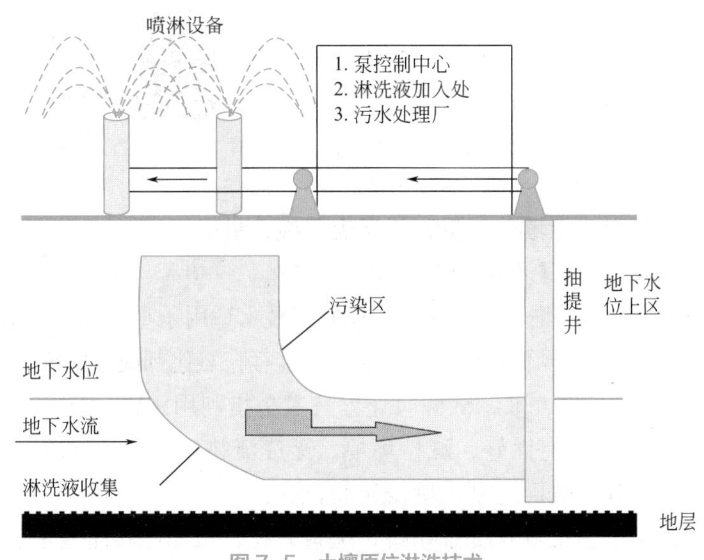

图 7-5　土壤原位淋洗技术

b. **异位淋洗技术**　土壤异位淋洗技术见图 7-6，需要先将待修复的土壤挖出，进行筛分处理，再向土壤中注入淋洗液进行振荡淋滤，再进行固液分离，将淋洗液回收处理。淋洗合格的土壤可用于回填。该技术适用于被重金属、放射性核素、石油烃类、挥发性有机物、多氯联苯和多环芳烃等污染的土壤，当土壤中黏土含量达到 25% ～ 30%，或土壤中腐殖质含量较高时，使用该技术分离去除效果较差。异位淋洗技术需要对土壤进行挖掘，成本较高，同时会破坏土壤结构，结合成本及效益考虑，通常修复体积在 5000t 以上的土壤会采用异位淋洗技术。

⑥ 化学氧化 / 还原技术　**化学氧化 / 还原技术**是指通过向污染土壤中注入氧化剂或还原剂，通过氧化或还原作用，使污染物转化为无毒或低毒的物质，从而达到土壤修复的目的。

常见的氧化剂包括高锰酸盐、过氧化氢、芬顿试剂、过硫酸盐和臭氧等。常见的还原剂包括硫化氢、连二亚硫酸钠、亚硫酸氢钠、硫酸亚铁、多硫化钙、二价铁、零价铁等。

化学氧化 / 还原技术可分为**原位化学氧化 / 还原技术**和**异位化学氧化 / 还原技术**。原位化学氧化 / 还原修复系统由药剂制备及储存系统、药剂注入井、药剂注入系统、监测系统等组成。其中一项关键技术是向注射井中加入氧化剂的分散手段，对于低渗土壤，可以采取土壤深度混合、液压破裂等方式对氧化剂进行分散预处理。异位化学氧化 / 还原修复系统先将挖出的土壤进行预处理，再将土壤与药剂在设备中或反应池内搅拌均匀，发生氧化或还原反

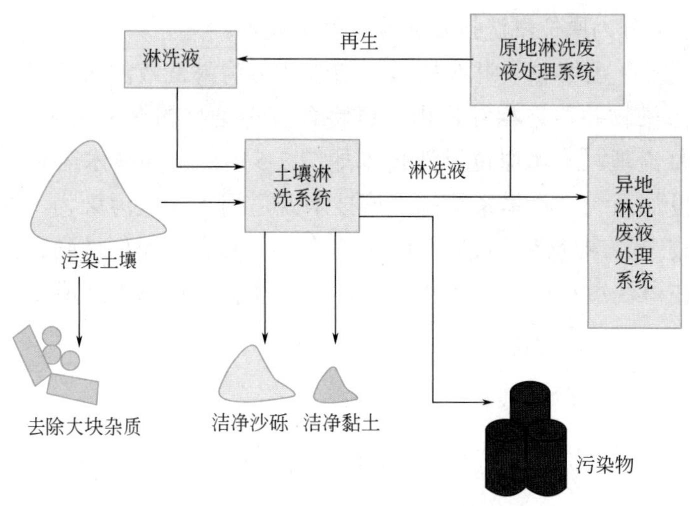

图 7-6 土壤异位淋洗技术

应。该系统设备包括行走式土壤改良机、浅层土壤搅拌机等。

化学氧化修复技术**适用于石油烃、苯、甲苯、乙苯、二甲苯、酚类、含氯有机溶剂、多环芳烃、农药等大部分有机物污染土壤**，化学还原修复技术适用于重金属类和氯代有机物污染土壤。此技术处理效果好、易于操作，但成本较高，可能存在氧化剂或还原剂的二次污染问题。

⑦ 水泥窑协同处置技术 **水泥窑协同处置技术**是指利用水泥回转窑内的高温、气体长时间停留、热容量大、热稳定性好、碱性环境、无废渣排放等特点，在生产水泥熟料的同时，将污染土壤焚烧处理，从而达到土壤修复的目的。

水泥窑协同处置主要由土壤预处理系统、上料系统、水泥回转窑及配套系统、监测系统组成。将挖掘后的污染土壤进行预处理，处理后的土壤通过上料设备从窑尾烟气室进入水泥回转窑，窑内气相温度最高可达 1800℃，物料温度约为 1450℃，在水泥窑的高温条件下，污染土壤中的有机污染物转化为无机化合物，高温气流与高细度、高浓度、高吸附性、高均匀性分布的碱性物料（CaO、$CaCO_3$ 等）充分接触，有效地抑制酸性物质的排放，使得硫和氯等转化成无机盐类固定下来，重金属污染土壤从生料配料系统进入水泥窑，使重金属固定在水泥熟料中。为了掌握污染土壤的处理效果及对水泥品质的影响，还需定期对水泥回转窑排放的尾气和水泥熟料中特征污染物进行监测，并根据监测结果采取应对措施。

水泥窑协同处置技术**适用于有机物及重金属污染土壤**，处理效果好，难降解的有机污染物在水泥窑内的去除效率可达到 99.99% 以上，但此技术不宜用于汞、砷、铅等重金属污染较重的土壤。此外，由于水泥生产对进料中氯、硫等元素的含量有限值要求，在使用该技术时需慎重确定污染土壤的添加量。

（2）生物修复技术

土壤生物修复技术是指利用生物吸收、降解、转化土壤中的污染物，使污染物的浓度降低到可接受的水平，或将有毒有害的污染物转化为无毒无害的物质。相比于物理化学修复技术，生物修复技术应用成本较低，对土壤肥力和代谢活性负面影响小，可以避免因污染物转移而对人类健康和环境产生影响。

土壤生物修复技术主要分为：微生物修复技术、植物修复技术、动物修复技术三大类。

① 微生物修复技术　土壤中存在着丰富的微生物，这些微生物具有多种多样的代谢功能，驱动着土壤环境中的物质循环。土壤微生物修复技术是一种利用天然存在的微生物或人工培养的具有特定功能的微生物，在适宜环境条件下，通过自身的代谢作用，降低土壤中有害污染物活性或降解成无害物质的修复技术。利用微生物修复技术既可**治理农药、除草剂、石油、多环芳烃等有机物污染的环境**，又可**治理重金属等无机物污染的环境**。

a. **有机物污染土壤微生物修复**　微生物利用有机物为碳源，满足自身生长需要，并同时将有机污染物转化为低毒或者无毒的小分子化合物，达到净化土壤的目的。常见的降解有机污染物的微生物有细菌，如假单胞菌、芽孢杆菌、黄杆菌、产碱菌等；真菌，如曲霉菌、青霉菌、根霉菌、毛霉菌等；放线菌，如诺卡菌、链霉菌等，其中以假单胞菌属最为活跃，对多种有机污染物，如农药及芳烃化合物等具有分解作用。有些情况下，受污染环境中溶解氧或其他电子受体不足的限制，土壤微生物自然净化速度缓慢，需要采用各种方法来强化，如提供 O_2 或其他电子受体，添加氮、磷营养盐，接种经驯化培养的高效微生物等，以便能够提高生物修复的效率和速率。

b. **无机物污染土壤微生物修复**　重金属污染土壤的微生物修复原理主要包括生物富集、氧化还原、沉淀和矿化等作用方式。微生物对重金属具有很强的亲和吸附性能，有毒重金属离子被微生物吸收后贮存在细胞的不同部位或结合到胞外基质上，将这些离子沉淀或螯合在生物多聚物上，或者通过金属结合蛋白等重金属特异性结合大分子的作用，富集重金属离子，从而达到消除土壤中重金属的目的。某些微生物在新陈代谢过程中会分泌氧化还原酶，催化重金属进行价态变化，发生氧化还原反应，使土壤中某些毒性强的氧化态金属离子还原为无毒或低毒的离子，进而降低重金属污染的危害。

② 植物修复技术　土壤植物修复技术是利用**绿色植物及其共生微生物提取、转移、吸收、分解、转化或固定土壤中的有机或无机污染物**，把污染物从土壤中去除，从而达到土壤净化的目的。土壤植物修复技术是一种具有发展潜力的绿色技术，如今已经被广泛应用于重金属污染土壤治理过程中。

在实际应用过程中，植物修复机制主要有**植物富集、植物降解、植物挥发、植物固定**等。植物富集是利用富集污染物能力较高的植物从土壤中直接吸取污染物，通过根部进行吸收，再从根部进行转移，转移到植物的地上可收割部分，将收割部分进行处理，例如水生植物凤眼莲对土壤中的汞、铅、镉、铜、砷都有着良好的富集效果；植物降解是指植物本身通过体内的新陈代谢作用或借助于自身分泌的物质，将所吸收的污染物在体内分解为简单的小分子，或转化为低毒或无毒物质的过程，例如茄科植物能从土壤中迅速吸收三硝基甲苯，并将其降解为脱氨基化合物；植物挥发是指植物在生长生存过程中，通过自身的转化作用，将土壤中所积累的污染物转化成为可挥发的形态，最后从植物的地上部分将其进行挥发，例如白杨树可以把所吸收的 90% 三氯乙烯蒸发到大气中；植物固定是指利用植物活动降低污染物在土壤中的移动性或生物有效性，进而实现降低污染物的危害性的目的。

植物修复技术处理成本大大低于传统物理化学方法，不需要挖掘土壤，且具有较高的美化环境价值。但此方法修复速度慢，且对重金属具有一定的选择性，即一种植物往往只对一种或两种重金属具有富集能力，因此限制了植物修复技术在多种重金属污染土壤治理方面的应用前景。

土壤植物修复技术

植物种类不同，对污染物的吸收能力也各不相同，即使同一种类植物不同部位对污染物的吸收也有区别，要想使植物对污染土壤修复成功，首先必须选择具有高效吸收污染物能力的植物。十字花科植物对聚集特定的金属效果很好，如十字花科的印度芥菜能够超量吸收土壤中的重金属并将其转运到地上部，印度芥菜对于镉的去除率是其他植物的三倍之多，而且对于锌、汞和铜的去除效果也很好。

③ 动物修复技术　动物修复技术主要是指利用土壤中所生存的动物群，自然条件下，让特定动物进入土壤，通过其在土壤中的活动分解污染物，使污染物破碎、分解，从而使污染物降低或消除的一种生物修复技术。

动物修复技术主要应用于重金属污染土壤的修复，一般会选择**蚯蚓、蜘蛛、地鳖、蛴螬**等土壤动物，这些动物不仅自己能够直接富集土壤中的污染物，还可以在一定程度上提高土壤肥力。

土壤动物、植物、微生物三者结合进行污染土壤的修复，能够提高修复能力，重建起稳定的土壤生态系统，图 7-7 为植物 - 微生物联合土壤修复技术。

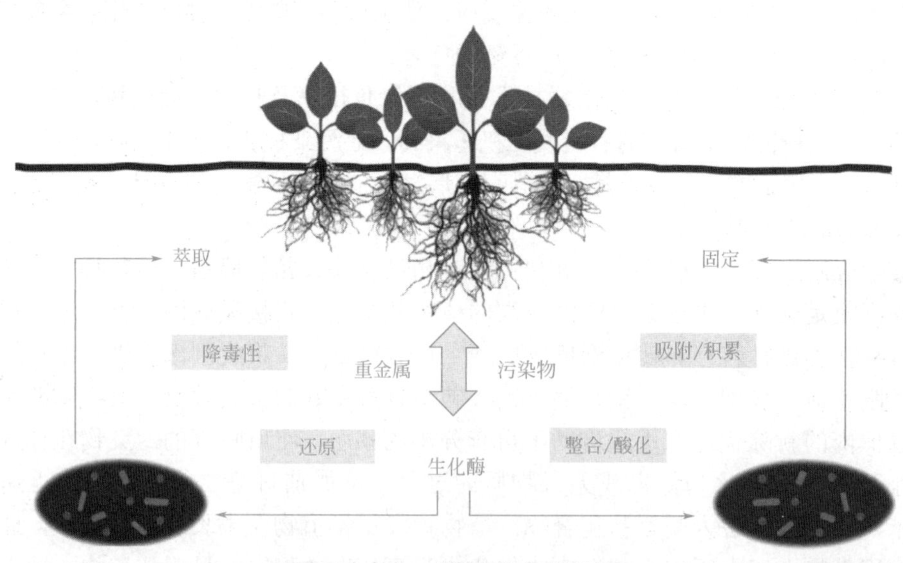

图 7-7　植物 - 微生物联合土壤修复

虽然土壤修复技术很多，但没有一种修复技术适用于所有污染土壤，采用单纯的物理、化学、生物技术修复污染严重的土壤具有一定的局限性，为了克服各自弱点、发挥各自优势，联合修复技术已成为发展趋势，**协同两种或两种以上修复方法**，可以实现对多种污染物的同时处理和对复合污染土壤的修复，同时提高污染土壤的修复速率与效率。

课后习题

一、判断题

1. 土壤污染具有直观性，可以很容易看出来。(　　)

2. 土壤胶体吸附的盐基离子和氢离子能分别对酸和碱起缓冲作用。(　　)

3. 重金属的形态影响其在土壤中的迁移转化和生物有效性。(　　)

4. 气相抽提技术是利用物理方法去除土壤中不易挥发的有机污染物的一种修复技术。(　　)

5. 原位修复是指在污染场地原址开展的修复，而异位修复是指将污染土壤移出，在其他地方开展的修复。(　　)

6. 所有的污染物都适合于生物修复。(　　)

7. 土壤异位淋洗技术需要在原地搭建修复设施。(　　)

8. 水泥窑协同处置技术不适用于汞、砷、铅等重金属污染较重的土壤。(　　)

9. 植物种类不同，对土壤污染物的吸收能力也各不相同，即使同一种类植物不同部位对污染物的吸收也有区别。(　　)

10. 动物修复技术所使用的土壤动物不仅自己能够直接富集土壤中的污染物，还可以在一定程度上提高土壤肥力。(　　)

二、单选题

1. 2018年8月31日，十三届全国人大常委会第五次会议通过《中华人民共和国土壤污染防治法》，于(　　)实施。

A. 2018年8月31日　　B. 2019年1月1日

C. 2019年8月31日　　D. 2020年1月1日

2. 土壤环境容量是指既保证农产品产量和生物学质量，同时也不使环境污染时，土壤所能允许承纳的污染物的(　　)。

A. 最大负荷量　　B. 最小负荷量　　C. 相对负荷量　　D. 以上都不是

3. 下列选项不属于土壤污染预防措施的是(　　)。

A. 科学利用污水灌溉　　B. 禁止使用化肥

C. 推广生物防治技术　　D. 合理使用农药

4. 化学氧化技术是指通过向污染土壤中注入(　　)，使污染物转化为无毒或低毒的物质的技术。

A. 氧化剂　　B. 还原剂　　C. 沉淀剂　　D. 以上都不是

5. 微生物修复技术是一种利用天然存在的微生物或人工培养的具有特定功能的(　　)，在适宜环境条件下，通过自身的代谢作用降低土壤中有害污染物活性或降解成无害物质的修复技术。

A. 微生物　　B. 细菌　　C. 病毒　　D. 放线菌

三、多选题

1. 土壤污染的特点为(　　)。

A. 隐蔽性　　B. 可逆性　　C. 累积性　　D. 滞后性

2. 研究土壤环境背景值的意义是(　　)。

A. 判断土壤是否被污染

B. 确定土壤的环境容量

C. 了解局部地区土壤污染的情况

D. 选择合适的土壤修复方式

3. 土壤自净的作用方式有（　　）。

A. 物理净化　　B. 化学净化　　C. 物理化学净化　　D. 生物净化

4. 植物修复的原理包括（　　）。

A. 植物富集　　B. 植物降解　　C. 植物挥发　　D. 植物固定

5. 下列选项属于土壤的化学修复技术的是（　　）。

A. 土壤淋洗技术　　B. 植物修复技术　　C. 微生物修复技术　　D. 化学氧化技术

四、简单题

简述动植物联合修复技术在重金属污染土壤修复中的应用。

第8章 物理性污染及其防治

学习目标

知识目标

了解噪声控制相关标准规范；熟悉几种典型物理性污染的相关基本概念，明确其成因、危害；掌握几种典型物理性污染的防治措施。

能力目标

能够合理选择噪声检测设备和检测、评价方法；能针对不同物理性污染选取相应控制技术。

素质目标

增强维护环境的意识，不制造环境噪声；培养学生按照标准、规范工作的职业素养。

8.1 噪声污染及其控制

8.1.1 环境噪声的特征与噪声源分类

（1）环境噪声的特征

凡是人们在日常生活、工作和休息中遇到的不需要的，使人厌烦的声音统称为噪声。我国现行的《中华人民共和国环境噪声污染防治法》规定中所称**环境噪声**，**是指在工业生产、建设施工、交通运输和社会生活中所产生的干扰周围生活环境的声音**。环境噪声污染是指所产生的环境噪声**超过了**国家规定的环境噪声**排放标准**，并**干扰他人正常生活、工作和学习的现象**。噪声污染与水体污染、大气污染相比有以下特点：

① 主观性 噪声不仅取决于声音的物理性质，而且与人的生活、精神状态有关，是一种感觉性污染。如一个音乐爱好者在家中尽情欣赏摇滚乐，常常陶醉于其中；而对于一个十分疲倦的邻居，这种音乐就成了噪声。

② 能量性 噪声是物体振动辐射的声能。若声源停止振动，声能失去补充，噪声污染随之消失。不像水、气、土壤等其他污染，即使污染源停止排污，某些污染物还可以长期残留。如 DDT 等有机氯农药，已禁用几十年，但在许多国家的土壤、水体和动植物体内仍能

检测到。

③ **分散性** 环境噪声源往往不是单一的，比较分散，不能集中治理，因此环境噪声具有分散性的特点。

（2）噪声源分类

噪声源按照其发声机制可以分为**机械噪声源**、**空气动力性噪声源**、**电磁噪声源**。

① 机械噪声源 由于机械设备运转时，其部件间或与壳体间的摩擦力、撞击力、非平衡力等使机械产生振动而辐射噪声的声源，称为机械噪声源。机械噪声可以分为撞击噪声、激发噪声、摩擦噪声、结构噪声、齿轮噪声、轴承噪声。球磨机、破碎机、电锯等都会发出机械噪声。

② 空气动力性噪声源 由于气体流动过程中的相互作用，或气流和固体介质之间的相互作用而产生噪声的声源称为空气动力性噪声。鼓风机、燃气轮机、锅炉排气放空都会发出此类噪声。按照发声机制空气动力性噪声可以分为喷射噪声、涡流噪声、旋转噪声、燃烧噪声。

③ 电磁噪声源 电磁场交替变化而引起机械部件或空间容积振动产生噪声的声源称为电磁噪声源。电动机、发电机、变压器都会产生这类噪声。电磁噪声强度通常较低，不会构成显著的干扰和危害。但在高电压等级大容量的交流变电站、直流换流站，电磁噪声强度远大于前两种噪声，成为主要的噪声源。

声源按其几何形状特点还可以分为**点声源**、**线声源**和**面声源**。

8.1.2 噪声的评价和检测

（1）噪声的评价

8-1分贝

噪声控制中，常用声压级来衡量声音的强弱。**声压级的单位是分贝（dB）**。0dB 大约是人耳刚能听到其敏感频率的声音，人耳的痛阈为 120dB，表 8-1 列出了日常噪声源的声级以及身处其境时人的感受。除声压级外，声功率级、声强级也用来描述声源辐射声波本领的大小。扫码可阅读资料：8-1 分贝。

噪声的频率、涨落、出现时间的不同，都会给人们造成不同的影响。比如，人耳对频率为 3 ～ 4kHz 的高频声特别敏感，对低频声和高于 8kHz 以上的特高频声都不敏感；涨落大的噪声比稳态噪声更易使人烦恼；夜晚的声音比白天的噪声对人影响更大。噪声变化特性的差异及人们对噪声主观反应的复杂性使得对噪声的评价较为复杂，提出的评价量迄今已有几十种。目前普遍应用的是评价噪声响度和烦恼效应的 A 声级和以 A 声级为基础的等效声级、感觉噪声级；评价语言干扰的语言干扰级；评价建筑物室内噪声的噪声评价曲线以及综合评价噪声引起的听力损失、语言干扰和烦恼效应的噪声评价数等。

表 8-1 日常噪声源的声级以及人的感受

声级 /dB	噪声源	人的感受
0 ～ 20	夜深人静时，手表嘀嗒声	消声状态，环境相当安静
20 ～ 40	人们的轻声耳语、图书馆里书页轻轻翻动的声音	环境舒适清幽，适宜人们充分的睡眠和休息
40 ～ 70	办公室的工作环境在 50dB 左右，人们一般的交谈在 60dB 左右	适合正常的学习和工作，正常的睡眠受到影响

续表

声级 /dB	噪声源	人的感受
70～90	繁华的街道上、公共汽车内、建筑工地上	人们的谈话、学习和工作会受到干扰
＞90	如机场附近、火车通过、电锯的开动	人的听力会明显下降甚至耳聋，并且出现眼痛、头疼、心慌、失眠、血压升高等症状，引发神经、消化和心血管系统的疾病
＞150	火箭、导弹发射	突然暴露在150dB的环境中，人的鼓膜会破裂出血，双耳完全失去听力，最严重时会致人死亡

① A 声级 为了使声音的客观物理量与人耳主观感受近似取得一致，在测量仪器中，对不同频率的声压级按照人耳响应，人为地适当增减，这种修正方法称为**频率计权**，实现这种频率计权的网络称为计权网络。目前用到的有 A、B、C、D 四种计权网络。经过 A 网络测量出的分贝数称为 **A 计权声级**，简称 **A 声级**。A 声级的测量结果与人耳对声音的响度感觉相近似，它同人耳的损伤程度也能够很好地对应，因此 A 声级是目前评价噪声的主要指标，被广泛采用。

② 等效声级 对于随时间变化不大的噪声，通常采用 A 声级来评价即可，但实际生活中的噪声多是起伏变化、不连续的。例如交通噪声，随着不同车辆的通过，噪声不断发生变化。此类不稳定的噪声就需要用等效声级来评价。即用一个在相同时间内声能与之相等的连续稳定的 A 声级表示该时段内不稳定噪声的声级，又称**等效连续 A 声级**，简称**等效声级**，用 Leq 或 Leq（A）表示。

③ 评价标准 为了控制环境噪声，保护和改善人们的生活环境，保障人体健康，促进经济和社会发展，我国于 1996 年 10 月通过了《中华人民共和国环境噪声污染防治法》。国家权力机关根据实际需要颁布了各种噪声标准以及有关的管理条例。噪声标准分为**产品噪声标准**、**噪声排放标准**和**环境质量标准**三大类。

a. 产品噪声标准 如《汽车定置噪声限值》（GB 16170—1996）、《摩托车和轻便摩托车定置噪声限值及测量方法》（GB 4569—2005）等。

b. 噪声排放标准 如《工业企业厂界环境噪声排放标准》（GB 12348—2008）、《建筑施工场界环境噪声排放标准》（GB 12523—2011）、《社会生活环境噪声排放标准》（GB 22337—2008）等。

c. 环境质量标准 如《声环境质量标准》（GB 3096—2008）、《工业企业设计卫生标准》中《工作场所有害因素职业接触限值 第 2 部分：物理因素》（GBZ 2.2）中的相关规定等。

（2）噪声的检测

噪声的检测是对环境噪声进行**监测**、**评价**和**控制**的重要手段。

① 检测仪器 噪声检测仪器有声级计、频谱分析仪、磁带记录仪、实时分析仪等。其中**声级计**是最常用的基本声学仪器，它是一种按照一定的频率计权和时间计权测量声压级的仪器。按照用途不同，声级计可以分为两类，一类用于测量稳态噪声（如精密声级计和一般声级计），一类用于测量非稳态噪声、脉冲噪声（如积分声级计和脉冲声级计）；按照体积大小可以分为台式声级计、便携声级计和袖珍声级计；按照精度可以分为两类，具体精度要求见表 8-2。

表 8-2 声级计的分类及允差

频率	精密级声级计 1 级	普通级声级计 2 级
1/3 倍频程中心频率	测量允差 /dB	
20Hz	±2.5	±3.5
25Hz	±2.5；−2.0	±3.5
31.5Hz	±2.0	±3.5
40 ～ 80Hz	±1.5	±2.5
100 ～ 200Hz	±1.5	±2.0
250 ～ 800Hz	±1.4	±1.9
1000Hz	±1.1	±1.4
1250Hz	±1.4	±1.9
1600 ～ 2000Hz	±1.6	±2.6
2500 ～ 3150Hz	±1.6	±3.1
4000Hz	±1.6	±3.6
5000Hz	±2.1	±4.1
6300Hz	+2.1；−2.6	±5.1
8000Hz	+2.1；−3.1	±5.6
10000Hz	+2.6；−3.6	+5.6；−∞
12500Hz	+3.0；−6.0	+6.0；−∞
16000Hz	+3.5；−17.0	+6.0；−∞

目前使用的声级计多是数字式智能声级计，一般由传声器、前置放大器、高通滤波器、驱动放大器、数模转换器（ADC）、微型处理器（CPU，数字信号处理）、数显屏等组成，结构示意图见图 8-1。

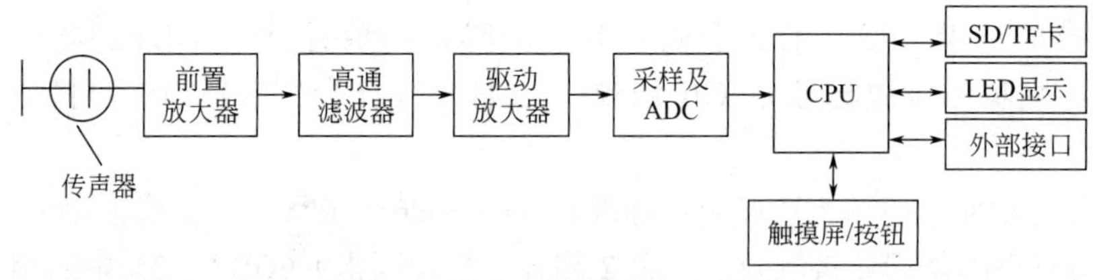

图 8-1 数字式声级计结构示意图

声级计的时间计权一般有“慢挡”（S 挡）和“快挡”（F 挡）两种响应速度。不短于 1000ms 的声音信号可以使用慢挡；不短于 125ms 的声音信号，可以使用快挡；短于 125ms 的脉冲噪声，需要设置“脉冲”挡或“峰值保持”挡。

② 检测方法 由于环境噪声的空间分布和随时间变化的复杂性，对于不同的噪声要根据具体检测目的而选用不同的检测方法。

对城市区域环境噪声进行检测可以参照《声环境质量标准》（GB 3096—2008）中的相应规定进行，对于噪声普查采用网格测量方法，对于常规监测常采用定点测量方法。

对道路交通噪声进行检测可参照《声学 环境噪声的描述、测量与评价 第 2 部分：声压级测定》（GB/T 3222.2）有关规定进行。

对铁路边界噪声测量可依据《铁路边界噪声限值及其测量方法》（GB 12525—1990）及其修改方案进行。

对于机场周围飞机噪声测量可依据《机场周围飞机噪声测量方法》（GB 9661—1988）进行。

对于工业企业厂界噪声测量可依据《工业企业厂界环境噪声排放标准》（GB 12348—2008）中的相关规定进行。

8.1.3 环境噪声的危害

科学研究表明，适合人类生存的最佳声环境为 15 ～ 45dB，而城市中 60 ～ 85 dB 的中等噪声最为广泛。中等噪声能使人注意力不集中、烦躁不安、工作效率降低，引起失眠等症状。

长期处在噪声污染的环境中会引发噪声病，主要症状为头晕、头痛、失眠或嗜睡、记忆力减退、易疲劳、爱激动等，但脱离这种噪声环境后，症状就能慢慢消失。许多证据表明，有些心脏病和高血压与噪声有关。

长期在噪声环境下工作和生活，将造成人们的听力损伤。一般噪声达到 85 dB 时就会对耳朵造成伤害。配有耳塞的收音机或随身听，噪声就会“蚕食”听力。

8-2 噪声给养鸡场带来的影响

噪声污染是优生优育的障碍。调查表明，高强度噪声区母亲孕育的婴儿体重平均值比低噪声区的偏低。在噪声污染的环境中生长的儿童比安静处生长的儿童平均智力低 20%。

除此，噪声对动物、植物、物质结构均有影响，噪声会引起社会矛盾激化，影响社会安定，造成经济损失等。扫码可阅读资料：8-2 噪声给养鸡场带来的影响。

8.1.4 噪声的控制

（1）吸声

由于室内声源发出的声波将被墙面、顶棚、地面及其他物体表面多次反射，使得室内声源的噪声级比同样声源在露天的噪声级高。如果用吸声材料装饰房间的内表面，或在室内悬挂空间吸声体，房间结构的反射声就会被吸掉，房间内的噪声级就会降低，这种控制噪声的方法就叫**吸声**。

吸声材料用的是一些多孔、透气的材料，如玻璃棉、矿渣棉、卡普隆纤维、石棉、工业毛毡、加气混凝土、木屑、木丝板、甘蔗板等。此外，聚酯型和尿醛型泡沫塑料也具有吸声性能。多孔吸声材料的结构特征是在材料中具有许多贯通的微小间隙，因而具有一定的通气性。

吸声材料因为质地疏松，使用时需用对吸声材料吸声程度影响不大的金属网、塑料窗纱、玻璃布、纱布以及穿孔板或穿缝板等护面层进行护面处理。

有时为了充分发挥吸声材料的吸声效果，将吸声材料做成各种几何体（如平板状、球体、圆锥体、圆柱体、棱形体、正方体等），把它们悬挂在顶棚上，称它们为**空间吸声体**。图 8-2 是空间吸声体常用的几种形状，在这些形状中又以平板矩形最为常用。

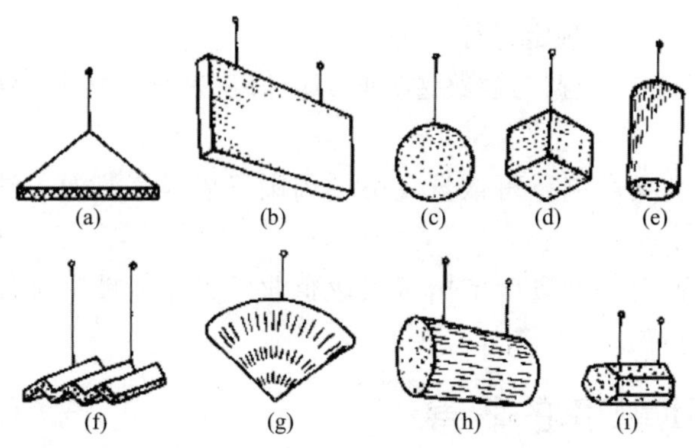

图 8-2　空间吸声体常用的几种形状

根据对多孔吸声材料吸声特性的研究，多孔材料对中、高频声吸收较好，而对低频声吸收性能较差，若采用共振吸声结构则可以改善低频吸声性能。最常见的共振吸声结构是**穿孔板共振吸声结构**。在金属板、薄木板上穿一些孔，并在其后面设置空腔（8 ～ 10cm 厚），这就是最简单的吸声结构。

吸声结构多用在室内墙壁、天花板是光滑坚硬材料，室内混响声较强的场合。一般可以降低噪声 5 ～ 10dB。

（2）消声

消声是消除空气动力性噪声的方法。如果把消声器安装在空气动力设备的气流通道上，就可以降低这种设备的噪声。消声器就是阻止或减弱噪声传播而允许气流通过的一种装置。

消声器结构形式很多，按消声原理可分为**阻性消声器**、**抗性消声器**和**阻抗复合消声器**，以及我国近年研制成功的微穿孔板消声器。

阻性消声器是利用吸声材料消声的。把吸声材料固定在气流流动的管道内壁，或者把它按一定方式在管道内排列组合，排列成哪种形式，就构成哪种形式阻性消声器，如直管式、片型、折板型、声流式、蜂窝型、弯头型以及迷宫型等多种阻性消声器。

阻性消声器适用于中、高频噪声的衰减治理，对低频噪声消声效果较差。

抗性消声器不使用吸声材料，而是利用管道截面尺寸的变化，把部分声波向声源反射回去，经多次反射，沿通道继续向前传播的声波只剩一小部分，从而达到消声的目的。抗性消声器种类很多，较常用的有扩张室式、共振式和干涉式抗性消声器。抗性消声器适用于消除低、中频噪声。

阻抗复合消声器是阻性和抗性消声器串联而成，能在较宽的频率范围内消除空气动力性噪声，通常抗性部分放在前端，即气流的入口处；阻性部分放在后端，即气流的出口处。其消声效果大致为抗、阻消声量之和。

微穿孔板消声器是使用钻有许多微孔的薄金属板代替吸声材料，能在较宽的频率范围内消除气流噪声，同时又克服了阻抗复合消声器不耐高温、怕水蒸气的缺点。可适用于排气放空及内燃机等排气系统的消声。

（3）隔声

隔声是利用围护结构（如墙板、门窗、隔罩等），把声音限制在某一范围内，或者使噪声在传播途径中受到阻挡，不能顺利通过，从而得到降低的过程。图 8-3 显示铁路边上的隔声墙。

砖墙、钢板、钢筋混凝土、木板等材料是较好的隔绝空气声的材料（隔声材料）。

采用有空气夹层的双层板结构或一层重墙和一层轻墙构成双层墙，并在两层间的空气层中填充多孔吸声材料，隔声效果会更好。

安装隔声门、窗能起到很好的隔声效果，对于噪声很大的柴油机、汽车发动机、电动机、空压机等，采取加设**隔声罩**的办法来减少噪声干扰。

图 8-3 铁路边上的隔声墙

（4）隔振与阻尼

隔振是在机器和其基础之间安装减振器或隔振垫，以弹性支撑代替刚性连接，从而降低从机器传到地基的振动力。

减振器主要分为三类：**橡胶减振器**，**弹簧减振器**和**空气减振器**。这三种可以组合使用。

隔振垫有软木、毛毡、橡胶垫和玻璃纤维板等，可以按需要裁成不同大小，也可以重叠起来使用。

8-3 街头噪声变美音

抑制金属薄板振动可以采用涂抹阻尼材料的方法。阻尼材料有石棉漆、硅石阻尼浆、石棉沥青膏、软橡胶以及一些高分子涂料等。一般涂层厚度为金属板厚的1～3倍，而且应当紧密地黏附在金属板上。扫码可阅读资料：8-3 街头噪声变美音。

绿色屏障

在城市，除了大力种植树、花、草外，还可大力发展垂直绿化，种植一些攀缘植物，如爬山虎、牵牛花、紫藤、地锦、葡萄等，它们基本上不占地，适合在房基下、围墙边或凉台等处种植。这些植物生长快，繁殖容易，大多数攀缘植物抗污染能力较强，适应城市环境。这种形式的绿化对减噪非常有效，尤其对高层建筑防治噪声具有一定的作用。如果房屋墙壁被攀缘植物覆盖，那么与抹灰泥的砖墙相比其吸声能力增加 4 ～ 5 倍，这样进入室内的噪声就由于垂直绿化而大大降低。

8.2 放射性污染与防治

8.2.1 放射性及其度量单位

（1）放射性

地球上的物质尽管形态各异、特征不同，但都由各种元素组成。组成元素的单位是原子，包括带正电荷的原子核及绕核运动的带负电荷的电子。原子核由带正电荷的质子及不带电荷的中子组成。有些原子核不稳定，能自发地改变核结构转变为另一种原子核，并伴随转变过程放出由粒子或光子组成的射线，并辐射出能量，或是成为原来物质的较低能态，这种现象称为核衰变，也称为**放射现象**。不稳定的原子核称为放射性核素，相应的同位素叫作放射性同位素。凡具有自发地放出射线特征的物质，即称之为放射性物质，如铀、钍、镭。

原子衰变主要有α衰变、β衰变、γ衰变，分别产生α射线、β射线、γ射线。

α射线由α粒子（带两个正电荷、分子量为4的氦离子）组成。室温时，在空气中行程不超过10cm，用一张普通的纸就能够挡住。但在它们射程以内，α粒子电离作用极强。

8-4 放射性现象是如何被发现的

β射线由β粒子组成（带负电，实际上是电子）。通常其在空气中的行程可达上百米，穿透能力随运动速度而变化，用几毫米的铝片即可挡住β射线。因β粒子质量轻，电离能比α射线弱得多。

γ射线实际就是光子，速度与光速相同，穿透能力强，需要几厘米厚的铅或1m厚的混凝土作为屏蔽层。扫码可阅读资料：8-4 放射性现象是如何被发现的。

（2）放射性的度量

放射性核素的测量内容通常有**放射源强度**、**吸收剂量**、**照射量**等。

① 放射源强度　放射源强度 A 又称放射性活度，简称活度，是单位时间内发生核衰变的数目：

$$A=-\frac{\mathrm{d}N}{\mathrm{d}t}$$

式中，$\mathrm{d}N$ 为一定量的某种放射性核素在 $\mathrm{d}t$ 时间内发生核衰变的数目。

A 的国际单位制单位为 s^{-1}，专用名称为贝可（Bq），1Bq表示每秒钟发生一次核转变。

单位体积的气态、液态物质中所含某种放射性核素的活度称为放射性浓度，单位为 $\mathrm{Bq/m^3}$ 或Bq/L；单位质量的生物物质或固体物质中所含某种核素的活度称为放射性比活度Bq/g。

② 吸收剂量　吸收剂量 D 即电离辐射赋予某一体积元中单位质量物质的平均能量：

$$D=\frac{\mathrm{d}\bar{\varepsilon}}{\mathrm{d}m}$$

式中，$\mathrm{d}\bar{\varepsilon}$ 为电离辐射授予质量为 $\mathrm{d}m$ 的物质的平均能量。

D 的国际单位制单位为J/kg，专用名称为戈瑞（Gy）。

吸收剂量 D 对时间的导数为吸收剂量率（$\overline{D}$）：

$$\overline{D}=\frac{\mathrm{d}D}{\mathrm{d}t}$$

式中，$\mathrm{d}D$ 为 $\mathrm{d}t$ 时间间隔内吸收剂量的增量，单位为Gy/s。

③ 照射量　照射量（X）是γ光子在质量为 $\mathrm{d}m$ 的某体积元的空气中释放出的全部电子被完全阻止于空气中形成的离子总电荷的绝对值：

$$X=\frac{\mathrm{d}Q}{\mathrm{d}m}$$

式中，$\mathrm{d}Q$ 为射线在空气中完全被阻止时所引起质量为 $\mathrm{d}m$ 的某一体积元的空气电离所产生的带电粒子（正的或负的）的总电量值。

X 的国际单位制单位是q/kg，曾用单位为伦琴（R）。1R是指γ或X射线照射 $1\mathrm{cm}^3$ 标准状况下（0℃和101.325kPa）的空气，能引起空气电离而产生1静电单位正电荷和1静电单位负电荷的带电粒子。本单位仅适用于γ或X射线透过空气介质的情况。

④ 剂量当量　射线的类型及照射的条件会影响相同能量射线对生物组织的作用效果，

为了便于统一衡量人体所受各种电离辐射计量，而设置了剂量当量这个参数。组织内某一点的剂量当量 H 是该点的吸收剂量 D 乘以品质系数 Q 和其他修正系数 N，即：

$$H=DQN$$

H 的国际单位制单位是希 [沃特]（Sv），曾用单位是雷姆（rem）。

新旧常用放射性单位对照表见表 8-3。

表 8-3　新旧常用放射性单位对照表

量的单位及符号	SI 单位名称及符号	表示式	曾用单位	换算关系
活度 A	Bq（贝可）	s^{-1}	Ci（居里）	1 Ci=3.7×10^{10} Bq
照射量 X	—	C/kg	R（伦琴）	1 R=2.58×10^{-4} C/kg
吸收剂量 D	Gy（戈瑞）	J/kg	rad（拉德）	1 rad=0.01 Gy
剂量当量 H	Sv（希沃特）	J/kg	rem（雷姆）	1 rem=0.01 Sy

8.2.2　放射性污染源

环境中放射性的来源可分为**天然源**和**人为源**。

（1）天然辐射源

人类受到的天然辐射有两种来源：一种是来自地球外的辐射源，即**宇宙射线**；一种是来自地球的辐射，即地球本身所含各种**天然放射性元素**。这种辐射通常称为天然本底辐射，在世界范围内，天然本底辐射每年对个人的平均辐射剂量当量约为 2.4 mSv（毫希）。本底辐射的剂量较小，而且 80% 是外照射，一般对人体没有伤害。

① 宇宙射线　宇宙射线是来自宇宙空间的高能粒子流。包括从星际空间发射到地球大气层上部原始的**初级宇宙射线**（约 83% ～ 89% 为质子，10% 左右是 α 粒子，还有较少量重粒子、高能粒子、光子和中微子）和初级宇宙射线与地球大气中元素的原子核相互作用和后续可能发生的级联过程产生的**次级宇宙射线**（介子、中子、质子以及 ^{8}H、^{7}Be、^{22}Na 等宇宙核素）。宇宙射线与空气中元素的原子核作用产生的放射性同位素种类较多，见**表 8-4**。宇宙射线被大气强烈吸收，强度随高度增加而增加。宇宙射线也受地磁纬度的影响，高纬度地区剂量高于低纬度地区。宇宙射线也受气团移动、气压变化等影响。据联合国原子辐射效应委员会（UNSCEAR）计算，地平面由宇宙射线产生的年有效剂量当量约为 280μSv，对人体无重大影响。

表 8-4　宇宙射线产生的放射性同位素

放射性同位素	半衰期	β粒子最大能量 /MeV	大气低层中浓度 / (pCi/m^3)
^{3}H	12.3 年	0.0186	5×10^{-2}
^{7}Be	353 天	电子俘获	0.5
^{10}Be	2.7×10^{6} 年	0.555	5×10^{-8}
^{14}C	5730 年	0.156	1.3～ 1.6
^{22}Na	2.6 年	0.545（β+）	5×10^{-5}

续表

放射性同位素	半衰期	β粒子最大能量 /MeV	大气低层中浓度 / (pCi/m³)
^{32}Si	700 年	0.210	8×10^{-7}
^{32}P	14.2 天	1.710	1.1×10^{-2}
^{33}P	25 天	0.243	6×10^{-3}
^{35}S	87.2 天	0.167	6×10^{-3}
^{36}Cl	3.03×10^{5} 年	0.714	1.2×10^{-8}
^{81}Kr	2.1×10^{5} 年	电子俘获	—

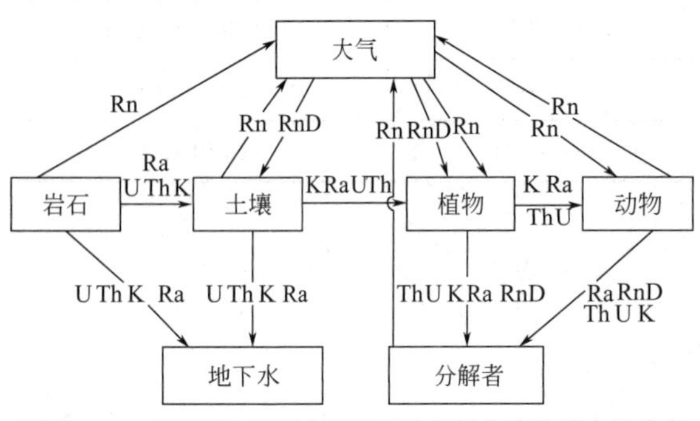

图 8-4　一些重要天然放射性核素在陆地生态系统中的分布和迁移

U—铀同位素；Th—钍同位素；K—40K；Ra—镭同位素；Rn—氡同位素；RnD—氡的子代产物

② 地球辐射　地球形成时就包含了许多天然放射性物质，地球辐射是地球本身包含的各种原生放射性核素而造成的辐射。如土壤中包含的 ^{288}U、^{282}Th、^{40}K；天然泉水中的铀、钍、镭；空气中的氡。由于大气、土壤和水中都含有一定量的放射性核素，人体通过呼吸、饮食也会摄入一定量的放射性核素。^{40}K、天然铀、钍及其子体镭和氡都是人体内照射剂量的来源。一些重要天然放射性核素在陆地生态系统中的分布和迁移见图 8-4。

(2) 人工放射性污染源

人工放射性污染源的主要来源是**核武器爆炸及生产**，使用放射性物质的单位排出的**放射性废弃物等产生的放射性物质**。如图 8-5 所示。

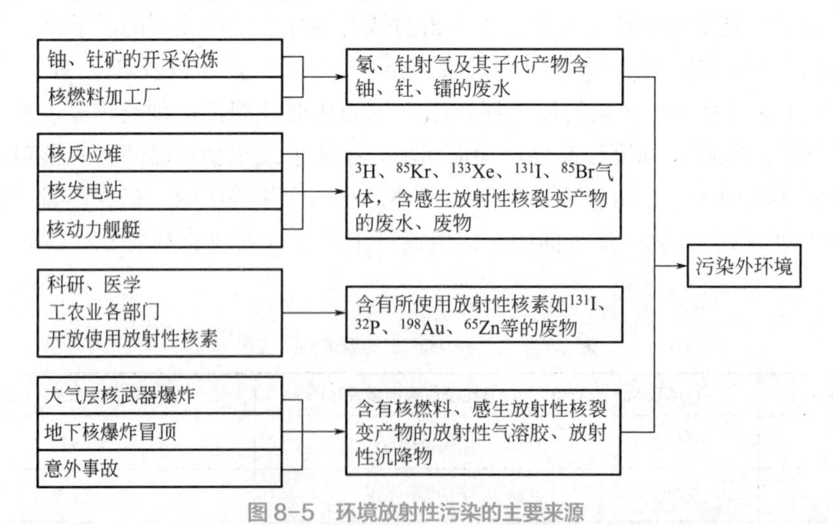

图 8-5　环境放射性污染的主要来源

① **大气层核试验**　核试验装置中的爆炸能量来自重核 ^{235}U 和 ^{239}Pu 的链式裂变反应或氘和氚的热核聚变反应。大气层核爆炸后裂变产物、剩余的裂变物质核结构材料在高温火球中迅速气化，气态物质冷凝成分散度各不相同的气溶胶颗粒，这些颗粒具有很高的放射性

活度。

② **地下核试验** 地下核爆炸由于较好的封闭环境，对参试人员及公众造成的剂量负担很小，但偶尔也有泄漏和气体扩散会使放射性物质从地下泄出，造成局部范围污染。用于开挖作业的浅层地下核爆炸和采矿操作中的较深层地下核爆炸也会导致放射性物质向环境释放。

③ **工业和核动力** 煤炭、石油等传统化石能源已经不能满足社会日益发展的需求，核能成为现有能源的有效补充。世界上已有数百座核电站在运转。核工业生产系统包括：铀矿开采和冶炼；^{235}U 加浓；核燃料制备；核燃料燃烧；乏燃料运输；乏燃料后处理和回收；核废物贮存、处置等。不同的生产环节均会有放射性核素向环境逸散，形成污染源。

核动力舰艇和核潜艇的迅速发展，成为了海洋的一个新污染源。

④ **核事故** 操作使用放射性物质的单位，出现异常情况或意想不到的失控状态称为核事故。事故状态引起放射性物质向环境大量地无节制排放，造成非常严重的污染。目前世界上已发生多起核事故。扫码可阅读资料：8-5 核事故。

8-5 核事故

⑤ **其他辐射污染来源** 其他辐射污染来源可归纳为两类：一是工业、医疗、军队、核潜艇或研究用的放射源，因运输事故、偷窃、误用、遗失，以及废物处理等失去控制而对居民造成大剂量照射或污染环境；二是一般居民消费用品，包括含有天然或人工放射性核素的产品，如放射性发光表盘、夜光表等。

8.2.3 放射性污染的危害

辐射与人体相互作用会导致某些特有生物效应，其性质和程度主要取决于人体组织吸收的辐射能量，演变过程如图 8-6 所示。辐射对人体的危害可分为**急性放射病**和**远期影响**。

（1）急性放射病

急性放射病是由大剂量的急性照射引起的。一次性受到大量的放射线照射可引起死亡，如第二次世界大战期间原子弹袭击使日本广岛、长崎成为一片废墟。短期大剂量外照射可造成骨髓型放射病、肠型放射病和脑型放射病等全身性辐射损伤，也可能造成某一器官或组织的局部损伤，如放射治疗时皮肤出现的红斑、水泡、皮肤溃疡等病变。

（2）远期影响

远期影响主要是慢性放射病和长期小剂量照射对人体健康的影响。

多次照射、长期累积会形成慢性放射病，经一定的潜伏期可出现各种组织肿瘤、白血病、生长发育迟缓、生育力降低等效应。此外放射性辐射还有致畸、致突变作用，使胎儿性别比例发生变化甚至流产、死产等生殖效应。

长期小剂量照射对人体健康的影响特点是潜伏期较长，发生概率很低，既有随机效应，也有确定性效应，只有对大量人群进行流行病学调查，才能得出有意义的结论。

8.2.4 放射性污染的防治

（1）放射性污染物的处理方法

根据放射性只能依赖自身衰变而减弱直至消失的固有特点，对高放及中、低放长寿命的放射性废物采用浓缩、贮存和固化的方法进行处理；对中、低放短寿命废物则采用净化处理

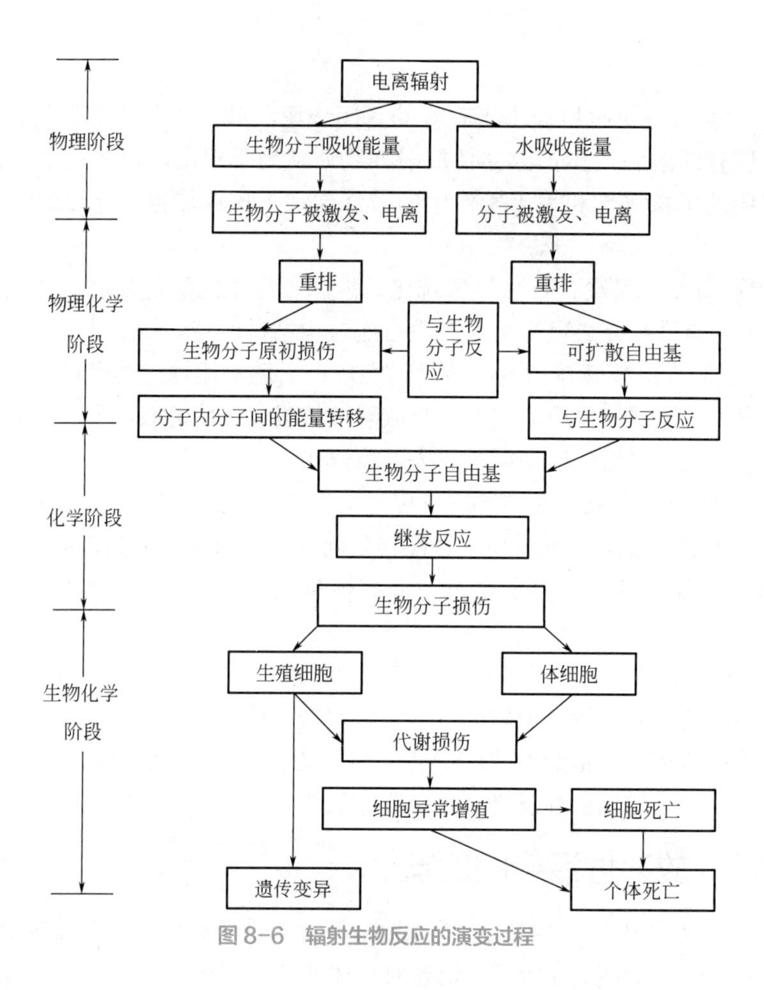

图 8-6　辐射生物反应的演变过程

或滞留一段时间，待减弱到一定水平再稀释排放。

① 放射性废液处理

a. 放置衰变法　水量较少，所含放射性核素属低水平且寿命较短的废液，可贮进备有盖板、无渗漏容器中，经数个半衰期（通常需 10 个）待其比活度降低后，可采用稀释法排出。

b. 稀释排放法　对放射性废水排放的规定：排入本单位下水道的放射性废水浓度，不得超过露天水源中限制浓度的 100 倍，并必须保证在本单位总排出口水中的放射性物质含量低于露天水源中的限制浓度。还规定在设计和控制排放量时，应取 10 倍的安全系数，排出的放射性废水浓度不得超过露天水源限制浓度的 100 倍。由上可见，凡是超过法定限值的放射性废水可经过稀释排放。

c. 化学沉淀法　在废液中投加一定量的凝聚剂，使大部分放射性核素通过共沉淀作用或对不溶性组分的吸着作用自液相中除去。

d. 离子交换法　使废水通过离子交换装置。这时液相中的阳离子态核素（如 ^{95}Sr、^{137}Cs）与离子交换材料上的可交换离子 H^+、Na^+ 等进行交换，而废液中的阴离子态核素（如 ^{131}I 等）可与交换材料上的阴离子 Cl^- 等交换，从而使废液得到净化。

e. 蒸发法　通过蒸发，使液相中的水分以蒸汽形式分离出去。由于雾沫挟带等原因，冷凝液中难免含有一些放射性物质，因此对其排出水必须进行检验，若发现不合格时，应作进一步处理。

对于浓集了中、低放废液中大部分核素的放射性污泥浆或蒸残液，须经固化处理以减轻其扩散影响。常用的固化法有水泥固化法、沥青固化法、塑料固化法和玻璃固化法。

② 放射性废气处理 放射性废气主要由以下各物质组成：a. 挥发性放射性物质（如钌和卤素等）；b. 含氚的氢气和水蒸气；c. 惰性放射性气态物质（如氪、氙等）；d. 表面吸附有放射性物质的气溶胶和微粒。采取的处理方法如下。

a. 过滤法 使气溶胶通过粗滤、预滤、高效过滤等多重过滤装置，可有效地去除气溶胶中的放射性物质。通用的过滤介质有石棉、金属丝网、玻璃纤维、滤纸、棉织物等。

b. 吸附法 吸附法常用的装置是活性炭吸附器。主要用以吸附碘、氚、氙等放射性废气。

c. 放置法 将气态排出物经过近 0.8 MPa 的压缩装置充进密封的衰变罐中，存放 45 ～ 60 天（其比活度已去除 99.9%），然后排出作进一步处理。

③ 放射性固态废物处理 放射性固态废物主要包括含铀废矿渣、被放射性废物污染的各种器物，废液处理过程中产生残渣、滤渣的固化体。

a. 含铀废矿渣、被放射性废物污染的各种器物的处理 目前，对于含铀废矿渣的处理办法仍然是堆存或者回填矿井。

对于被污染的放射性器物一般采用压缩处理，压缩后掺入水泥、沥青或玻璃等介质，形成固化体，待作最终处置。

b. 放射性废物的最终处置 将放射性较小的放射性废物固化后装入合金密封容器，投入事先开掘的深海竖井（2000 ～ 10000m）内，用水泥封死；或选择地质稳定、散热条件好的废盐坑作为“墓穴”，固化好的废物应密封装在不锈钢容器中，埋进深 600m 的墓坑，周围用膨润土和特制的黏土加填封固。

对于高浓度的放射性废物，特别是乏燃料（使用过的核燃料），固化在密封的不锈钢罐内，一般都堆放在核电站的地下储藏室或核废物场，待技术成熟，作最终处置。

（2）辐射防护方法

有两种方式使人体受到辐射照射。其一是人体位于空间辐射场，这时所接受的为外照射，如封闭源的 α、β 射线和医疗透视的 X 光照射等。另一种是摄入放射性物质，对人体或对某些器官或组织造成的内照射，如，铀矿工人吸入氡及其子体；患者接受体检，服用示踪剂放射性 ^{198}Au 或 ^{131}I 等。关于辐射的防护方法，因辐照方式的不同而有区别。

① 有关外照射的防护方法 可以通过减少受照时间，远离辐射源和屏蔽辐射源或受照者等措施，免受放射性伤害。

放射性物质放出的射线包括 α 射线、β 射线、γ 射线、X 射线、质子和中子等粒子射线。

α 射线带正电荷，射程短，穿透力弱，在空气中易被吸收，在织物中的穿透距离不足 100μm，用几张纸或薄的铝膜即可将其屏蔽。但其电离能力强，进入人体后会因内照射造成较大的伤害。

β 射线是带负电的电子流，穿透物质的能力较强，在织物中可穿透几个厘米，1cm 厚的铝板可以挡住 β 射线，还可采用铝、有机玻璃和钢板等。

γ 射线和 X 射线的防护来源不同，但都是不带电荷的短波电磁辐射，穿透能力很强，危害也最大，可用的屏蔽材料有足够厚度的铅、铁、钢、混凝土等。

质子和中子等粒子射线可用的屏蔽材料有水、石蜡、含硼材料和烯基塑料等。

② **有关内照射的防护方法** 放射性物质进入人体的途径有口腔、呼吸器官或皮肤伤口。

内照射防护是切断其进入人体的通道或减少其进入量。例如，对操作场所的空气进行大容量的通风换气；对低放废液采取稀释排放；对含放射性的气体或气溶胶通过高烟囱排向高空等。

烟草烟雾有放射性物质

吸烟和被动吸烟都有害身体健康。烟草燃烧时的烟雾中含有放射性钋 210，它能产生辐射离子，这种离子易杀死人体细胞，并使之成为癌细胞。

8.3 电磁辐射污染与防治

8.3.1 电磁辐射及辐射污染

（1）电磁场与电磁辐射

有了移动的变化磁场，同时就有电场，而变化的电场也在同时产生磁场，两者相互作用，它们相互垂直，并与自己的运动方向垂直。这种电场与磁场的总和，就是**电磁场**。电磁场是一个振荡过程，电磁波本身具有能量，会辐射到空间中去。这种比例化的电场与磁场交替地产生，由近及远、相互垂直，并与自己的运动方向垂直地以一定速度在空间内传播的过程称为**电磁辐射**，也叫电磁波。电磁波产生原理如图 8-7 所示。

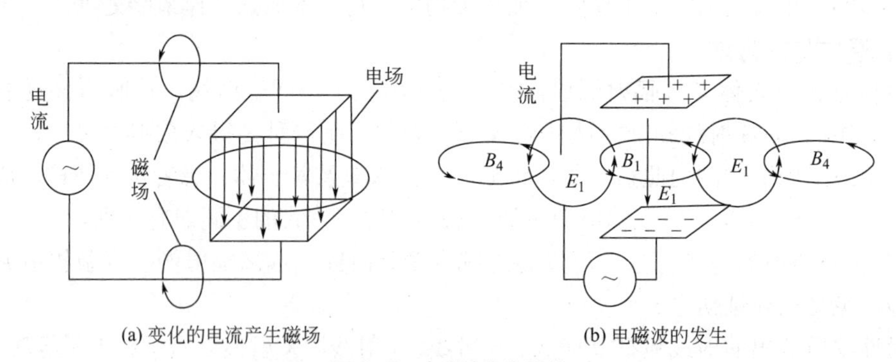

图 8-7 电磁波产生原理

（2）电磁辐射污染

由于电磁辐射，造成了局部空间或整个空间的电磁场强度过大，而对某些电磁敏感设备、仪器仪表以及辐射环境中的生物体产生不良影响和危害。我们将这种有害作用称为**电磁辐射污染**。对电磁辐射危害与防护的研究在国内外受到了普遍重视。联合国人类环境会议已经把微波辐射列入“造成公害的主要污染物”之一，我国也在《中华人民共和国环境保护法》中明确规定必须对电磁辐射切实加强防护和管制。

8.3.2 电磁辐射源

电磁辐射源可分为**自然电磁场源**和**人工电磁场源**，各自分类、来源如表 8-5、表 8-6 所示。

（1）自然电磁场源

自然电磁污染源是某些自然现象引起的，包括热辐射、太阳辐射、宇宙射线、雷电等。其中最常见的是雷电，辐射频带从几千赫兹到几百赫兹，对电器设备、飞机、建筑物可以造成直接伤害，还会在较大区域产生电磁干扰。火山喷发、地震和太阳黑子活动引起的磁暴等都会产生电磁干扰。一般认为自然电磁辐射对人类并不构成严重的危害，但可能局部地区雷电的瞬间冲击放电会造成人畜死亡、家电损坏。

（2）人工电磁场源

人工电磁污染源是由人工制造的若干系统、电子设备与电气装置产生的，种类、产生时间和地区以及频率分布特性是多种多样的。根据辐射源的规模大小对人工电磁场源进行如下分类。

① 城市杂波辐射　即使附近没有特定人为辐射源，也可能有发生于远处多数辐射源合成的杂波。城市杂波与各辐射源电波波形和产生机构等方面的关系不大，但它与城市规模和利用电器的文化活动、生产服务以及家用电器等因素有直接的正比例关系。城市杂波没有特殊的极化面，大致可以看成连续波。

② 建筑物杂波　在变电站所、工厂厂房和大型建筑物以及构筑物中多数辐射源会产生一种杂波，这种来自上述建筑物的杂波称为建筑物杂波。这种杂波多从接收机之外的部分传入到接收机中，产生干扰。建筑物杂波一般呈冲击性与周期性波形，可以认为是冲击波。

③ 单一杂波辐射　它是特定的电器设备与电子装置工作产生的杂波辐射，因设备与装置的不同而具有特殊的波形和强度。单一杂波辐射的主要成分是工业、科研、医疗设备（简称 ISM 设备）的电磁辐射，这类设备对信号的干扰程度与该设备的构造、频率、发射天线形式、设备与接收机的距离以及周围地形地貌有密切关系。

人工电磁场源按频率不同又可分为工频场源（如变电器、大功率电机等）和射频场源（如广播、电视、移动通信等）。

表 8-5　自然电磁场源的分类

分类	来源
大气与空气污染源	自然界的火花放电、雷电、台风、火山喷烟等
太阳电磁场源	太阳的黑子活动与黑体放射等
宇宙电磁场源	银河系恒星的爆发、宇宙间电子移动等

表 8-6　人工电磁场源的分类

分类		设备名称	污染来源与部件
放电所致场源	电晕放电	电力线（送配电线）	由于高压电、大电流而引起静电感应、电磁感应、大地泄漏电流所造成
	辉光放电	放电管	白光灯、高压水银灯及其他放电管
	弧光放电	开关、电气铁道、放电管	点火系统、发电机、整流装置等
	火花放电	电器设备、发动机、冷藏车、汽车等	整流器、发电机、放电管、点火系统等

续表

分类	设备名称	污染来源与部件
工频感应场源	大功率输电线、电气设备、电气铁道	高压、大电流的电力线及电气设备
射频辐射场源	无线发电机、雷达等	广播、电视与通信设备的振荡与发射系统
	高频加热设备、热合机、微波干燥机等	工业用射频利用设备的工作电路与振荡系统
	理疗机、治疗机	医学用射频利用设备的工作电路与振荡系统
家用电器	微波炉、电脑、电磁炉、电热毯等	功率源为主
移动通信设备	手机、对讲机等	天线为主
建筑物反射	高层楼群以及大的金属构件	墙壁、钢筋、吊车等

8.3.3 电磁辐射污染的危害与控制

(1)电磁辐射污染的危害

① 引发意外重大事故 由于电磁辐射使电爆装置、易燃易爆气体混合物等发生意外爆炸、燃烧事故，或者引起火箭发射失败、卫星失控等重大工程事故。

② 干扰信号 电磁辐射可直接影响电子设备、仪器仪表的正常工作，造成信息失真、控制失灵，以致酿成大祸。如会引起火车、飞机、导弹或人造卫星的失控；干扰医院的脑电图、心电图和血相图信号，使之无法正常工作。

8-6 电磁辐射的危害

③ 危害人体健康 电磁辐射对人体的危害随电磁波的波长缩短，对人体的危害程度加大，位于中、短波频段的电磁辐射称为高频辐射。经常接受高频辐射的人可能会患有以头晕、头痛、乏力、失眠多梦、记忆力减退等为主的神经衰弱症状；还有人可能会有食欲不振、脱发、多汗、心悸、女性月经紊乱等症状；还有少数人出现血压升高或下降、心律不齐、心动过缓或过速等。微波对人身的影响除上述症状外，还可能造成眼睛损伤（如晶体混浊、白内障）等更严重的伤害。扫码可阅读资料：8-6 电磁辐射的危害。

慎用手机的地方

① 医院应禁用，心电图机、腹膜透析仪、心肺功能机、心电监护仪等会受到手机电磁辐射干扰而造成严重后果。

② 在雷雨天气要避免使用手机，以免诱发电击、毁机等事故，曾有人在雷雨天用手机时当即遭雷击，险些致命，这是一沉痛教训。

③ 乘飞机时应禁用，以免手机的电磁辐射干扰飞机联络信号导致失控而出事故。

④ 在爆破工地或其他有潜在爆炸危险的区域内一定要及时关闭手机电源，以免手机发出的信号触发爆炸装置。

⑤ 在加油站也应该禁用手机，因为手机的电磁辐射可影响加油机的精密度，严重的可诱发火灾发生。

（2）电磁辐射污染的控制

① 屏蔽法 屏蔽法是采用某种能抑制电磁辐射扩散的材料，将电磁场源与外界隔离开来，使辐射能被限制在某一范围内，以达到防止电磁污染的目的。

根据场源与屏蔽体的相对位置，电磁屏蔽法有两种：

a. **主动屏蔽（或称有源场屏蔽）** 将辐射污染源加以屏蔽使之不对限定范围以外生物机体或仪器设备产生影响。因辐射源与屏蔽体之间的距离较小，可服务于强度较大的辐射源，需有良好接地条件。

b. **被动屏蔽（或称无源场屏蔽）** 将指定范围之内的人员或设备加以屏蔽，使其不受电磁辐射的干扰，因与辐射源间的距离较大，屏蔽可无需接地。

屏蔽材料可用铜、铁、铝、涂有导电涂料或金属镀层的绝缘材料等。

屏蔽体的形式有罩式、屏风式、隔离墙式等多种，可结合设备情况、现场布局、操作方式等情况区别选定。

② 吸收法 **吸收法**是选用可吸收电磁辐射能的材料，敷设于场源外围，减少辐射源的直接辐射，以达到降低辐射污染的目的。

吸收材料可用塑料、橡胶、陶瓷等材料中加入石墨、铁粉和水等制成。如塑料板吸收材料、泡沫吸收材料等。

③ 接地法 接地是指**屏蔽接地**，就是将在屏蔽（或屏蔽部件）内由于感应生成的高频电流迅速引入大地，使屏蔽体本身不致再成为高频的二次辐射，以保证起到高效的屏蔽作用。

人们将高频设备的任何一部分与大地间良好的电气连接称为接地，与大地直接接触的金属体或金属体组称为接地体，连接接地体与高频设备的金属导线称为接地线。将接地线和接地体统称作接地装置。应当指出的是，高频接地与普通的电气设备安全接地不同，所起的作用不同，两者不能互相替代。

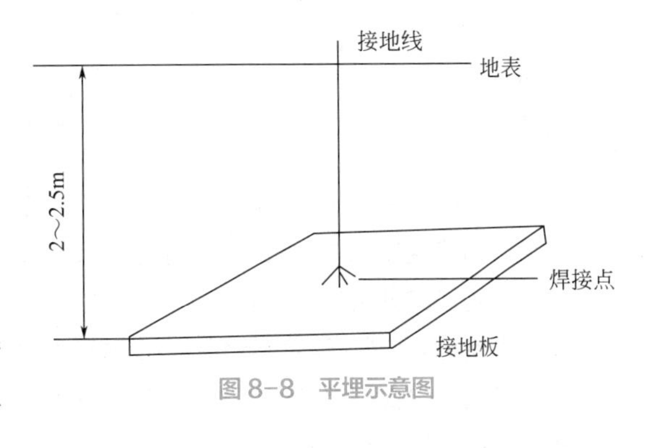

图 8-8　平埋示意图

接地体有铜板、金属棒、金属格网等形式。接地铜板的埋设：一般是将 1.5 ～ 2m^2 的铜板埋在地面下土壤中，将接地线很好地焊接在接地铜板上，铜板可以平埋（见图 8-8）、立埋（见图 8-9），也可以横埋（见图 8-10）。

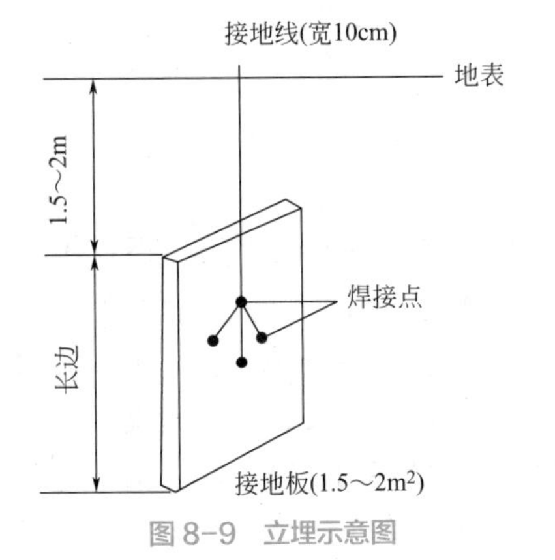

图 8-9　立埋示意图

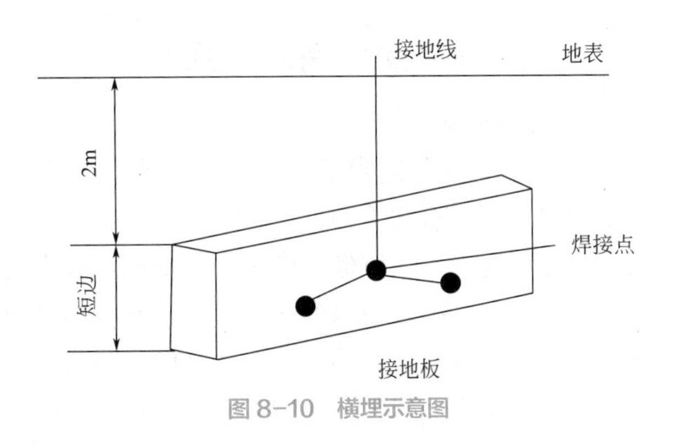

图 8-10　横埋示意图

④ **加强个人防护** 对接触电磁作业的工作人员，除了要注意设备性能、操作技术与辐射源间距外，特别在漏能的大功率设备附近值班时，更需重视劳保制度，穿戴特别配备的防护服、防护眼罩等防护用品。图 8-11 是帽檐下有遮挡网的戴帽式微波防护面罩，图 8-12 为基底是有机玻璃的微波防护面罩。

图 8-11 帽檐下有遮挡网的戴帽式微波防护面罩

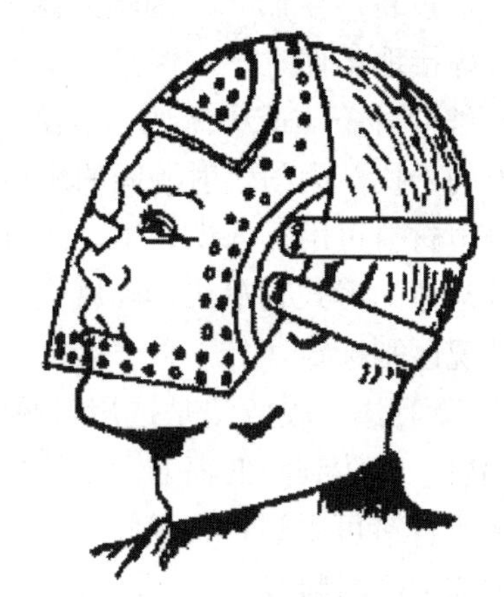

图 8-12 基底是有机玻璃的微波防护面罩

普通人员要注意个人防护。如尽量远离辐射源，因为随着距离的增加，辐射强度迅速减弱；接触辐射时间不要太长，时间越长，影响越大。

家电要保持干净

一些家电上蒙了灰尘，很多人以为，这只是个卫生问题。事实并不这么简单。研究证明，灰尘是电磁辐射的重要载体。如果你的家电不经常擦拭，那么即使它们关掉了，电磁辐射仍然留在灰尘里，继续对你的健康产生危害。一些以视频为终端显示器的电器，如电视机、电脑等，在这方面的表现尤其明显。这些电器的显示器特别容易吸附灰尘，如果不及时擦拭，电磁辐射就会滞留在灰尘中，并随着灰尘在室内空气里弥漫，很容易被人体的皮肤吸附，甚至随着呼吸道进入体内，久而久之就会对健康造成不良影响。

8.3.4 光污染与防护

（1）光污染

1879 年爱迪生发明了电灯，创造了一个光明的奇迹。电光源迅速普及发展，现在不同规格的电光源已有数千种，世界年产量达百亿只以上。但当光辐射过量时，就会对人们的生活、工作环境以及人体健康产生不利影响，称之为**光污染**。广义光污染指由人工光源导致的违背人的生理与心理需求或有损于生理与心理健康的现象，包括眩光污染、射线污染、光泛滥、视单调、视屏蔽、频闪等。狭义的光污染定义为“已形成的良好的照明环境，由于逸散光而产生被损害的状况，又由于这种损害的状况而产生的有害影响”。

光污染是局部的，随距离的增加而迅速减弱；在环境中不存在残余物，光源消失，污染即消失。

（2）光污染的来源

城市的光污染问题主要表现在以下两个方面：

① **现代建筑物形成的光污染** 随着经济技术的发展，现代城市建筑鳞次栉比、形式多样。商场、公司、写字楼、饭店、宾馆、酒楼、发廊及舞厅等都采用大块的镜面玻璃、不锈钢板及铝合金门窗装饰，有的甚至从楼顶到底层全部用镜面玻璃装修。在日照光线强烈的季节里，这些光反射系数较大的材料会让人眩晕。

② **夜景照明形成的光污染** 日落之后，都市繁华的街道上各种广告牌、霓虹灯、瀑布灯都亮了起来，过高的亮度以及夜景照明泛滥使用，形成了严重的光污染。

（3）光污染的危害

① **对生活环境的影响** 光污染降低了夜空的能见度，调查发现，仅 25% 的人可以享受到满月时光亮的天空。夜空亮度的升高也不利于天文观测的进行。交通线路附近的照明设备发出的光线会对车辆驾驶者产生影响，降低交通安全性。各种玻璃幕墙、釉面砖墙、磨光大理石等光反射系数较大的材料形成的反射光以及耀眼灯光所形成的人工白昼会影响人的睡眠。夏季玻璃幕墙等反射的光也会使室内温度增高。

② **对人体健康的影响** 瞬间的强光照射会使人们出现短暂的失明。普通光污染可对人眼的角膜和虹膜造成伤害，抑制视网膜感光细胞功能的发挥，引起视疲劳和视力下降。长期受到强光和反强光刺激，还可引起偏头痛，造成晶状体、角膜、虹膜细胞死亡或发生变异，诱发心动过速、心脑血管疾病等。彩色光源让人眼花缭乱，不仅对眼睛不利，而且干扰大脑中枢神经，使人头晕目眩，出现恶心呕吐、失眠等症状。光污染会影响人的心理，如果居住环境夜晚过亮，人们难以入睡，扰乱正常的生物钟，会使人头晕心烦、食欲下降、心情烦躁、情绪低落、身体乏力、精神抑郁、工作效率降低，造成心理压力。

③ **生态问题** 光污染会影响动物的自然生活规律，使其昼夜不分，活动能力出现问题。其辨位能力、竞争能力、交流能力及心理皆会受到影响。候鸟会因光污染影响而迷失方向，据美国鱼类及野生动物部门推测，每年受到光污染影响而死亡的鸟类达 400 万～ 500 万，甚至更多。有研究表明，光污染使得湖里的浮游生物的生存受到威胁，如水蚤。因为光污染会帮助藻类繁殖，制造红潮，结果杀死了湖里的浮游物及污染水质。

（4）光污染的防护

控制和预防光污染的出现，应**从光源入手，预防为主**。

① **夜景照明光污染防治** 夜景照明的防治主要通过合理地设计照明手法，采用截光、遮光、增加折光隔栅等措施以及应用绿色照明光源等措施来进行污染防治。

② **交通工具的玻璃门窗贴低辐射防晒膜** 针对道路照明光污染要实行灵活限制开关制度，选择合适的灯具和布灯方式。而对于汽车照明光污染要规范车灯的使用，以强化自我保护意识，尽量减少光污染。

③ **工业照明光污染防治** 要加强施工现场管理，对有红外线和紫外线污染的场所采取必要的安全防护措施，以保护眼部和裸露皮肤勿受光辐射的影响。

④ **建筑装饰光污染防治** 可以控制玻璃幕墙的安装地区，限制安装位置和安装面积，或采用凝胶镀膜玻璃等新型材料，并且玻璃幕墙的颜色与周围环境要协调。建筑装修材料尽

量选择反射系数低的材料。

⑤ **彩光污染防治** 夜间照明不能太多，适当关闭夜间广场和广告板等设施的照明。如能将光污染列入收费项目，对娱乐场所实行申报登记制度、排污收费制度，就能有效控制彩光污染。

⑥ **其他防治措施** 提高市民素质，加强城市绿化，尽量使用“生态绿色”以减轻噪光这种都市新污染的危害。

8.4 热污染及其防治

8.4.1 热污染及其对环境的影响

热污染是指由于人类活动，使局部环境或全球环境发生增温，对人类和生态系统产生直接、间接、即时或潜在危害的现象。

（1）热污染的成因

环境热污染主要是由人类活动造成。人类活动主要通过**直接向环境释放热量**、**改变大气层组成和结构**、**改变地表形态**三种方式改变热环境，具体分析见表 8-7。

表 8-7 热污染的成因

成因		说明
向环境释放热量		能源未能有效利用，余热排入环境后直接引起环境温度升高；根据热力学原理，转化成有用功的能量最终也会转化成热，进而传入大气
改变大气层组成和结构	CO_2 含量剧增	CO_2 是温室效应的主要贡献者
	颗粒物大量增加	大气中颗粒物可对太阳辐射起反射作用，也有吸收作用，对环境温度的升降效果主要取决于颗粒高度、下部云层和地表的反射率等多种因素
	对流层水蒸气增多	在对流层上部亚声速喷气式飞机飞行排出的大量水蒸气积聚可存留 1 ～ 3 年，并形成卷云，白天吸收地面辐射，抑制热量向太空扩散；夜晚又会向外辐射能量，使环境温度升高
	平流层臭氧减少	平流层的臭氧可以过滤掉大部分紫外线，现代工业向大气中释放的大量氟氯烃（CFC）和含溴卤代烃（哈龙）是造成臭氧层破坏的主要原因
改变地表形态	植被破坏	地表植被破坏，增强地表的蒸发强度，提高其反射率，降低植物吸收 CO_2 和太阳辐射的能力，减弱了植被对气候的调节作用
	下垫面改变	城市化发展导致大面积钢筋混凝土构筑物取代了田野和土地等自然下垫面，地表的反射率和蓄热能力，以及地表和大气之间的换热过程改变，破坏了环境热平衡
	海洋面受热性质改变	石油泄漏可显著改变海面的受热性质，冰面或水面被石油覆盖，使其对太阳辐射的反射率降低，吸收能力增加

表 8-8 热污染的分类

分类	污染源	备注
水体热污染	热电厂、核电站、钢铁厂的循环冷却系统排放热水；石油、化工、铸造、造纸等工业排放含大量废热的废水	一般以煤为燃料的火电站热能利用率仅 40%，轻水堆核电站仅为 31% ～ 33%，且核电站冷却水耗量较火电站多 50% 以上。废热随冷却水或工业废水排入地表水体，导致水温急剧升高，改变水体理化性质，对水生生物造成危害

续表

分类	污染源	备注
大气热污染	主要是城市大量燃料燃烧过程产生的废热，高温产品、炉渣和化学反应产生的废热等	目前关于大气热污染的研究主要集中在城市热岛效应和温室效应。温室气体的排放抑制了废热向地球大气层外扩散，更加剧了大气的升温过程

(2) 热污染的类型

根据污染对象的不同，可将热污染分为**水体热污染**和**大气热污染**，如表 8-8 所示。

(3) 热污染对环境的影响

① 水体热污染的影响

a. **改变水的其他物理性质**　如水温升高，水的黏度降低，影响水体中沉积物的沉降作用。水温升高，水体溶解氧量会降低，影响水体中好氧生物的生存活动。

b. **增加水生生物的生化反应速率**　如当水中存在如氰化物、重金属离子等化学污染物质时，水温升高就会加剧其对水生生物的毒性效应。有研究表明，水温从 8℃增至 16℃时，KCN 对鱼类的毒性增加 1 倍。

c. **导致水生生物种群的变化**　如，水温在 20℃时，硅藻占优势；30℃时，绿藻占优势；35 ～ 40℃时，蓝藻占优势。水温升高，适宜暖水的蓝藻会大量增殖，蓝藻不是鱼类的良好饵食，有些还有毒性。

d. **破坏水产品资源**　如，水温升高超过产卵和孵化的适宜水平，会降低鱼类生长率。适宜于冷水生存的鲑鱼可能会被适宜于暖水生存的鲈鱼、鲇鱼所取代。

e. **影响人类生产和生活**　如，水温升高会促进某些水生植物大量繁殖，使水流和航道受到阻碍。美国南部部分水域，曾因水体热污染致使水草风信子大量生长，阻碍了水流和航道。

f. **危害人类健康**　如，温度的上升，给蚊子、苍蝇、蟑螂、跳蚤等传病昆虫以及病原体微生物提供了滋生繁衍条件，可能会引起疟疾、登革热、血吸虫病等疾病扩大流行和反复流行。研究表明，1965 年澳大利亚曾流行过一种脑膜炎，就是因为发电厂外排冷却水引起河水升温后导致一种变形原虫大量滋生引起的。

② 大气热污染的影响

a. **加剧温室效应**　人类的生产生活过程，向大气中排放大量的 CO_2、CH_4、N_2O、CFCs 等温室气体，增强了大气吸收地球长波辐射的能力，加剧了温室效应。导致冰川消退、海平面升高、气候带北移、加重区域性自然灾害、危害地球生命系统等一系列后果。

b. **强化热岛效应**　大气热污染加剧使得城市温度更高，热岛效应更明显。热岛效应又会加剧城市能耗，增大其用水量，从而消耗更多的能源，造成更多废热排放到环境中去。大气热污染与热岛效应相互促进，恶性循环。由城市风引起的城区污染也会加重，还会造成暴雨、飓风、云雾等异常天气现象增多。

c. **改变局部气候**　如排放于大气中的细微颗粒物，会造成对阳光的吸收和反射，改变地球吸收太阳辐射的能力。大气中的颗粒物具有凝结核和冻结核的作用，人们发现受污染的大工业城市下风向地区降水量明显增多，这种现象在气象学上被称为“拉波特效应”。

8.4.2 热污染的控制与综合利用

（1）水体热污染的防治

① **设计和改进冷却系统**，减少废温热水的排放。如电场的冷却水池采用把冷却水喷射到大气中雾化冷却的方式，可以提高蒸发冷却速率，减少冷却水池占地面积约 20%。采用机械通风型的湿式冷却塔大大提升冷却水的冷却效率。对于压力高、温度高的废气，可以通过汽轮机等动力机械直接将热能转为机械能。

② **废热水的综合利用**。如利用温热水促进种子发芽和生长，延长适合于作物种植、生长的时间。利用废温热水灌溉种植一些热带或亚热带植物。废温热水可以用于区域性供暖，也可将其排放到一定区域防止航道和港口结冰。在冬季将废温热水排放的热量引入污水处理系统中，可以将温度控制在微生物活跃的 20 ～ 30℃，提高其处理污水的效率。

（2）大气热污染的防治

① **植树造林**，增加森林覆盖面积。绿色植物通过光合作用吸收 CO_2，放出 O_2。实验测定，每公顷森林每天可以吸收大约 1t CO_2，同时产生 0.73t O_2。森林植被还能防风固沙、滞留空气中的粉尘，每公顷森林可以滞留粉尘 2.2t，使环境大气中含尘量降低 50% 左右，进一步抑制大气升温。

② **提高燃料燃烧的完全性**，提高能源的利用效率，降低废热排放量。目前我国能源利用效率只有世界平均水平的 50%，研究高效节能的能源利用技术、方法、装置，任重道远。

③ **发展清洁型能源替代传统化石能源的使用**。如太阳能、风能、地热能、潮汐能、水能等。

④ **改进生产工艺**，减少污染气体。如广泛应用于制冷剂、溶剂等的氟利昂，由于会造成臭氧空洞，增加地球紫外线辐射而被禁止使用，转由 HFC-134a（分子式为 CF_3CH_2F）等产品所替代。

环境热污染作为环境物理学的分支，其研究刚刚起步。随着现代工业发展及人口增长，热污染会日趋严重，为此，尽快提升公众对环境热污染的重视程度，制定相应控制标准、规范，研究并采取行之有效的措施势在必行。

课后习题

一、选择题

1. 以下哪项不是噪声污染与水体污染、大气污染的区别。（　　）

A. 能量性　　B. 主观性　　C. 分散性　　D. 持续性

2. 以下哪项不是按照发声机制分类的噪声源。（　　）

A. 机械噪声源　　B. 空气动力性噪声源

C. 点声源　　D. 电磁噪声源

3. 以下哪种声级的测量结果与人耳对声音的响度感觉相近似，是目前评价噪声的主要指标。（　　）

A. A 声级　　B. B 声级　　C. C 声级　　D. D 声级

4. 适合人类生存的最佳声环境为（　　）dB。

A. 15 ~ 45　　B. 35 ~ 45　　C. 40 ~ 60　　D. 60 ~ 80

5. 以下哪种材料不宜作为吸声材料。（　　）

A. 玻璃棉　　B. 木屑　　C. 钢板　　D. 工业毛毡

6. 以下哪项不是环境热污染产生的危害。（　　）

A. 温室效应加剧　　B. 鱼类种群结构改变

C. 改变局部气候　　D. 引起视疲劳

二、问答题

1. 请简要叙述噪声的定义及其危害。

2. “以声治声”的原理是什么?

3. 污染城市声环境的噪声源有哪几类？请举例说明。

4. 电磁辐射的危害有哪些? 如何防治?

5. 你“见”过哪些电磁辐射现象，对于电磁辐射，你有自觉的自我保护意识吗?

6. 氡被称为藏在室内空气中的“隐形杀手”，你对氡了解多少?

7. 环境热污染的成因有哪几种?

第9章 环境监测

学习目标

知识目标

了解环境监测的主要内容、分类、特点与要求；掌握水、大气环境监测的基本程序和方法；掌握各种环境监测质量控制的方法和手段，做到数据准确无误。

能力目标

学会利用环境监测的技术掌握水、大气环境质量现状；能够进行水质监测、大气监测的方案制订和布点采样。

素质目标

培养团结协作精神和实践操作技能、综合分析问题的能力。

9.1 环境监测概述

环境监测是环境科学的一个重要分支学科。环境化学、环境物理学、环境地学、环境工程学、环境医学、环境管理学、环境经济学以及环境法学等所有环境科学的分支学科，都需要在了解、评价环境质量及其变化趋势的基础上，才能进行各项研究和制定有关的管理和经济法规。**环境监测是评价环境质量（或污染程度）及其变化趋势的基础和支撑力量，是进行环境管理和宏观决策的重要依据。**

9.1.1 环境监测的概念

环境监测是运用**现代科学技术手段**对代表环境污染和环境质量的各种**环境要素**的**监视、监控和测定**，从而科学评价环境质量（或污染程度）及其变化趋势的过程。包括背景调查、确定方案、优化布点、现场采样、样品运送、实验分析、数据收集、分析综合等。

9.1.2 环境监测的作用及目的

（1）环境监测的作用

人类的活动影响了自然环境，所以自然环境也反作用于人类。为了追求更健康的生存环境，人类开始从现象着手开展环境监测，通过积累长期的数据达到分析及追溯污染源头的目的。通过掌握污染的趋势与变化规律，建立防范模式及预警、预报模式。通过采集的标志性数值来评定环境质量，并提出控制环境污染的相关对策。一方面为制定国家及地方级环保政策提供标准，另一方面为依法监测及惩治提供依据。

（2）环境监测的目的

环境监测的目的是**准确、及时、全面**地反映环境质量现状及发展趋势，为环境管理、污染源控制、环境规划等提供科学依据。具体可归纳为：①根据环境质量标准，评价环境质量。②根据污染特点、分布情况和环境条件，追踪污染源，研究和提供污染变化趋势，为实现监督管理、控制污染提供依据。③收集环境本底数据，积累长期监测资料，为研究环境容量、实施总量控制、目标管理、预测预报环境质量提供数据。④为保护人类健康、保护环境、合理使用自然资源，**制定环境法规、标准、规划等服务**。

9.1.3　环境监测的要求及特点

（1）环境监测的要求

① **代表性**　代表性指在有代表性的时间、地点按照有关规定的要求、方法采集样品，使采集的样品可以反映总体真实状况。

② **完整性**　完整性强调工作总体规划切实完成，即保证按预期计划取得有系统性和连续性的有效样品，而且无缺漏地获得这些样品的监测结果及有关信息。

③ **可比性**　可比性主要是指在监测方法、环境条件、数据表达方式等相同的前提下，实验室之间对同一样品的监测结果相互可比，以及同一实验室对同一样品的监测结果应该达到相关项目之间的数据可比，相同项目没有特殊情况时，历年同期的数据也是可比的。

④ **准确性**　准确性指测定值与真值之间要有良好的符合程度。

⑤ **精密性**　精密性主要指多次测定值有良好的重复性和再现性。

（2）环境监测的特点

① **生产性**　监测数据是环境监测的**基础产品**。

② **综合性**　环境监测的综合性主要表现在**监测手段**和**监测对象**。监测手段包括化学、物理、生物化学、生物、生态等一切可以表征环境质量的方法；监测对象包括空气、水体、土壤、固体废物、生物等客体，必须进行综合分析才能确切阐明监测数据的内涵。

③ **持续性**　由于环境污染具有时空的多变性特点，只有长期坚持监测，才能从大量的数据中揭示其变化规律，预测其变化趋势。数据越多，预测的准确性才能越高。

④ **追踪性**　环境监测是一个复杂的系统，任何一步的差错都将影响最终数据的质量。为保证监测结果具有一定的准确性、可比性、代表性和完整性，需要有一个量值追踪体系予以监督。

⑤ **执法性**　环境监测不同于一般检验测试，它除了需要及时、准确提供监测数据外，还要根据监测结果和综合分析结论，为主管部门提供决策建议，并被授权对监测对象执行法规情况进行执法性监督控制。

9.1.4　环境监测的分类

（1）监视性监测（例行监测、常规监测）

监视性监测又叫**常规监测**或例行监测，是定期对各环境要素进行监测，是监测**工作的主体**，是监测站**第一位工作**。目的是掌握环境质量状况和污染物来源，评价控制措施的效果，判断环境标准实施的情况和改善环境取得的进展。一般包括环境质量和污染源的监督监测。

（2）特定目的监测

特定目的监测又称**特例监测**或**应急监测**，是监测站第二位的工作，按目的不同分为以下几种：污染事故监测、纠纷仲裁监测、考核验证监测、咨询服务监测。

（3）研究性监测

研究性监测又叫**科研监测**，属于高层次、高水平、技术比较复杂的一种监测，通常由多个部门、多个学科协作共同完成。

按监测介质或对象分类，环境监测可分为水质监测、空气监测、土壤监测、固体废物监测、生物监测与生物污染监测、生态监测、物理污染监测等；按专业部门分类，环境监测可分为气象监测、卫生监测、资源监测、化学监测、物理监测、生物监测等；按监测区域分类，环境监测可分为厂区监测、区域监测等。

9.2 环境标准

环境标准是为了保护人群健康，防治环境污染，促使生态良性循环，合理利用资源，促进经济发展，依据环境保护法和有关政策，对有关环境的各项工作所做的规定。环境标准是对某些环境要素所做的**统一的**、**法定的**和**技术的规定**，是环境保护工作中最重要的工具之一。

9.2.1 环境标准的种类和作用

（1）环境标准的分类和分级

我国目前的环境标准体系是根据我国国情、总结多年环境标准工作经验并参考国外的环境标准体系制定的，确定为**六类**、**两级**。两级标准是：国家标准或行业标准、地方标准。六类标准为：环境质量标准、污染物排放标准、环境基础标准、环境方法标准、环境标准样品标准和环境保护的其他标准。

（2）环境标准的作用

① 环境标准既是环境保护和有关工作的目标，又是环境保护的手段。它是制订环境保护规划和计划的主要依据。

② 环境标准是判断环境质量和衡量环保工作优劣的准绳。评价一个地区环境质量的优劣、评价一个企业对环境的影响，只有与环境标准相比较才能有意义。

③ 环境标准是**执法**的依据。不论是环境问题的诉讼、排污费的收取还是污染治理的目标等，执法依据都是环境标准。

④ 环境标准是组织现代化生产的重要手段和条件。通过实施标准可以制止任意排污，促使企业对污染进行治理和管理；采用先进的无污染、少污染工艺；促进设备更新、资源和能源的综合利用等。

9.2.2 环境标准发展的历史

标准化和标准的实施是现代社会的重要标志。所谓标准化，按国际标准化组织（ISO）

的定义是“为了所有有关方面的利益，特别是为了促进最佳的全面经济效果，并适当考虑产品使用条件与安全要求，在所有有关方面的协作下，进行有秩序的特定活动，制定并实施各项规则的过程”。而标准则是“经公认的权威机构批准的一项特定标准化工作成果”，它通常以一项文件，并规定一整套必须满足的条件或基本单位来表示。

环境标准是标准中的一类，目的是为了防止环境污染，维护生态平衡，保护人群健康，对环境保护工作中需要统一的各项技术规范和技术要求所作的规定。**环境标准是政策、法规的具体体现，是环境管理的技术基础**。

我国环境标准形成和发展，大致可划分为三个阶段：第一阶段（1949 ～ 1973 年）制定、实行的环境标准，都属于局部环境质量标准性质，并且是以保护人体健康为主。如 1959 年由建筑工程部、卫生部颁发的《生活饮用水卫生规范》；1956 年由卫生部、国家建委颁发的《工业企业设计暂行卫生标准》等，这些标准的制定，对与环境保护有关的城市规划、工业企业设计及卫生监督工作都起到了指导和促进作用。第二阶段（1973 ～ 1979 年）在进一步充实、修订已有标准的同时，开始制定工业“三废”排放标准。如《生活饮用水卫生规程》经修订改为《生活饮用水卫生标准》，于 1976 年由国家建委、卫生部颁发。《工业企业设计卫生标准》再一次修订后，于 1979 年由卫生部、国家建委、国家计委、国家经委、国防科委等部门共同颁发。1973 年，由国家计委、国家建委、卫生部颁发的《工业“三废”排放试行标准》是我国环境标准上一项突破性进展。第三阶段（1979 年至今）不断加强发展，尤其是近几年，各地各部门对环境标准予以极大重视，在全国范围内组织多学科的大批技术力量，正为建立我国环境标准体系而努力。

9.2.3 环境标准制定的原则

环境标准体现国家的**技术经济政策**。它的制定要充分体现科学性和现实性相统一，才能既保护环境质量的良好状况，又促进国家经济技术的发展。因此，制定环境标准要遵循以下原则：要有充分的科学依据；既要技术先进，又要经济合理；与有关标准、规范、制度协调配套；积极采用或等效采用国际标准等。

9.2.4 环境标准物质

环境标准物质又称**环境标准参照物质**，是在组成与性质上与被测的环境物质相似的参照物质。由于目前所用的仪器分析方法仅是一种相对的测定法，要用标准参照物质对仪器分析加以校正，以排除在被测成分的量与测定信号之间所引起的干扰和影响，从而获得较准确的测定值。

环境标准物质只是标准物质中的**一类**。20 世纪 80 年代，标准物质的发展已进入了在全世界范围内普遍推广使用的阶段。环境标准物质不仅是环境检测中传递准确度的基准物质，而且也是实验室分析质量控制的物质基础。在世界范围内，已有近千种环境标准物质。其中，中国使用量较大的代表性标准物质有果树叶、小牛肝和标准气体；日本以胡椒树叶、底泥和人头发为标准物质；**中国的水、气、土、生物和水系沉积物以及大米粉也作为标准物质等**。

环境标准物质在环境检测中具有十分广泛的作用，它不仅是环境检测中传递准确度的基准物质，而且也是实验室分析质量控制的重要物质基础。

① 环境标准物质是评价检测分析方法的准确度和精密度，研究和验证标准方法，发展新的检测方法的基础。

② 环境标准物质是校正和标定检测分析仪器，发展新的检测技术的基础。

③ 环境标准物质在协作试验中用于评价实验室的管理效能和检测人员的技术水平，从而不断提升实验室提供准确、可靠数据的能力。

④ 把环境标准物质当作工作标准和监控标准使用。

⑤ 通过环境标准物质的准确度传递系统和追溯系统，可以实现国际同行间、国内同行间及实验室间数据的可比性和时间上的一致性。

⑥ 环境标准物质可以用作环境检测的技术仲裁依据。

⑦ 以一级环境标准物质作为真值，控制一级标准物质和质量控制样品的制备和定值，也可以为新类型的环境标准物质的研制与生产提供保证。

9.3 环境监测的组织

在没有自动监测系统的情况下，要获得代表环境质量的各种数据，所耗费的人力和时间是相当大的。为使环境监测的各个环节有机地配合，就需要进行周密地计划和恰当地组织工作。

9.3.1 环境监测方案的制订

环境监测时，首先要调查污染源，即污染物的种类、数量、排放量、排放方式、排放规律等，在此基础上制订合理的监测方案。监测方案中首要的是**有针对性的监测对象和明确的监测目的。监测方案不可能适合任何对象和目的**。制订环境监测方案的基本原则如下：

① 必须依据环境保护法规和环境质量标准、污染物排放标准中国家、行业和地方的相关规定。

② 必须遵循科学性、实用性的原则。

③ 优先污染物优先监测。优先污染物包括：毒性大、危害严重、影响范围广的污染物质；污染呈上升趋势，对环境具有潜在危险的污染物质；具有广泛代表性的污染因子。

④ 全面规划、合理布局。环境问题的复杂性决定了环境监测的多样性，要对监测布点、采样、分析测试及数据处理做出合理安排。

9.3.2 地面水质监测方案的制订

（1）基础资料的收集

在制订监测方案之前，应尽可能完备地收集欲监测水体及所在区域的有关资料，主要有：①水体的水文、气候、地质和地貌资料。②水体沿岸城市分布、工业布局、污染源及其排污情况、城市给排水情况等。③水体沿岸的资源现状和水资源的用途；饮用水源分布和重点水源保护区；水体流域土地功能及近期使用计划等。④历年的水质资料等。⑤水资源的用途、饮用水源分布和重点水源保护区。⑥实地勘察现场的交通情况、河宽、河床结构、岸边标志等。⑦收集原有的水质分析资料或在需要设置断面的河段上设若干调查断面进行采样分析。

（2）监测断面和采样点的设置

在对调查研究结果和有关资料进行综合分析的基础上，根据监测目的和监测项目，并考虑人力、物力等因素确定监测断面和采样点。

① 监测断面的设置原则　在水域的下列位置应设置监测断面：

a. 有大量污水和废水排入河流的主要**居民区、工业区**的上游和下游。

b. 湖泊、水库、河口的主要**入口和出口**。

c. 饮用水源区、水资源集中的水域、主要**风景游览区、水上娱乐区及重大水利设施所在地等功能区**。

d. 较大支流汇合口上游和汇合后与干流充分**混合处**；入海河流的**河口处**；受潮汐影响的**河段**和严重**水土流失区**。

e. 断面位置应避开无水区、回水区、排污口处，尽量选择顺直河段、河床稳定、水流平稳、水面宽阔、无急流、无浅滩处。

f. 国际河流出入国境线的出入口处。

g. 应尽可能与水文测量断面重合，并要求交通方便，有明显岸边标志。

② 河流监测断面的设置　对于江、河水系或某一河段，要求设置三种断面，即**对照断面、控制断面和削减断面**。见图 9-1。

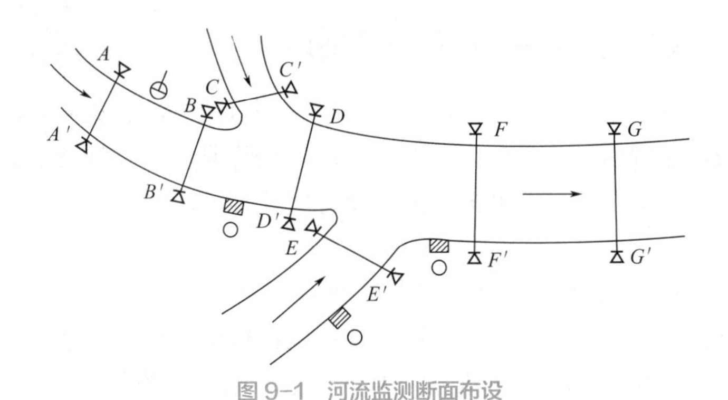

图 9-1　河流监测断面布设

→ 水流方向；○污染源；⊖自来水厂取水点；▨排污口

A-A′ 对照断面；*G-G′* 削减断面；*B-B′*、*C-C′*、*D-D′*、*E-E′*、*F-F′* 控制断面

a. 对照断面　为了解流入监测河段前的水体水质状况而设置。这种断面应设在河流进入城市或工业区以前的地方，避开各种废水、污水流入或回流处。**一个河段一般只设一个对照断面。有主要支流时可酌情增加。**

b. 控制断面　为评价、监测河段两岸污染源对水体水质影响而设置。**控制断面的数目应根据城市的工业布局和排污口分布情况而定。**断面的位置与废水排放口的距离应根据主要污染物的迁移、转化规律，河水流量和河道水力学特征确定，一般设在排污口下游 500 ～ 1000m 处。因为在排污口下游 500m 横断面上的 1/2 宽度处重金属浓度一般出现高峰值。对特殊要求的地区，如水产资源区、风景游览区、自然保护区、与水源有关的地方病发病区、严重水土流失区及地球化学异常区等的河段上也应设置控制断面。

c. 削减断面　是指河流受纳废水和污水后，经稀释扩散和自净作用，使污染物浓度显著下降，其左、中、右三点浓度差异较小的断面，**通常设在城市或工业区最后一个排污口下游**

1500m 以外的河段上。水量小的小河流应视具体情况而定。

③ 湖泊、水库监测断面的设置

对不同类型的湖泊、水库应区别对待。为此，首先判断湖、库是单一水体还是复杂水体；考虑汇入湖、库的河流数量，水体的径流量、季节变化及动态变化，沿岸污染源分布及污染物扩散与自净规律、生态环境特点等。

（3）采样时间和采样频率的确定

为使采集的水样具有代表性，能够反映水质在时间和空间上的变化规律，必须确定合理的采样时间和采样频率，一般原则是：

① 对于较大水系干流和中、小河流全年采样不少于 6 次；采样时间为丰水期、枯水期和平水期，每期采样两次。流经城市工业区、污染较重的河流、游览水域、饮用水源地全年采样不少于 12 次；采样时间为每月一次或视具体情况选定。底泥每年在枯水期采样一次。

② 潮汐河流全年在丰、枯、平水期采样，每期采样两天，分别在大潮期和小潮期进行，每次应采集当天涨、退潮水样分别测定。

③ 排污渠每年采样不少于三次。

④ 设有专门监测站的湖、库，每月采样 1 次，全年不少于 12 次。其他湖泊、水库全年采样两次，枯、丰水期各 1 次。有废水排入、污染较重的湖、库，应酌情增加采样次数。

⑤ 背景断面每年采样 1 次。

9.3.3 大气污染监测方案的制订

制订大气污染监测方案首先要根据监测目的进行调查研究，收集必要的基础资料，然后经过综合分析，确定监测项目，设计布点网络，选定采样频率、采样方法和监测技术，建立质量保证程序和措施，提出监测结果报告要求及进度计划等。

（1）监测目的

① 通过对大气环境中主要污染物质进行定期或连续地监测，判断大气质量是否符合国家制定的大气质量标准，并为编写大气环境质量状况评价报告提供数据。

② 为研究大气质量的变化规律和发展趋势，开展大气污染的预测预报工作提供依据。

③ 为政府部门执行有关环境保护法规，开展环境质量管理、环境科学研究及修订大气环境质量标准提供基础资料和依据。

（2）有关资料的收集

① 污染源分布及排放情况　弄清污染源类型、数量、位置、排放的主要污染物及排放量，所用原料、燃料及消耗量等。另外，区别高低烟囱形成污染源的大小，一次污染物与二次污染物应区别清楚。

② 气象资料　气象条件对污染物在大气中的扩散、输送及变化情况有影响，要收集监测区域的风向、风速、气温、气压、降水量、日照时间、相对湿度、温度的垂直梯度和逆温层底部高度等资料。

③ 地形资料　地形对当地的风向、风速和大气稳定情况等有影响，因此，是设置监测网点时应考虑的重要因素。

④ 土地利用和功能分区情况　这也是设置监测网点时应考虑的重要因素之一。不同功能区的污染状况是不同的，如工业区、商业区、混合区、居民区等污染状况各不

相同。

⑤ 人口分布及人群健康情况。

⑥ 监测区域以往的大气监测资料。

（3）采样点布设的原则

① 采样点应设在整个监测区域的**高、中、低**三种不同污染物浓度的地方。

② 在污染源比较集中、主导风向比较明显的情况下，应将污染源的**下风向**作为主要监测范围，布设较多的采样点；**上风向**布设少量点作为对照。

③ 工业较密集的城区和工矿区，人口密度及污染物超标地区，要适当**增设**采样点；城市郊区和农村，人口密度小及污染物浓度低的地区，可酌情**少设**采样点。

④ 采样点的周围应开阔，采样口水平线与周围建筑物高度的夹角应**不大于 30°**。测点周围无局部污染源，并应避开树木及吸附能力较强的建筑物。交通密集区的采样点应设在距人行道边缘**至少 1.5 m** 远处。

⑤ 各采样点的设置条件要尽可能一致或标准化，使获得的监测数据具有可比性。

⑥ 采样高度根据监测目的而定。研究大气污染对人体的危害，采样口应在**离地面 1.5 ～ 2m 处**；研究大气污染对植物或器物的影响，采样口高度应与植物或器物高度相近。连续采样例行监测采样口高度应距**地面 3 ～ 15m**；SO_2、NO_x、TSP、硫酸盐化速率的采样高度**以 5 ～ 10m** 为宜；降尘的采样高度以 **8 ～ 12m** 为宜；若置于屋顶采样，采样口应与基础面有 **1.5m 以上**的相对高度，以减小扬尘的影响。特殊地形地区可视实际情况选择采样高度。

（4）布点方法及数目

① 功能区布点法　多用于区域性常规监测。

② 网格布点法　适用于有多个污染源，且污染源分布比较均匀的情况，见图 9-2。

③ 同心圆布点法　主要用于多个污染源构成的污染群，或污染集中地区，见图 9-3。

④ 扇形布点法　用于主导风向明显的地区，或孤立的高架点源，见图 9-4。

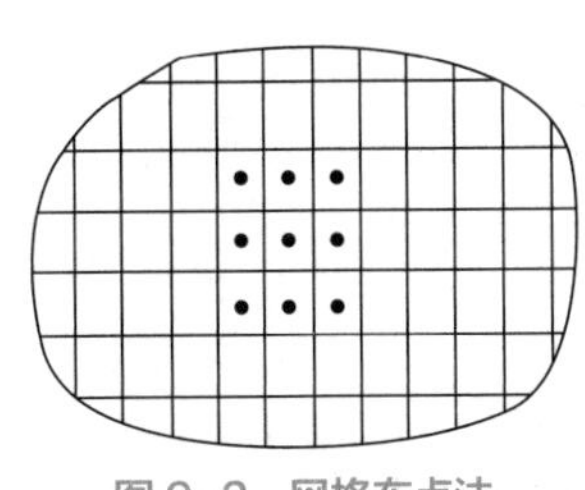
图 9-2　网格布点法

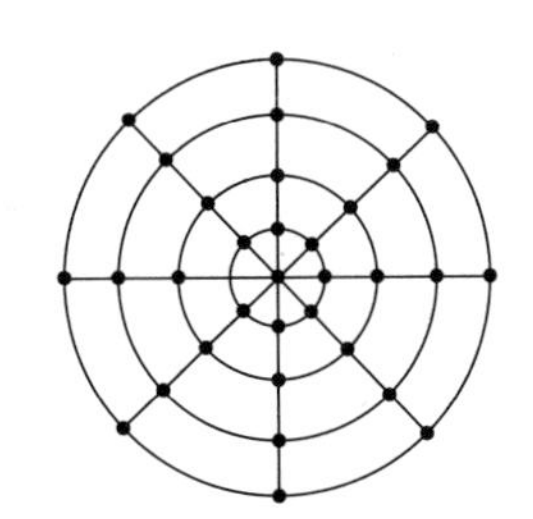
图 9-3　同心圆布点法

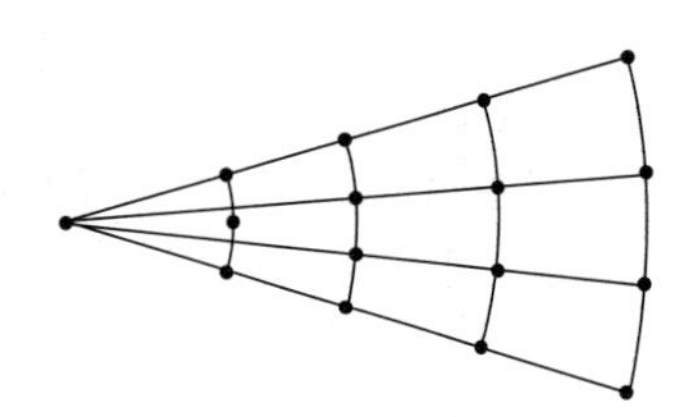
图 9-4　扇形布点法

（5）采样时间与采样频率

采样时间指每次从开始到结束所经历的时间，也称采样时段。采样频率指一定时间范围内的采样次数。

我国《环境空气质量标准》（GB 3095—2012）中对各项污染物数据统计的有效性作了规定，是确定相应污染物采样频次及采样时间的依据，见表 9-1。任何情况下，有效的污染物浓度数据均应符合表中的最低要求，否则应视为无效数据。

表 9-1 污染物采样频次及采样时间

污染物项目	平均时间	数据有效性规定
SO_2、NO_2、PM_{10}、$PM_{2.5}$、NO_x	年平均	每年至少有 324 个日平均浓度值 每月至少有 27 个日平均浓度值（二月至少有 25 个日平均浓度值）
SO_2、NO_2、CO、PM_{10}、$PM_{2.5}$、NO_x	24h 平均	每日至少有 20h 平均浓度值或采样时间
O_3	8h 平均	每 8h 至少有 6h 平均浓度值
SO_2、NO_2、CO、O_3、NO_x	1h 平均	每小时至少有 45min 的采样时间
TSP、BaP、Pb	年平均	每年至少有分布均匀的 60 个日平均浓度值 每月至少有分布均匀的 5 个日平均浓度值
Pb	季平均	每季至少有分布均匀的 15 个日平均浓度值 每月至少有分布均匀的 5 个日平均浓度值
TSP、BaP、Pb	24h 平均	每日应有 24h 的采样时间

9.3.4 地面水水样的采集

（1）采样方法

① 船只采样；②桥梁采样；③涉水采样；④索道采样。

（2）采样设备（采水器）

① 采集表层水时，可用桶、瓶等容器直接采取。②采集深层水时，可使用带重锤的采样器沉入水中采集，见图 9-5。③对于水流急的河段，宜采用急流采样器，见图 9-6。④测定溶解气体（如溶解氧）的水样时，常用双瓶采样器采集，见图 9-7。⑤地面水监测采样时，常用有机玻璃采水器，见图 9-8。

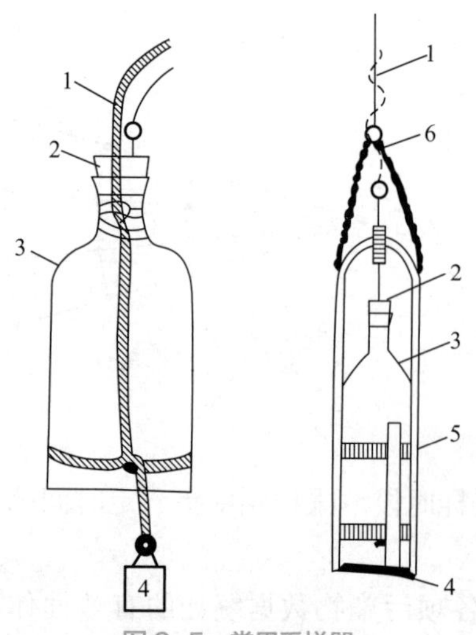

图 9-5 常用采样器

1—绳子；2—带有软绳的橡胶塞；3—采样瓶；4—铅锤；5—铁框；6—挂钩

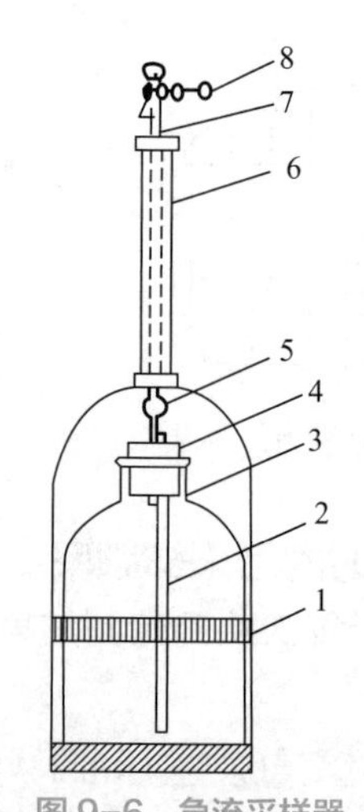

图 9-6 急流采样器

1—铁框；2—长玻璃管；3—采样瓶；4—橡胶塞；5—短玻璃管；6—钢管；7—橡胶管；8—夹子

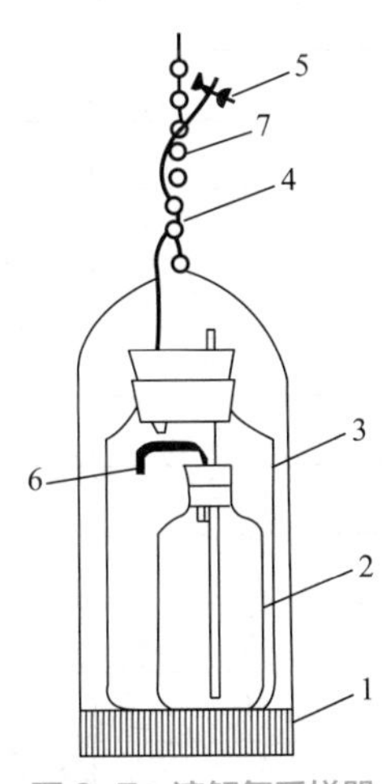

图 9-7 溶解氧采样器

1—带重锤的铁框；2—小瓶；3—大瓶；
4—橡胶管；5—夹子；6—塑料管；7—绳子

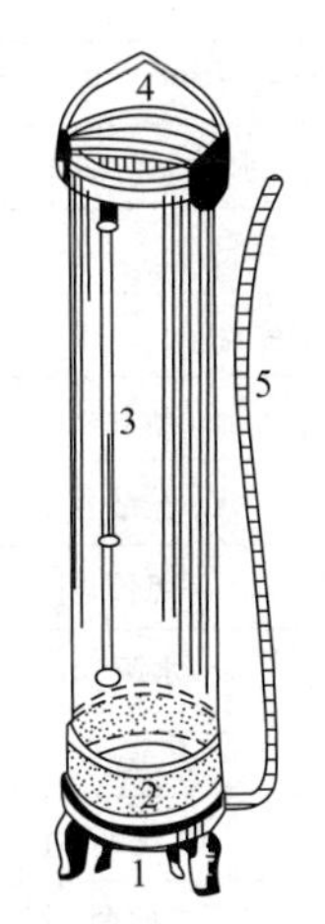

图 9-8 有机玻璃采水器

1—进水阀门；2—压重铅阀；3—温度计；
4—溢水门；5—橡胶管

（3）水样的类型

① 瞬时水样　瞬时水样是指在某一时间和地点从水体中随机采集的分散水样。

② 混合水样　混合水样是指在同一采样点于不同时间所采集的瞬时水样的混合水样，有时称“时间混合水样”，以与其他混合水样相区别。

③ 综合水样　综合水样是指把不同采样点同时采集的各个瞬时水样混合后所得到的样品。

（4）特殊目的的采样方法

① pH、电导率　测定样品的 pH 值，应使用**密封性好的容器**。

② 溶解氧、生化需氧量　应用**碘量法**测定水中溶解氧，水样需直接采集到样品瓶中。在现场用电极法测定溶解氧，可将预先处理好的电极直接放入河水或 1000ml 以上容积的水样瓶中测量。测定生化需氧量的样品采集参照溶解氧水样。

③ 浊度、悬浮物及总残渣　浊度、悬浮物及总残渣测定用的水样，在采集后，应尽快从采样器中放出样品，在装瓶的同时**摇动**采样器，防止悬浮物在采样器内沉降。非代表性的杂质，如树叶、杆状物等应从样品中除去。灌装前，样品容器和瓶盖用水样彻底冲洗。

④ 重金属污染物、化学耗氧量　水体中的重金属污染物和部分有机污染物都易被悬浮物质吸附，必需**边摇动采样器（或采样瓶）边向样品容器灌装样品**，以减少被测定物质的沉降，保证样品的代表性。样品采集后为防止水体的生物、化学和物理作用，应立即过滤处理或加入固定剂保存。采样中要防止采样现场大气中降尘带来的玷污。

⑤ 油类　测定油类的样品容器**禁止**预先用水样冲洗。

（5）采样记录

采样后要立即填写标签和采样记录单，水样采样记录格式见表 9-2。

表 9-2　水质采样记录表

监测站名　　　　　　　　　　　　　　　年　　　度

编号				
河流（湖泊、水库）名称				
采样月日				
断面名称				
采样位置	断面号			
	垂线号			
	点位号			
	水深 /m			
气象参数	气温 /℃			
	气压 /kPa			
	风向			
	风速 /（m/s）			
	相对湿度 /%			
流速 /（m/s）				
流量 /（m^3/s）				
现场测定记录	水温 /℃			
	pH			
	溶解氧 /（mg/L）			
	透明度 /cm			
	电导率 /（μS/cm）			
	感观指标描述			
备注				

（6）水样的运输与保存

① 水样的运输　为避免水样在运输过程中震动、碰撞导致损失或玷污，将其装箱，并**用泡沫塑料或纸条挤紧**，在箱顶贴上标记。需冷藏的样品，应采取**制冷保存**措施；冬季应采取保温措施，以免冻裂样品瓶。

② 水样的保存方法　冷藏或冷冻法；加入化学试剂保存法，如加入生物抑制剂 $HgCl_2$ 可抑制生物的氧化还原作用、调节 pH 值、加入氧化剂或还原剂、水样的过滤或离心分离等等。

水样采样注意事项

1. 水环境采样顺序是先水质后底质，从浅到深采集。
2. 采样时应避免剧烈搅动水体，任何时候都要避免搅动底质。
3. 采水器的容积有限不能一次完成采样时，可以多次采集。

4. 要预防样品瓶塞（或盖）受玷污。

5. 测定溶解氧、BOD、pH、二氧化碳等项目的水样，采样时必需充满，避免残留空气对测定项目的干扰。

6. 往样品瓶注入水样时，沿样品瓶内壁注入，放水管不要插入液面下装样，特殊要求除外。

7. 样品采集后，应立即按保存方法采取措施，加保存剂的样品应在采样现场进行，现场测定项目除外。

8. 河流、湖泊、水库和河口、港湾水域可使用船舶进行采样监测，最好用专用的监测船或采样船。

9.3.5 大气样品的采集

（1）采集前的准备

① **采样计划的制订** 根据现场调查结果和布点要求提出采样计划，确定采样点位、时间和路线，做好人员分工，准备好必要的仪器设备、采样器具等。

② **采样仪器的校准** 新购置的采样器及修理后的采样器均需进行校准。**采样器在使用周期内每月校准1次。**

③ **采样器具的准备**

a. **吸收管的筛选**：用阻力试验或发泡试验的方法筛选出合格的吸收管，吸收管用过后用去离子水冲洗，以免堵塞吸孔。

b. **滤膜的检查**：滤膜使用前必须在光源下对光检查，剔除有针孔、折裂、不均匀和存在其他缺陷的滤膜。

c. 其他仪器设备、采样工具及化学药品的准备按其相应分析方法中的要求执行。

（2）采样方法

主要有**直接采样法**、**富集采样法**，应选择适宜的采样方法。

（3）采样仪器

气态污染物采样仪器、总悬浮颗粒物采样器、可吸入颗粒物采样器等。

（4）采样要求

到达采样地点后，安装好采样装置；**按时开机、关机**；用滤膜采样时，安放滤膜前应用清洁布擦去采样夹和滤膜支架网表面的尘土，滤膜毛面朝上，用镊子夹入采样夹内，严禁用手直接接触滤膜。采样后取滤膜时，应小心将滤膜毛面朝内对折。将折叠好的滤膜放在表面光滑的纸袋或塑料袋中，并储于盒内。**要特别注意若有滤膜屑留在采样夹内，应取出与滤膜一起称量**；用吸收液采气时，温度过高、过低对结果均有影响（温度过低时吸收率下降，过高时样品不稳定）；采样过程中采样人员不能离开现场，注意避免路人围观；采样记录填写要与工作程序同步，完成一项填写一项，不得超前或延后。填写记录要详实。

（5）样品的采集

① 现场空白样

a. 采集 SO_2 和 NO_2 样品时，应**加带1个现场空白吸收管**，和其他采样吸收管同时带到现场。该管不采样，采样结束后和其他采样吸收管一并送交实验室。此管即为该采样点当天该项目的静态现场空白管。

b. 样品分析时测定现场空白值，并与校准曲线的零浓度值进行比较。如现场空白值高于或低于零浓度值，且无解释依据时，应以该现场空白值为准，并对该采样点当天的实测数据加以校正。当现场空白值高于零浓度值时，分析结果应减去两者的差值；当现场空白值低于零浓度值时，分析结果应加上两者差值的绝对值。

c. 现场空白样的数量：SO_2 和 NO_2 每天 1 个；氟化物滤膜每批样品需 4 ～ 6 个。

② 现场平行样的采集

a. 用两台型号相同的采样器，以同样的采样条件（包括时间、地点、吸收液、滤膜、流量等）采集的气样为平行样。

b. 采集 SO_2、NO_2 的平行样时两台仪器相距 1 ～ 2m，采集氟化物和总悬浮颗粒物时相距 2 ～ 4m。

（6）样品编号和采样记录

① 样品编号

a. 大气样品编号由类别代号、顺序号组成。

b. 用环境空气关键字中文拼音的 1 ～ 2 个大写字母表示类别代号。

c. 用阿拉伯数字表示不同地点采集的样品顺序号，一般从 001 号开始，一个顺序号为 1 个采样点采集的样品。

d. 对照点和背景点样品，在编号后加注。

e. 样品登记的编号、样品运转的编号均与采集样品的编号一致，以防混淆。

② 采样记录　采样记录是监测工作中的一个重要环节。在实际工作中，采样之后应及时、准确、规范地填写采样记录（见表 9-3、表 9-4）和样品标签（见表 9-5）。

表 9-3　气态污染物现场采样记录表

采样地点　　　　　　　　　　　　污染物名称

采样方法　　　　　　　　　　　　采样仪器型号

采样日期	样品编号	采样时间		气温 /℃	气压 / kPa	流量 /（L/min）			采集空气			天气状况
		开始	结束			开始前	开始后	平均	时间 / min	体积 /L	标准状态体积 /L	

采样者　　　　　　　　　　审核者

表 9-4　TSP/PM_{10} 现场采样记录表

采样地点　　　　　　　　　　　　年　　月　　日

采样器编号	滤膜编号	采样时间		累积采样时间 /min	气温 /℃	气压 /kPa	流量 /（m^3/min）	天气
		开始	结束					

采样者　　　　　　　　　　审核者

表 9-5 环境空气样品标签

样品编号		采样人	
样品名称		业务代号	
采样地点		标准状态体积	
监测项目		采样日期	
起止时间			

（7）大气样品运输与保存

① SO_2 和 NO_2 样品采集后，迅速将吸收液转移至 10ml 比色管中，避光、冷藏保存，详细核对编号，检查比色管的编号是否与采样瓶、采样记录上的编号相对应。

② 样品应在当天运回实验室进行测定。采集的样品原则上应当天分析，当天因故不能分析的应将样品置于冰箱中在 5℃下保存，最大保存期限不超过 72 h。

③ 采集 TSP（PM_{10}）的滤膜每张装在 1 个小纸袋或塑料袋中，然后装入密封盒中保存。不要折，更不能揉搓。运回实验室后，放在干燥器中保存。

④ 样品送交实验室时应进行交接验收，交、接人均应签名。采样记录应与样品一并交实验室统一管理。

9.3.6 水样的预处理

（1）消解

适用的待测物：金属化合物。

处理的目的：排除有机物和悬浮物干扰；浓缩水样。

消解后的水样：应清澈、透明、无沉淀。

① 湿式消解法　采用硝酸、硫酸、高氯酸等作消解试剂分解复杂的有机物。应根据水样类型及采用的测定方法选择消解试剂。

② 干式消解法　又称干法灰化或高温分解法，多用于固态样品（如沉积物、底泥等）。该法不适于处理测定易挥发组分（如砷、汞、镉等）的水样。

（2）挥发分离法

挥发分离法是利用某些污染组分挥发度大，或者将待测组分转变成易挥发物质，用惰性气体带出而达到分离的目的。

（3）蒸馏法

蒸馏法是利用水样中各组分具有不同的沸点而使其彼此分离的方法。

（4）溶液萃取法

溶液萃取法是基于物质在不同的溶剂相中分配系数不同而达到组分的分离与富集的目的。此法常用于水中有机物的预处理。

9.4 环境监测主要方法简介

9.4.1 物理监测方法

在环境监测中，应用最广泛的是物理监测技术。物理监测技术主要应用于热、光、电磁辐射、噪声等一系列环境污染因素的测定，通过对物理因子强度和能量的测定，了解环境污染中物理因素所占比例。无论是在土壤、水质、废物还是空气的监测中，都可以发现物理监测技术发挥了多功能作用，尤其大气污染方面，对于空气中气体浓度的测定，对于温室气体的鉴定，都少不了物理监测技术。

9.4.2 化学监测方法

在环境监测过程中，化学检测技术是现有阶段比较成熟的一种手段。一般导致环境污染的原因是化学因子在环境中的作用，而化学监测技术是对该化学因子的浓度进行测试，可以使化学污染成分有效地被识别出来，为环境的统计以及治理提供相应数据。

9.4.3 生物监测方法

生物监测是指利用生物个体种群或群落对环境污染或变化所产生的反应，从**生物学**角度对环境污染状况进行监测和评价的一门技术，包括生物群落监测法、微生物监测法、生物残毒测定法、生物测试法、生物传感器技术、分子生态毒理学和分子生物学技术、遗传毒理学技术、生物标志物法等。我国对于生物监测技术的使用从近几年才开始，利用生物对周围环境中出现的问题进行及时的反应，不仅可以快速有效地对环境中的变化做出处理，还能减少在检测过程中对环境的损坏，而其测试结果以及信息都很准确，这项检测技术得到了检测人员的认可。

生物监测包括测定生物体内污染物含量，观察生物在环境中受伤害所表现的症状，通过测定生物的生理生化反应、生物群落结构和种类变化等，来判断环境质量。例如，利用某些对特定污染物敏感的植物或动物（指示生物）在环境中受伤害所表现的症状，可以对空气或水的污染作出定性和定量的判断。

生物体中污染物的含量一般很**低**，常需要选用**高灵敏度**的现代分析仪器进行分析。如光谱分析、色谱分析、电化学分析、放射性分析、多机联用分析、色谱 - 质谱联用、毛细管电泳 - 质谱联用、气相色谱 - 质谱联用、液相色谱 - 质谱联用、色谱 - 傅里叶变换红外光谱联用等。

9.5 环境监测的质量控制

环境监测质量控制是环境监测质量保证的一个重要部分，指为了达到质量要求所采取的作业技术或活动；是预防测试数据不合格的重要手段和措施，贯穿于测试分析的全过程。质量控制的内容分为**实验室内部质量控制**和**外部质量控制**两个部分。

9.5.1 实验室内部质量控制

实验室内部质量控制是环境监测质量保证的一项重要工作，其**目的在于把监测分析的误差控制在允许的限度内**，使分析数据合理、可靠，在给定的置信区间内达到所要求的质量。实验室内部质量控制的方法很多，且各种方法有各自的特殊意义。下面介绍实验室内部质量控制的基本内容。

（1）全程序空白试验值控制

全程序空白试验值是以**蒸馏水或空白溶液**代替实际样品，并完全按照实际样品的分析程序同样操作后所测得的浓度值。全程序空白试验值的大小及其分散程度，对分析结果的精密度和分析方法的检测限都有很大影响，并在一定程度上反映了一个环境监测实验室及其分析人员的水平，如试验用水、化学试剂纯度、滴定终点误差等对空白试验值均产生影响。

在常规分析中，每次测定两份全程序空白试验平行样，其相对偏差一般**不大于50%**，取其平均值作为同批样品测量结果的空白校正值。用于标准系列的空白试验，应按照标准系列分析程序进行相同操作，以获得标准系列的空白试验值。

（2）平行双样

进行平行双样测定，有助于**减小随机误差**。根据样品单次分析结果，无法判断其离散程度。“精密度”是“准确度”的前提，对样品做平行双样测定，是对测定进行最低限度的精密度复检查。原则上样品都应该做平行双样测定。分析人员在分取样品平行测定时，对同一样品同时分取两份，亦可由质控员将所有待测样品，包括平行双样重新排列编号形成密码样，交分析人员测定，最后报出测定结果，由质控员将密码对号按下列要求检查是否合格。

① 平行双样测定结果的相对偏差不应大于标准方法或统一方法中所列相对标准偏差的2.83倍。

② 对未列相对标准偏差的方法，当样品的均匀性和稳定性较好时，也可参阅表9-6的规定。

表9-6 平行双样相对偏差表

分析结果的数量级/（g/mL）	10^{-4}	10^{-5}	10^{-6}	10^{-7}	10^{-8}	10^{-9}	10^{-10}
相对偏差最大容许值/%	1	2.5	5	10	20	30	50

（3）加标回收

加标回收法是在样品中加入标准物质，通过测定其**回收率**以确定测定方法准确度，多次回收试验还可以发现方法的系统误差。

采用加标回收法时，应注意加标量不能过大，一般为样品含量的**0.5～2倍**，且加标后的总含量**不应超过测定上限**；加标物的浓度宜较高，加标物的体积应很小，一般以不超过原始样品体积的**1%**为好，用以简化计算方法。如测平行加标样，则加标样与原始样应预先随机配对编号。

（4）标准参考物的使用

由于存在于实验室内的系统误差常难以被自身所发现，故需借助于标准参考物，通过量值传递、仪器标定、对照分析、质量考核等方式，来发现和尽量减小可能存在的系统误差。

（5）方法对照

方法对照是指采用不同的分析方法对同一样品进行分析对照的质量保证措施。方法对照可用于**检验新建方法的准确度**。

（6）质量控制图的应用

内部质量控制是实验室分析人员对分析质量进行**自我控制**的过程。一般通过分析和应用某种质量控制图或其他方法来控制分析质量。对经常性的分析项目常用控制图来控制质量。质量控制图的基本原理是由 W.A. Shewhart 提出的，他指出：每一种方法都存在着变异，都受到时间和空间的影响，即使在理想条件下获得的分析结果，也会存在一定的随机误差。但当某一个结果超出了随机误差的允许范围时，运用数理统计的方法，可以判断这个结果是异常的、不可信的。质量控制图可以起到这种监测的仲裁作用。因此**实验室内部质量控制图是监测常规分析过程中可能出现误差、控制分析数据在一定的精密度范围内、保证常规分析数据质量的有效方法**。

质量控制图一般采用直角坐标系，横坐标代表抽样次数或样品序号，纵坐标代表作为质量控制指标的统计值。质量控制图的基本组成见图 9-9。其中：预期值——图中的中心线；目标值——图中上、下警告限之间区域；实测值的可接受范围——图中上、下控制限之间区域；辅助线——在中心线两侧与上、下警告限之间各一半处。

质量控制图的类型有多种，如均值控制图（$\bar{x}$ 图）、均值 - 极差控制图（$\bar{x}$-R 图）、移动均值 - 极差控制图、多样控制图、累积和控制图等。但目前最常用的是均值控制图和均值 - 极差控制图。

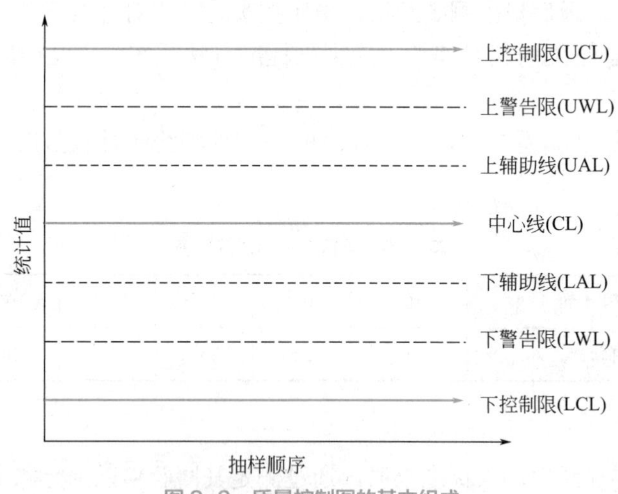

图 9-9　质量控制图的基本组成

9.5.2　实验室外部质量控制

实验室外部质量控制（实验室间质量控制）的**目的是检查各实验室是否存在系统误差**，找出误差来源，提高监测水平，这一工作通常由某一系统的中心实验室、上级机关或权威单位负责。

（1）实验室质量考核

由负责单位根据所要考核项目的具体情况，制订具体实施方案。

① **考核方案的内容** 质量考核测定项目、质量考核分析方法、质量考核参加单位、质量考核统一程序、质量考核结果评定。

② **考核内容** 分析标准样品或统一样品；测定加标样品；测定空白平行，核查检测下限；测定标准系列，检查相关系数和计算回归方程，进行截距检验等。通过质量考核，最后由负责单位综合实验室的数据进行统计处理后作出评价并予以公布。各实验室可以从中发现存在的问题并及时纠正。

（2）实验室误差测验

在实验室间起支配作用的误差常为系统误差，为检查实验室间是否存在系统误差，它的大小和方向以及对分析结果的可比性是否有显著影响，可不定期地对有关实验室进行误差测验，以发现问题及时纠正。

测验的方法是将两个浓度不同（分别记为 X_i、Y_i，两者相差约 ±5%）、但很类似的样品同时分发给各实验室，分别对其做**单次**测定，并在规定日期内上报测定结果 X_i、Y_i。计算每一浓度的均值 $\bar{x}$ 和 $\bar{Y}$，在方格坐标纸上画出 X_i、$\bar{x}$ 值的垂直线和 Y_i、$\bar{Y}$ 值的水平线。将各实验室测定结果（X、Y）点在图中。通过 $\bar{x}$、$\bar{Y}$ 值交点画一与横轴相交 45° 角的直线，结果如图 9-11 所示，此图叫双样图，可以根据图形判断实验室存在的误差。

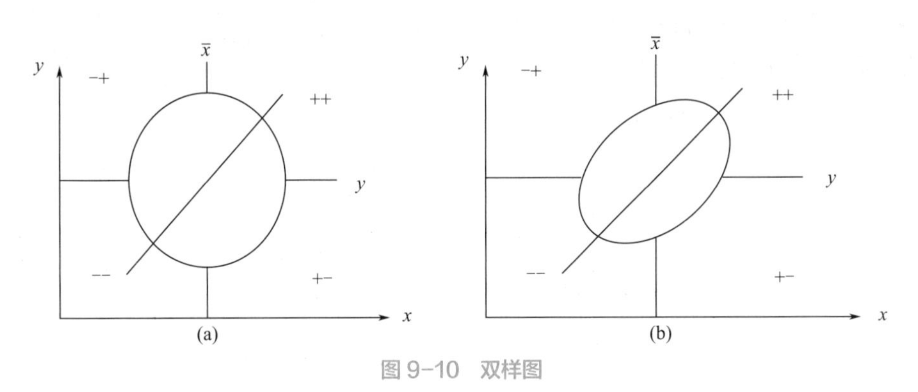

图 9-10 双样图

根据随机误差的特点，各点应分别高于或低于平均值，且随机出现。因此，如各实验室间不存在系统误差，则各点应随机分布在四个象限，即大致成一个以代表均值的直线交点为中心的圆形，如图 9-10（a）所示。如各实验室间存在系统误差，则实验室测定值双双偏高或双双偏低，即测定点分布在 ++ 或 -- 象限内，形成一个与纵轴方向约成 45° 倾斜的椭圆形，如图 9-10（b）所示。根据此椭圆形的长轴与短轴之差及其位置，可估计实验室间系统误差的大小和方向；根据各点的分散程度来估计各实验室间的精密度和准确度。

（3）标准分析方法和分析方法标准化

① 标准分析方法 标准分析方法又称**分析方法标准**，是技术标准中的一种，它是一项文件，是权威机构对某项分析所作的统一规定的技术准则和各方面共同遵守的技术依据，它必须满足以下条件：a. 按照规定的程序编制。b. 按照规定的格式编写。c. 方法的成熟性得到公认。d. 由权威机构审批和发布。

② 分析方法标准化 标准是标准化活动的结果，标准化工作是一项具有高度政策性、经济性、技术性、严密性和连续性的工作，开展这项工作必须建立严密的组织机构。由于这些机构所从事工作的特殊性，要求它们的职能和权限必须受到标准化条例的约束。

（4）监测实验室间的协作试验

协作试验是指为了一个特定的目的和按照预定的程序所进行的合作研究活动。协作试验可用于分析方法标准化、标准物质浓度定值、实验室间分析结果争议的仲裁和分析人员技术评定等项工作。

分析方法标准化协作试验的目的，是为了确定拟作为标准的分析方法在实际应用的条件下可以达到的精密度和准确度，制定实际应用中分析误差的允许界限，以作为**方法选择、质量控制和分析结果仲裁**的依据。

课后习题

1. 环境监测的特点是什么？
2. 什么叫优先污染物？
3. 环境监测的要求是什么？
4. 监测实验室间协作试验的目的是什么？
5. 实验室管理制度主要有哪些？
6. 监测质量控制包括哪些方面？

第 10 章 环境质量评价

学习目标

知识目标

了解环境质量评价的定义、目的、类型和方法；掌握环境质量现状评价的基本程序和方法；掌握环境影响评价的程序、类型和报告书的编制内容。

能力目标

学会利用相关计算方法进行环境质量现状评价；能够编制环境影响报告书。

素质目标

端正学习态度，养成主动学习的习惯；提高分析和处理问题的能力，养成严谨、负责、勤奋、守时的工作态度和习惯。

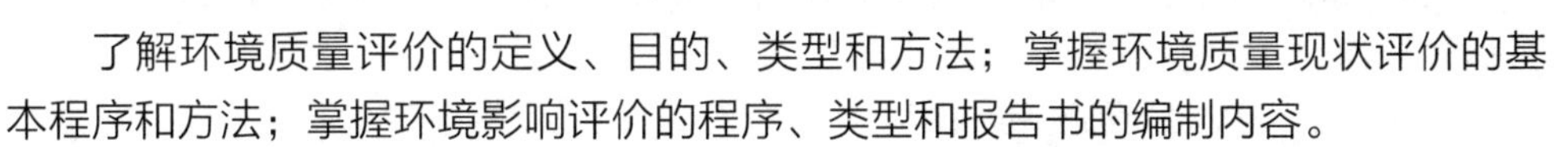

10.1 环境质量评价概述

10.1.1 环境质量

环境质量是环境系统客观存在的一种本质属性，是表征环境对人类生存和社会发展适宜程度的标志。人类和环境以及地球上的所有生物维持着一种相互作用和相互依存的平衡关系，但是由于近些年来工业农业的快速发展，环境结构和功能遭到严重破坏，例如酸雨、温室效应（全球变暖）、臭氧层破坏、土地荒漠化、水资源短缺、大气污染、海洋污染、固体废物污染等，导致目前环境问题频发，环境质量恶化，不适宜人类长久的生存和发展。

环境系统是由不同的环境要素（大气、水、土壤、声、生物等）组成的，从而环境质量也就是指环境要素的质量，比如大气环境质量、水环境质量、土壤环境质量等。通常采用**环境质量参数**来定性或定量地描述环境质量的优劣或变化趋势，例如土壤环境质量可以用酸碱度，镉（Cd）、铜（Cu）等重金属浓度等表征。各种质量参数值、指标和质量指数值等可用于定量描述环境质量；定性描述则是由形容词、名词等反映环境质量，例如好、坏、符合标准、不符合标准等。

10.1.2 环境质量评价的概念

自工业革命以来，特别是进入20世纪以来，科学技术和经济快速发展，但环境却付出了巨大代价。其中煤烟污染、石油污染、重金属污染、农药污染、难降解的有机物污染所造成的环境污染已成为一些国家的社会公害，成为世界关注的三大问题（资源、能源与环境）之一。人们要求保护环境的呼声日益高涨，环境质量评价工作也随之开展起来。

环境质量评价是对区域环境要素质量优劣进行定量的描述，是从环境保护的角度按照一定的评价标准（建立评价要素的等级序列，提供环境要素的质量分级）和评价方法对一定范围的环境质量进行定性定量的说明或描述，评估环境质量的优劣，预测环境质量的发展趋势。

环境质量评价基本内容包括：

① 污染源评价：找出污染源的位置、污染原因以及主要污染物的排放方式、途径和治理措施等。

② 环境污染现状评价：评价该区域是否受到污染和破坏，污染的程度。

③ 对人体健康和生态系统的影响评价。

④ 预测和定量地阐释环境质量的现状及变化趋势等，带来的经济损失等。

10.1.3 环境质量评价的目的

环境质量评价的目的在于查明环境质量的历史和现状，确定影响环境质量的污染源及污染物的污染水平，掌握环境质量的变化规律，并预测环境质量的变化趋势，为环境污染防治和污染源治理提供科学的依据。

环境质量评价的目的还在于其参与研究和解决下列问题：①区域环境污染综合防治；②经济发展与环境保护协调发展的参考依据；③能源政策的制定；④地方环境标准与行业环境标准、法规、条例细则等的制定；⑤为新建、改建、扩建项目的规划和设计提供依据；⑥鉴定环保防治措施的效果，进行区域间环境质量的比较以及全国环境质量的统计等；⑦为环境综合整治和城市规划及环境规划提供依据。

10.1.4 环境质量评价的类型

通常环境评价指环境质量评价和环境影响评价两种，环境影响评价属于环境质量评价，因此环境评价也就是环境质量评价。

（1）按时间范围不同划分

① 环境质量回顾评价　对区域某一历史时期的环境质量进行评价的依据是历史资料。通过回顾评价可以揭示区域环境污染的变化过程。

② 环境质量现状评价　对目前的环境质量状况进行量化分析，反映的是区域环境质量现状。

③ 环境质量影响评价　对拟议中的重要决策和开发活动可能对环境产生的物理性、化学性或生物性的作用，以及造成的环境变化和对人类健康的影响，进行系统分析与评估，并且提出减免这些影响的对策和措施。

环境影响评价与环境质量评价是性质上完全不同的两项工作，无论是工作目的、任务、内容和方法都各不相同，而不仅仅只是过去、现在、未来时间上的差别。其主要差别见表 10-1。

表 10-1　环境影响评价和环境质量评价的区别

项目	环境影响评价	环境质量评价
目的	防患于未然，为建设项目合理布局或区域开发提供决策依据	为环境规划和综合治理提供科学依据
性质	环境影响预测	环境现状评定
对象	建设项目、区域开发计划	区域性自然环境
特点	工程性、经济性	区域性
方法	收集资料、模拟试验、监测、模式预测	环境调查与监测

（2）按环境要素不同划分

① 单要素环境质量评价　大气、地表水、地下水、土壤（农业土、自然土）、生物、噪声等的评价。

② 多要素环境质量评价　指两个或以上的环境要素评价。比如地表水与地下水的联合评价等。

③ 环境质量综合评价　对环境要素（水环境、大气环境、噪声环境等）的综合评价。

（3）按评价的区域类型划分

可分为城市环境质量评价、海域环境质量评价、风景游览区环境质量评价等。

（4）按环境要素的不同划分

大气环境质量评价、水体环境质量评价、土壤环境质量评价、噪声环境质量评价等。

10.1.5　环境质量评价的方法

环境质量评价方法开始多为描述性的定性评价。比如环境质量的“优”与“劣”，污染物浓度的“高”与“低”，环境影响的“大”与“小”等，均没有用确定的界限加以划分。自 20 世纪 70 年代以来，出现大量的数学计算法，将环境调查监测数据代入数学公式，以数字的形式评价环境质量的变化。**环境质量的评价包括单个环境要素质量的评价和整体环境质量的综合评价**，前者是后者的基础。最常用的环境质量评价方法是**数理统计法和环境质量指数法**。环境质量评价方法基本原理是选择一定数量的评价参数经统计分析后，按照一定的评价标准进行评价，或转换成在综合加权的基础上进行比较。

（1）环境质量评价方法的基本要素

① 调查与监测数据　准确、足够而有代表性的调查与监测数据是环境质量评价的基础资料。

② 评价参数　即调查与监测指标。实际工作中可选最常见、有代表性、常规监测的污染物项目作为评价参数。此外，可针对评价区域的污染源和污染物的排放实际情况增加某些污染物项目作为环境质量的评价参数。

③ 评价标准　通常采用环境背景值或环境质量标准作为评价标准。

④ 评价权重　需要对各评价参数或环境要素给予不同的权重以体现其在环境质量中的重要性。

⑤ 环境质量的分级　根据环境质量值及其对应的效应作质量等级划分，说明每个环境

质量数值的含义。

（2）数理统计方法

监测数据是环境质量评价的基础资料。数理统计方法是对环境监测数据进行统计分析，求出有代表性的统计值，然后对照卫生标准，作出环境质量评价。数理统计方法是环境质量评价的基础方法，其得出的统计值可作为其他评价方法的基础数据资料，可以反映各污染物的平均水平及其离散程度、超标倍数和频率、浓度的时空变化等。

（3）环境质量指数法

① 环境质量指数法的特点 “**环境质量指数**”（environmental quality index）是将大量调查监测数据经统计处理后求得其代表值，以环境质量标准作为评价标准，把它们代入专门设计的计算公式，换算成定量和客观地评价环境质量的无量纲数值，这种数量指标就叫“环境质量指数”，也称“环境污染指数”。

环境质量指数可分为单要素的环境质量指数和总环境质量指数两大类。单要素的环境质量指数，有大气质量指数（air quality index）、水质指数（water quality index）、土壤质量指数（soil quality index）等。它们或是由若干个用单独某一个污染物或参数反映环境质量的“分指数”，或是用该要素若干污染物或参数按一定原理合并构成反映几个污染物共同存在下的“综合质量指数”。若干个单要素环境质量指数按一定原理综合成“总环境质量指数”用于评价这几个主要环境因素作用下形成的“总环境质量”。环境质量指数法的特点是，能适应综合评价某个环境因素乃至几个环境因素的总环境质量的需要。

环境质量指数的计算，有**比值法**和**评分法**两种。比值法是以 c_i/S_i 的形式作为各污染物的分指数。评分法是将各污染物参数按其监测值大小定出评分，应用时根据污染物实测的数据就可求得其评分。从几个分指数可以构成一个综合质量指数，常用的方法有简单叠加、算术均数和加权平均等。

② 常用环境质量指数评价方法 **兼顾最高分指数和平均分指数的环境质量指数**，该类指数在计算大气综合质量时，不仅考虑平均分指数，而且适当兼顾最高分指数，因为当大气中某种污染物出现高浓度污染时，就可能对环境和健康引起某方面的较大危害。

污染超标指数，由若干个超标分指数综合而成。其超标分指数反映历次超标浓度总和的数量，并且以实际监测数据与占原监测计划应有数据次数的比值作为权重进行修正。此类指数中有代表性的是大气污染超标指数。

大气质量玫瑰图，将每个监测点的大气质量指数和大气污染超标指数及它们的各分指数用作图方法标示，使人一目了然地看出区域大气质量的分布和各点差异状况。

分段线性函数型质量指数的各分指数与其实测浓度呈分段线性函数关系，指数的表示也以各分指数分别表示或选择最高的表示，并赋予其健康效应含义和应采取的措施。

（4）专家评价法

专家调查法是一种以问卷形式征询专家意见的现代预测研究方法。一般是指邀请 10 ～ 50 名在该领域从事 10 年以上技术工作的科学技术工作人员或专业干部进行匿名函询、轮回反馈沟通并采用统计方法对结果进行定量处理。代表性的有**特尔斐法**。根据环境系统的组成，利用特尔斐测定法选定影响环境质量的因子和确定其权重，现场监测调查实际资料，判定各因子的作用分值，采用模糊综合法计算出生态环境变化前后的综合分值，评价环境质量。

特尔斐法是以分发问题表的形式，征求、汇集并统计个人的意见或判断，以便在一些问题上使大家取得一致的意见，从而对未来做出预测，或对关心的事物做出评价，又称为专家意见征询法。它采用一套系统的程序，采用匿名和反复函询的方式进行。拟定调查提纲，并提供背景资料，经过几轮的征询和反馈，使不同意见渐趋一致，最后汇总，用简单的统计方法进行收敛，从而得出统一的预测结果。

10.2 环境质量现状评价

对一定区域内人类近期的和当前的活动致使环境质量发生变化，以及受此变化引起人类与环境质量之间的价值关系的改变进行评价，称为环境质量现状评价。

环境质量的现状反映了人类已进行或当前正进行的活动对环境质量的影响。由于人类对环境质量的要求，除了要求维持生存繁衍的基本条件外，还要求能满足人类追求安逸舒适的需求。因而对这种影响的评价应根据一定区域内人类对环境质量的价值取向来评价，包括**自然资源的价值、生态价值、社会经济价值和生活质量价值**。

10.2.1 环境质量现状评价的基本程序

环境质量现状评价一般按以下程序进行：

（1）确定评价目的

进行环境质量现状评价首先要确定评价目的，主要是指本次评价的性质、要求以及评价结果的作用，评价目的决定了评价区域的范围、评价参数、采用的评价标准。同时，要制订评价工作大纲及实施计划。

（2）收集与评价有关的背景资料

由于评价的目的和内容不同，所收集的背景资料也要有所侧重。如以环境污染为主，要特别注意污染源与污染现状的调查；以生态环境破坏为主，要特别进行人群健康的回顾性调查；以美学评价为主，要注重自然景观资料的收集。

（3）环境质量现状监测

在背景资料收集、整理、分析的基础上，确定主要监测因子。监测项目的选择因区域环境污染特征不同而异，但主要应依据评价的目的。

（4）背景值的预测

在评价区域比较大或监测能力有限的条件下，就需要根据监测到的污染物浓度值，建立背景值预测模式。

（5）环境质量现状的分析

分析区域主要污染源及污染物种类数量。

（6）评价结论与对策

对环境质量状况给出总的结论并提出污染防治对策。

10.2.2 环境质量现状评价的内容

环境质量现状评价包括以下三部分内容：

（1）环境背景的调查与评价

环境背景调查和评价的内容可分为自然环境特征和社会环境特征两个方面。

（2）污染源调查与评价

污染源评价的方法很多，目前采用等标污染负荷法，分别对水、气等污染物进行评价。

（3）环境污染现状的调查与评价

环境质量现状评价包括单项因素的评价和整体环境的综合评价。前者是后者的前提和基础，后者是前者的提高和综合。无论哪一种评价，实质上都是对一定环境因素的系统分析和这种分析基础上的系统总结。

自然环境因素是环境质量现状的生态学评价的基本要素，包括地质、地貌、气象、土壤、群落结构、人口等。

理化因素包括大气质量、水体质量、土壤理化指标、土壤结构状况、固体废物、噪声、振动等对环境质量的影响及理化指标。

生态因素是环境质量现状的生态学评价的主要因素，包括生态系统中第一生产力的结构（森林覆盖率、群落结构）和生产力高低（光合能力）、第二生产力（次级生产力），以及生物形态、生态系统中能量分配、物质循环、信息传递、人口密度等有机因素；生态系统中的无机成分，如水土流失、泥石流、旱灾、洪灾等也是重要的生态因素。

社会因素也是影响环境质量的重要因素，包括经济结构、经济功能、经济效益、社会效益和文化状况等。

如果是单项因素的评价，则是把上述因素的某一项或几项进行分析和评价。我国多以大气、水体、土壤和噪声几个因素进行重点评价。整体环境质量现状评价应把影响因素都包括进去，但因受资料数据来源的限制，有些内容不易在短时间内就能收集到，因此，综合评价只是相对的。

10.2.3 环境质量现状评价的方法

国内外已提出并应用的环境质量评价方法是多种多样的，至今我国尚未形成统一的方法系列，主要包括以下方法：

（1）环境污染评价方法

其目的在于分析现有的污染程度、划分污染等级、确定污染类型。**经常使用的是污染指数法。分为单因子指数和综合指数两大类**。

单因子污染指数的计算公式为：

$$P_i=\frac{c_i}{S_i} \tag{10-1}$$

其算术平均值为：

$$\overline{P}_i=\sum_{i=1}^{k}\frac{P_i}{k} \tag{10-2}$$

式中　P_i——污染物 i 的污染指数；

c_i——污染物 i 的实测浓度；

S_i——污染物 i 的评价标准值；

$\overline{P}_i$——污染物 i 的平均污染指数；

k——监测次数。

综合污染指数有以下几种形式：

叠加型指数：

$$I=\sum_{i=1}^{n}\frac{c_i}{S_i} \tag{10-3}$$

均值型指数：

$$I=\frac{1}{n}\sum_{i=1}^{n}\frac{c_i}{S_i} \tag{10-4}$$

加权均值型指数：

$$I=\frac{1}{n}\sum_{i=1}^{n}W_iP_i \tag{10-5}$$

均方根型指数：

$$I=\sqrt{\frac{1}{n}\sum_{i=1}^{n}P_i^2} \tag{10-6}$$

式中 I——综合污染指数；

n——评价因子数；

W——污染物 i 的权系数。

上述指数形式仅是基本形式，根据评价工作的需要可自行设计。

（2）生态学评价方法

是通过各种生态因素的调查研究，建立生态因素与环境质量之间的效应函数关系，评价自然景观破坏、植被减少、作物品质下降与人体健康和人类生存发展需要的关系。由于生态学的内容非常丰富，生态学评价方法也有许多种，**这里主要介绍植物群落评价、动物群落评价和水生生物评价**。

① 植物群落评价　一个地区的植物与环境有一定的关系。评价这种关系可用下列指标——**植物数量**，说明该地区的植被组成、植被类型和各物种的相对丰盛度；**优势度**，即一个种群的绝对数量在群落中占优势的相对程度；**净生产力**，是指单位时间的生长量或产生的生物量，这是一个很有用的生物学指标；**种群多样性**，是用种群数量和每个种群的个体量来反映群落的繁茂程度，它反映了群落的复杂程度和“健康”情况。通常使用辛普生指数，其公式为：

$$D=\frac{N(N-1)}{\sum n(n-1)} \tag{10-7}$$

式中 D——多样性指数；

N——所有种群的个体总数；

n——一个种群的个体数。

由于指数受样本大小的影响，所以必须用两个以上同样大小的群落进行对比研究。

② 动物群落评价　一个地区的动物构成取决于植物情况。因此，植物群落的评价结果及方法，在动物群落评价中都有重要作用。动物群落评价注重优势种、罕见种或濒危种，通过物种表、直接观察等方法确定动物种群的大小。

③ 水生生物评价　水生生态系统（包括河流、海洋）的生物在很多方面与陆生生物和

陆生群落不一样。因此，采集的方法和评价的方法也不同。例如，由于藻类是水生生物系统中主要的食物生产者，如果水质、水温、水位、流量、有机质含量等发生变化，藻类的生产就会受到影响。对某些评价工作就需要对藻类进行评价。在评价过程中，通常需要了解组成成分，即某区域内有什么生物体存在；丰盛度，某种水生生物在该研究区域内所有水生生物中的相对数量；生产力，为了了解某种生物在它的群落食物链中的相对重要性。其次是对水生动物的评价。水生动物范围很广、种类繁多，应根据评价目的选择评价因子。

（3）美学评价法

是从审美准则出发，以满足人们追求舒适安逸的需求为目标，对环境质量的文化价值进行评价。评价的方法主要有**定性评价**，如美感的描述；定量评价，如美感评分，对风景环境的美学评价；还可采用**艺术评价手段**，如摄影艺术，以此可烘托出环境美的意境来。

美感的描述主要包括对人文要素和环境要素构成美的内在关系的描述。美感评分，是采用主观概率法计算美感值，其计算公式可以采用：

$$Q=\sum_{i=1}^{n}Q_iW_i \tag{10-8}$$

式中　Q——评价对象的美感值；

Q_i——第 i 个要素美感值；

W_i——第 i 个要素的权系数。

需要指出的是美感值的评价结果往往受评价者主观因素影响较大。在评价中应该将有经验的专家评分与公众的调查评定结果相结合，再加以分析调整，才有可能得到比较客观一致的评价结果。目前环境质量的美学评价方法还不成熟，需要进一步完善。

10.2.4　大气环境质量现状评价

大气质量现状评价，就是收集评价区域及周围地区的气象、污染物及相关资料，进行现场考察、污染物监测和污染气象及大气湍流扩散参数调查，确定拟建项目所在地区空气质量的本底情况，为开展环境影响预测等工作提供基础资料。

（1）评价内容

大气环境质量现状评价工作可分为三个阶段，即调查准备、环境监测、评价分析。

第一阶段是调查准备。根据评价任务的要求，结合本地区的具体条件，首先确定评价范围。在大气污染源调查和气象条件分析的基础上，拟定地区的主要大气污染源和主要污染、发生重污染的气象条件等，据此制订大气环境监测计划。其中包括监测项目、监测点的布设、采样时间和频率、采样方法、分析方法等，并作好人员组织和器材准备。

第二阶段是按照监测计划进行大气污染监测，视评价等级有时需进行同步气象观测，以便为建立大气评价模式积累基础资料。大气污染监测应按年度分季节定区、定点、定时进行。为了分析评价大气污染的生态效应，为大气污染分级提供依据，最好在大气污染监测同时进行大气污染生物学监测和环境卫生学监测，以便从不同角度来评价大气环境质量，使评价结果更科学、更合理。

第三阶段为评价分析阶段。评价就是运用大气质量指数对大气污染程度进行描述，分析大气环境质量随时空的变化，探讨其原因，并根据大气污染的生物监测和大气污染环境卫生学监测进行大气污染的分级。最后，分析说明大气污染的原因，主要大气污染因子、重污染发生的条件、大气污染对人和动植物的影响等。

（2）评价方法 评价方法目前用得最多最普遍的是环境指数的评价方法。

① 一般型大气环境指数评价方法

这类指数首先计算数值，然后按分级系统确定大气污染指数等级。

a. 上海大气污染指数 该指数由上海第一医学院姚志麒教授提出。他认为，如果采用 c_i/S_i 会存在下述不足，假如大气中有一个污染物浓度不高，甚至很低，这时按平均值计算得到的指数并不高，从而掩盖了高浓度污染物的污染情况。而事实上，当大气中出现任何一种污染物的严重污染，都有可能引起较大的危害，因此在设计指数时，除了考虑平均值外，也要适当考虑其中的最大值。他将大气污染指数表示为（c_i/S_i）$_{平均}$和（c_i/S_i）$_{最大值}$的函数。令纵坐标 y 代表（c_i/S_i）$_{平均}$，横坐标 x 代表（c_i/S_i）$_{最大值}$，则大气污染的程度或大气污染指数可用 x 轴和 y 轴平面上的一个点 P（x，y）来表示。x 和 y 值越大，大气污染指数越大，反之则越小。因此大气污染指数与 I_1' 成比例，即：

$$I_1'=a\sqrt{x^2+y^2}=a\sqrt{\left(\max\left|\frac{c_1}{S_1},\ \frac{c_2}{S_2},\ \cdots,\ \frac{c_k}{S_k}\right|\right)^2+\left(\frac{1}{k}\sum_{i=1}^{k}\frac{c_i}{S_i}\right)^2} \tag{10-9}$$

式中 a——比例常数，当各个 c_i/S_i 值均等于 1 时，令 i=1，则 $a=\dfrac{1}{\sqrt{2}}$。

将其代入式中，则：

$$I_1'=a\sqrt{\frac{\left(\max\left|\frac{c_1}{S_1},\ \frac{c_2}{S_2},\ \cdots,\ \frac{c_k}{S_k}\right|\right)^2+\left(\frac{1}{k}\sum_{i=1}^{k}\frac{c_i}{S_i}\right)^2}{2}} \tag{10-10}$$

考虑到 x 只是几个 c_i/S_i 值中的一个最高值，而 y 则代表全体 c_i/S_i 的平均值，因此认为在适当兼顾最高值的原则下，可考虑对平均值加较大的权，当最高 c_i/S_i 值与平均 c_i/S_i 值相差悬殊，即 x/y 越大时，应给平均值加上越大的权重。他们定 x 的权为1，y 的权为 x/y，则可得大气污染指数（I_1）的计算公式：

$$I_1=\sqrt{\frac{(1)x^2+\left(\frac{x}{y}\right)y^2}{1+\frac{x}{y}}}=\sqrt{xy}$$

$$=\sqrt{\left(\max\left|\frac{c_1}{S_1},\ \frac{c_2}{S_2},\ \cdots,\ \frac{c_k}{S_k}\right|\right)^2+\left(\frac{1}{k}\sum_{i=1}^{k}\frac{c_i}{S_i}\right)^2} \tag{10-11}$$

$$I_{上}=\sqrt{I_{max}\times\bar{I}} \tag{10-12}$$

该指数形式简单，计算方便，适用于综合评价几个污染物共同影响下的大气污染指数，它可用于评价大气污染指数长期变化的趋势。同时，沈阳环保所的研究人员参照美国 PSI（污染物标准指数）值对应的浓度和人体健康的关系对 $I_{上}$值实现了大气污染分级，结果见表10-2。**该指数可进行大气环境质量逐日变化的评价，目前，它是最通用的大气环境质量现状评价的指数。**

表 10-2 上海大气污染指数分级

分级	清洁	轻污染	中污染	重污染	极重污染
$I_{上}$	<0.6	0.6 ~ 1	1 ~ 1.9	1.9 ~ 2.8	>2.8
大气污染水平	清洁	大气污染指数三级标准	普戒水平	警告水平	紧急水平

b. 南京大气质量指数 其综合方法是加权平均，所选择的评价因子为SO_2、NO_x、降尘，S_i根据《环境空气质量标准》规定的二级标准的日平均最高允许浓度确定。同样也规定了相应的分级标准。

$$Q_i = \frac{1}{\sum_{i=1}^{k} W_i} \sum_{i=1}^{k} W_i P_i \tag{10-13}$$

式中 Q_i——大气质量指数；

P_i——污染指数，表达式为$\frac{c_i}{S_i}$；

W_i——i污染物权重值（本评价中W_i=1/3）。

计算出指数值后根据分级标准确定大气质量。见表 10-3。

表 10-3 南京大气环境质量指数分级标准

Q_i	<0.3	0.3 ~ 0.5	0.5 ~ 0.8	0.8 ~ 1.0	>1.0
级别	清洁	尚清洁	轻污染	中污染	重污染

② 分级型大气环境指数评价方法 这类指数的特点是按评价参数的浓度值划分等级或评分，然后对各评价参数的计分进行综合后评价。

a. 污染物标准指数 污染物标准指数是 1976 年美国公布的，简称 PSI，供各州使用。**PSI 选 SO_2、NO_x、CO、氧化物、颗粒物及 SO_2 与颗粒的乘积六个评价参数**，PSI 是在全面比较六个参数之后，选择污染最重的分指数来报告大气环境的质量，使用方便，结果简明。

b. 大气监测评价方法

这是中国环境学会环境质量评价专业委员会建议的一种分级评价方法，大气中污染物的浓度限值及评分见表 10-4。

表 10-4 大气质量分级和评分表

项目	分级									
	第一级（理想级）		第二级（良好级）		第三级（安全级）		第四级（污染级）		第五级（重污染级）	
	标准值评分									
	范围	评分	范围	评分	范围	评分	范围	评分	范围	评分
降尘	≤ 8	25	≤ 12	20	≤ 20	15	≤ 40	10	>40	5
飘尘	≤ 0.10	25	≤ 0.15	20	≤ 0.25	15	≤ 0.50	10	>0.50	5
二氧化硫	≤ 0.05	25	≤ 0.15	20	≤ 0.25	15	≤ 0.50	10	>0.50	5

续表

项目	分级									
	第一级（理想级）		第二级（良好级）		第三级（安全级）		第四级（污染级）		第五级（重污染级）	
	标准值评分									
	范围	评分	范围	评分	范围	评分	范围	评分	范围	评分
氮氧化物	≤ 0.02	25	≤ 0.05	20	≤ 0.10	15	≤ 0.20	10	>0.20	5
一氧化碳	≤ 2	25	≤ 4	20	≤ 6	15	≤ 12	10	>12	5
总氧化剂（一次最大）	≤ 0.05	25	≤ 0.1	20	≤ 0.20	15	≤ 0.40	10	>0.40	5

该评价方法，暂选用监测规范中的降尘、颗粒物、SO_2 为必评参数，CO、NO_x、O_3 为自选项目，可任选其中污染最重的一项参加评价，因此，本评价方法共选 4 个参数。

分级评分的计算方法，采用百分制，评分越高，大气污染指数越好。评价时先由表 10-4 求得各评价参数的评分值 A_i；根据各参数评分值 A_i 求 M，M 值即为大气污染指数的分数。计算式如下：

$$M=\sum_{i=1}^{4}A_i \tag{10-14}$$

式中 A_i——i 污染物评分值；

M——大气污染指数分数；

4——评价参数的项数。

M 值应在 20 ～ 100 之间，可按表 10-5 分级评价大气污染指数。该方法可用于一日监测数据的评价，也可用于一个时段，如一月、一季、一年的大气监测数据的评价。在描述大气污染指数状况时要分别描述本地区一类区、二类区、工业区、整个城市的大气污染指数状况。

表 10-5 分级标准

M	100 ~ 95	94 ~ 75	74 ~ 55	54 ~ 35	34 ~ 17
大气污染指数等级	第一级（理想级）	第二级（良好级）	第三级（安全级）	第四级（污染级）	第五级（重污染级）

过去，国内、外大气环境质量现状评价多采用环境质量综合指数，例如上海大气污染指数等。综合指数是以大气环境内各个评价因子的分指数为基础，经过数学关系式运算而得。因此，如果有几种污染物浓度很低，就有可能把某个污染物浓度较高的影响掩盖起来，或者个别污染物浓度很高有可能把几种污染物浓度较低的影响掩盖起来。这样，用综合指数表征大气环境质量的优劣就偏离了实际。

目前，一般都采用比较直观、简单的单项评价指数评价大气环境质量，其表达式为：

$$I_i=c_i/S_i \tag{10-15}$$

式中 c_i——标准状态环境污染物 i 的实测浓度，mg/m^3；

S_i——标准状态污染物 i 的环境质量标准，mg/m^3。

10.2.5 水环境质量现状评价

水环境是河流、湖泊、海洋、地下水等各种水体的总称。**水环境评价包括地面水（河流、湖库、海洋等）、地下水、水生生物、底质等的评价**。进行水质评价时，需了解水环境变化的时间和空间规律。从时间因素上考虑，要掌握不同时期、不同季节污染物动态变化规律；从空间因素上考虑，需要掌握水体不同位置、不同深度处水的质量参数的变化规律，只有了解这些基本规律才能使水体质量评价具有典型性和代表性。

（1）地面水环境质量现状评价

对于地面水质量评价，方法包括水环境指数法、生物学评价方法和概率统计方法等。根据建设项目的种类、性质及其水文和地理条件，首先确定评价范围。一般潮汐河流的评价范围可大些；水闸控制的河流评价范围可小些。将水质的历史资料和现场监测数据整理分析，采用下列方法进行现状评价。

① 单项水质参数评价 单项水质参数评价是目前**使用最多的水质评价方法**，该方法简单明了，可直接了解水质状况与评价标准之间的关系。其评价采用**标准指数法**，即

$$S_{ij}=\frac{c_{ij}}{c_{sj}} \tag{10-16}$$

式中 c_{ij}——i 污染物在 j 点的浓度，mg/L；

c_{sj}——水质参数 i 的地面水质标准，mg/L。

DO 的标准指数为：

$$S_{\mathrm{DO},j}=\frac{|\mathrm{DO_f}-\mathrm{DO}_j|}{\mathrm{DO_f}-\mathrm{DO_s}} \quad \mathrm{DO}_j \geqslant \mathrm{DO_s} \tag{10-17}$$

$$S_{\mathrm{DO},j}=10-9\frac{\mathrm{DO}_j}{\mathrm{DO_s}} \quad \mathrm{DO}_j<\mathrm{DO_s} \tag{10-18}$$

$$\mathrm{DO_f}=468/(31.6+t) \tag{10-19}$$

式中 $\mathrm{DO_f}$——饱和溶解氧的浓度，mg/L；

$\mathrm{DO_s}$——溶解氧的地面水质标准，mg/L；

DO_j——j 点的溶解氧浓度，mg/L；

t——水温，℃。

pH 的标准指数为：

$$S_{\mathrm{pH},j}=\frac{7.0-\mathrm{pH}_j}{7.0-\mathrm{pH_{sd}}} \quad \mathrm{pH}_j \leqslant 7.0 \tag{10-20}$$

$$S_{\mathrm{pH},j}=\frac{\mathrm{pH}_j-7.0}{\mathrm{pH_{su}}-7.0} \quad \mathrm{pH}_j>7.0 \tag{10-21}$$

式中 pH_j——河流上游或湖（库）、海的 pH 值；

$\mathrm{pH_{sd}}$——地面水水质标准中规定的 pH 值下限；

$\mathrm{pH_{su}}$——地面水水质标准中规定的 pH 值上限。

水质参数的标准指数 >1，表明该水质参数超过规定的水质标准，已不能满足使用要求。

② 多项水质参数综合评价 这种评价方法很多，**可以采用以下任一方法进行综合评价**。这种方法在调查的水质参数较多时使用，能了解多个水质参数与相应标准之间的综合相对关

系，但有时也掩盖了高浓度的影响。

a. 幂指数法

$$S_j=\prod_{i=1}^{n} I_{i,j}^{w_i} \qquad (10\text{-}22)$$

$$0<I_{i,j}<1,\ \sum_{i=1}^{n} W_i=1$$

b. 加权平均法：

$$S_j=\frac{1}{n}\sum_{i=1}^{n} W_i S_i \qquad (10\text{-}23)$$

$$\sum_{i=1}^{n} W_i=1$$

c. 向量模法

$$S_j=[\sum_{i=1}^{n} S_{i,j}^2]^{1/2} \qquad (10\text{-}24)$$

d. 算术平均法

$$S_j=\frac{1}{n}\sum_{i=1}^{n} S_{i,j} \qquad (10\text{-}25)$$

式中 $S_{i,j}$——i 污染物在 j 点的评价指数；

S_j——j 点的综合评价指数；

S_i——污染物 i 的评价指数；

$I_{i,j}$——污染物 i 在 j 点的污染指数；

W_i——i 污染物的权重值。

（2）地面水体底质的评价

用污染指数法评价底质污染状况时，其难点在于缺少底质的评价标准，对湖泊来说，通常是在进行湖区土壤中有害物质自然含量调查基础上，按下面公式评价。

$$S_i=\frac{c_i}{L_i} \qquad (10\text{-}26)$$

式中 S_i——i 污染物的评价指数；

c_i——底质中的污染物浓度，为实测值；

L_i——湖区土壤中 i 污染物的自然含量。

计算出各参数的污染指数后，按式（10-26）[内梅罗（N.L. Nemerow）指数] 将计算所得的 S_i 值按表 10-6 对底质污染状况分级。

$$S_i=\sqrt{\frac{S_{i最大}^2+S_{i平均}^2}{2}} \qquad (10\text{-}27)$$

表 10-6 底质污染状况分级表

底质污染指数值	污染程度分级
<1.0	清洁
1.0 ～ 2.0	轻污染
2.0 以上	污染

（3）地下水质量评价方法

地下水质量评价常采用统计法和综合指数法。

① 统计法　以监测点的检出值与背景值或生活饮用卫生指标比较作依据。对监测区污染物质平均含量变化、监测样、监测井的超标率及其分布规律进行污染程度的评价。此法适用于环境水文地质条件简单、污染物质单一的地区采用。

② 综合指数法　内梅罗污染指数法［见式（10-26）］根据 S_i 值，参照《地下水质量标准》（GB/T 14848—2017）划分地下水质量标准，见表 10-7。

表 10-7　地下水评价分级

级别	优良	良好	较好	较差	极差
P_{ij}	<0.80	0.80 ～ 2.50	2.50 ～ 4.25	4.25 ～ 7.20	7.20

（4）水环境质量生物学评价

水环境质量生物学评价以生态学和地球化学知识为基础，有以下几种方法。**一般描述对比法**：描述调查水体的水生生物和该区域内同类型水体或同一水体的生物历史状况，并进行比较，是一种定性的方法，可比性差。**指示生物法**：根据对水体中有机污染物质或某种特定污染物质敏感的或有较高耐受性的生物种类的存在或缺失，来指示水体中有机物或某种特定污染物的多寡与污染程度。**生物指数法**：这个方法是将水质变化引起的生物群落的生态学效应用数学方法表达出来，得到群落结构的定量数值。

① 生物指数法　由污染引起的水质变化对引起多方面变化的生物群落的生态学效应，比如群落结构的种类组成变化；群落中种类组成比例的变化；自养、异养程度上的变化等。因此，有多种生物评价指数，如**贝克（Beck）指数**是按底栖大型无脊椎动物对有机污染的耐受性分成两类：Ⅰ类是不耐受有机污染的种类；Ⅱ类是能忍受中等程度的污染但非完全缺氧条件的种类。将一个调查点内Ⅰ类和Ⅱ类动物种类数 n_{I} 和 n_{II}，按 $I=2n_{\mathrm{I}}+n_{\mathrm{II}}$ 公式计算生物指数。此法要求调查采集的各检测站的环境因素力求一致，如水深、流速、底质、水草有无等。这种生物指数值，在净水中为 10 以上，中等污染时为 1 ～ 10，重污染时为 0。

② 指示生物法　指示生物法是**最经典**的生物学水质评价法。有人根据被有机污染的河流自上游至下游随着污染程度的减轻，出现一系列特征性的水生动物和水生植物的现象，提出了污水生物体系。这样，根据河流各区段出现的动植物区系，即可鉴别该区属于哪一带及有机污染程度，见表 10-8。

表 10-8　库克维兹（Kolkwitz）和马尔松（Marsson）污水体系各带的化学和生物特征

项目	多污染	α－中污带	β－中污带	寡污带
化学的过程	因腐败现象引起的还原和分解作用明显开始	水及底泥中出现氧化	到处进行着氧化作用	因氧化使矿化作用达到完成阶段
溶解氧	全无	有一些	较多	很多
BOD	很高	高	较低	低
硫化氢的形成	有强烈的硫化氢味	硫化氢臭味没有了	无	无
底泥	往往有黑色硫化铁存在，故常呈黑色	在底泥中硫化铁已氧化成氢氧化铁，故不呈黑色		底泥大部分已氧化
水中细菌	大量存在，每毫升水中达 100 万个以上	数量很多，每毫升水中达 10 万以上	数量减少，每毫升水中细菌在 10 万个以下	数量少，每毫升水中细菌数量 100 个以下

续表

项目	多污染	α-中污带	β-中污带	寡污带
栖息生物的生态学特征	所有动物无例外地皆为细菌摄食者；均能耐pH的强烈变化；耐低溶氧的嫌气性生物；对硫化氢、胺等毒性有强烈的抗性	以摄食细菌的动物占优势，其他有肉食性动物，一般对溶氧及pH变化有高度适应性；大致能容忍胺，对H_2S仅有弱的耐性	对溶氧及pH变动的耐性差，对腐败毒物无长时间耐性	对溶氧及pH变动的耐性很差，特别缺少对腐败性毒物如H_2S等的耐性
植物	无硅藻、绿藻、接合藻以及高等植物出现	藻类大量发生；有蓝藻、绿藻、接合藻及硅藻出现	硅藻、绿藻、接合藻的种类出现；此带为鼓藻类主要分布区	水中藻类少，但着生藻类多
动物	微型动物为主，原生动物占优势	微型动物占大多数	多种多样	多种多样
原生动物	有变形虫、纤毛虫，但无太阳虫、双鞭毛虫及吸管虫	逐渐出现太阳虫、吸管虫，但无双鞭毛虫出现	太阳虫和吸管虫中耐污性弱的种类出现，双鞭毛虫也出现	仅有少数鞭毛虫和纤毛虫
后生动物	仅有少数轮虫、蠕形动物、昆虫幼虫，出现水螅。淡水海绵、苔藓动物、小型甲壳类、贝类、鱼类不能在此生存	贝类、甲壳类、昆虫出现，但无淡水海绵及苔藓动物，鱼类中的鲤、鲫、鲶等可在此栖息	淡水海绵、苔藓动物、水螅、贝类、小型甲壳类、两栖动物、鱼类均有多种出现	除各种动物外，昆虫幼虫种类很多

10.2.6 总环境质量综合评价

区域环境包括大气、水体、土壤、生物、噪声以及社会环境诸要素，它们相互关联、相互影响、相互制约，构成一个统一的整体。污染物进入某组成要素中，会影响其他因素。实际上，污染物是在整个环境中进行迁移转化，最后引起环境质量变化的，故而在对各要素分别进行评价后，还应对整个环境质量作综合评价，**即确定区域“总环境质量指数”**。

总环境质量指数评价方法的**核心**是对各个分指数乘以权重系数，然后求和。例如：

$$A_0=\sum A_i$$

$$P_{综合}=P_{大气}+P_{地表水}+P_{地下水}+P_{土壤} \tag{10-28}$$

10.3 环境影响评价

根据《中华人民共和国环境影响评价法》，**环境影响评价**是指对规划和建设项目实施后可能造成的环境影响进行分析、预测和评估，提出预防或者减轻不良环境影响的对策和措施，进行跟踪监测的方法与制度。环境影响评价是基于各种规章制度来展开工作的。自我国对环境影响评价进行法律规范以来，环评工作有很大的进步。在大气污染、水污染等环评工作中，都能够有条不紊地进行。在各种技术的改造、基础建设等方面，环评工作愈加显示出巨大的作用。环境影响评价的目的在于鼓励在规划和决策中考虑环境因素，最终达到更具环境可容性和友善性的人类活动。

环境影响评价的**作用**具体体现在以下几个方面：第一，环境影响评价能够明确建设项目研发及建设者的环境保护责任，同时促使其能够严格遵循具体规定采取切实可行的措施从而起到对环境有效保护的目的；第二，环境影响评价能够在建设工程项目设计观念中融入环保理念，从而促使工程项目能够与环境保护大的发展趋势相吻合；第三，环境影响评价能够为环境保护者及管理者供应充分的科学依据，从而证明建设项目在实施作业中不会对自然环境造成任何不利的影响。

环境影响评价的**对象**是规划项目和建设项目。《中华人民共和国环境评价法》明确规定国家根据建设项目对环境的影响程度，对建设项目的环境影响评价实行分类管理。**环境影响评价文件包括环境影响报告书、环境影响报告表和环境影响登记表**。建设单位应当按照下列规定组织编制环境影响报告书、环境影响报告表或者填报环境影响登记表：可能造成重大环境影响的，应当编制环境影响报告书，对产生的环境影响进行全面评价；可能造成轻度环境影响的，应当编制环境影响报告表，对产生的环境影响进行分析或者专项评价；对环境影响很小、不需要进行环境影响评价的，应当填报环境影响登记表。

10.3.1 环境影响评价的程序

环境影响评价工作程序如图 10-1 所示。环境影响评价工作大体分为三个阶段：

第一阶段为准备阶段，主要工作为研究有关文件，进行初步的工程分析和环境现状调查，筛选重点评价项目，确定各单项环境影响评价的工作等级，编制评价工作大纲。

第二阶段为正式工作阶段，其主要工作为工程分析和环境现状调查，并进行环境影响预测和评价环境影响。

第三阶段为报告书编制阶段，其主要工作为汇总分析第二阶段工作所得到的各种资料、数据，得出结论，完成环境影响报告书的编制。如通过环境影响评价对原选厂址给出否定结论时，对新选厂址的评价应重新进行；如需进行多个厂址的优选，则应对各个厂址分别进行预测和评价。

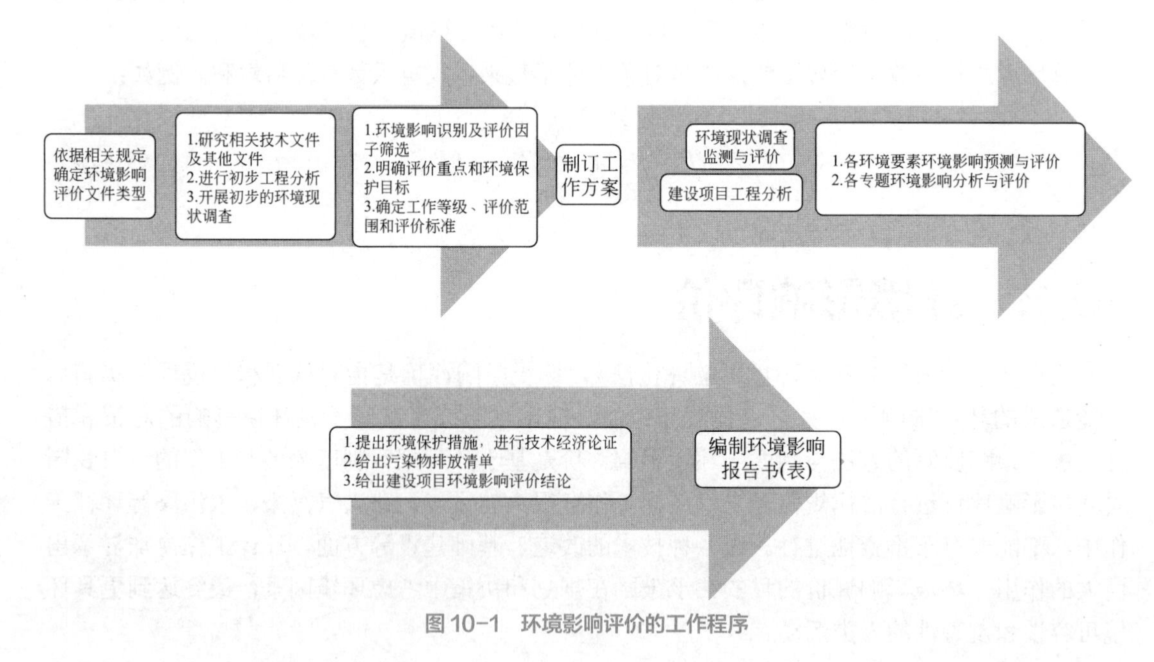

图 10-1　环境影响评价的工作程序

10.3.2 环境影响评价的类型

环境影响评价是一项技术性极强的工作，它通过科学的方法和手段，识别和预测某项人类活动对环境所产生的影响，解释和传播环境影响信息，制定出减轻不利影响的对策措施，从而协调人类行为与生态环境的关系。

环境影响评价按照评价对象，可以分为：

① **规划环境影响评价** 规划环境影响评价是对规划实施可能造成的环境影响进行分析、预测和评价，并提出预防或者减轻不良环境影响的对策和措施的过程，并进行跟踪监测的方法与制度，是在规划编制和决策过程中协调环境与发展的一种途径，隶属于战略环境影响评价。规划环境影响评价主要是对区域规划、部门性规划、产业性规划等的实施所可能引起的环境影响和后果进行预测评价。《中华人民共和国环境影响评价法》对规划环境影响评价做了专门规定：对一地（土地利用）、三域（区域、流域、海域）规划和十个专项（工业、农业、畜牧业、林业、能源、水利、交通、城市建设、旅游和资源开发）规划需要进行环境影响评价。规划环境影响评价文件包括环境影响报告书、环境影响篇章或说明。规划环境影响评价的基本内容：规划分析；环境现状与分析；环境影响识别与确定环境目标和评价指标；环境影响分析与评价；供决策的环境可行规划方案与环境影响减缓措施；开展公众参与；拟定监测、跟踪评价计划；编写规划环境影响评价文件，得出关于拟议规划的结论性意见与建议。

② **建设项目环境影响评价** 这种评价是环境影响评价体系的基础，其评价内容和评价结论针对性很强。对工程的选址、生产规模、产品方案、生产工艺、工程对环境的影响以及减少和防范这种影响的措施都有明确的分析、计算和说明，对工程的可行性有明确结论。具体建设项目内容有：一切对自然环境产生影响或排放污染物对周围环境产生影响的大中型工业建设项目；一切对自然环境和生态平衡产生影响的大中型水利枢纽、矿山、港口、铁路、公路建设项目；大面积开垦荒地和采伐森林的基本建设项目；对珍稀野生动植物资源的生存和发展产生严重影响，甚至造成灭绝的大中型建设项目；对各种生态类型的自然保护区和有重要科学价值的特殊地质、地貌地区产生严重影响的建设项目等；建设项目对环境可能造成轻度影响的，应当编制环境影响报告表，对建设项目产生的污染和对环境的影响进行分析或者专项评价；建设项目对环境影响很小的，也需要填报环境影响登记表。

规划环境影响评价和建设项目环境影响评价的评价目的、技术原则是基本相同的，但在介入时机、评价方法、技术要求等具体细节上存在较大差异。对一项政策、规划或计划的决策，可能引发或带动一系列的经济活动和具体项目的开发建设，或者规划、计划本身就包括了一系列拟议的具体建设项目，从而可能导致不利的环境影响，而且这些影响可能是大范围的、长期的、具有累积效应的。将环境影响评价纳入到政策、规划和计划的制订与决策过程中，实际上是在决策的源头消除、减少、控制不利的环境影响。宏观上，规划环境影响评价重点解决与战略决策议题有关的环境保护问题，如规划发展目标的环境可行性、规划总体布局的环境合理性、实现规划发展目标的途径和方案的环境合理性和可行性。

环境影响评价还可以按照**环境要素**进行分类，包括：**大气环境影响评价**；**地表水环境影响评价**；**声环境影响评价**；**生态环境影响评价**；**固体废物环境影响评价**。

10.3.3 环境影响评价报告书的编制

环境影响评价报告书是环境影响评价工作成果的集中体现，是环境影响评价承担单位向其委托单位——工程建设单位或其主管单位提交的工作文件。

经环境保护主管部门审查批准的环境影响评价报告书，是计划部门和建设项目主管部门审批建设项目可行性研究报告或设计任务书的重要依据，是领导部门对建设项目作出正确决策的主要依据的技术文件之一，是设计单位进行环境保护设计的重要参考文件，并具有一定的指导意义。它对于建设单位在工程竣工后进行环境管理有重要的指导作用。因此，必须认真编写环境影响评价报告书。

（1）建设项目环境影响评价报告书编制的总体原则和要求

① 一般包括概述、总则、建设项目工程分析、环境现状调查与评价、环境影响预测与评价、环境保护措施及其可行性论证、环境影响经济损益分析、环境管理与监测计划、环境影响评价结论和附录附件等内容。

概述可简要说明建设项目的特点、环境影响评价的工作过程、分析判定相关情况、关注的主要环境问题及环境影响、环境影响评价的主要结论等。总则应包括编制依据、评价因子与评价标准、评价工作等级和评价范围、相关规划及环境功能区划、主要环境保护目标等。附录和附件应包括项目依据文件、相关技术资料、引用文献等。

② 应概括地反映环境影响评价的全部工作成果，突出重点。工程分析应体现工程特点，环境现状调查应反映环境特征，主要环境问题应阐述清楚，影响预测方法应科学，预测结果应可信，环境保护措施应可行、有效，评价结论应明确。

③ 文字应简洁、准确，文本应规范，计量单位应标准化，数据应真实、可信，资料应翔实，应强化先进信息技术的应用。

（2）建设项目环境影响评价报告书的编制内容

① 概述 概述可简要说明建设项目的特点、环境影响评价的工作过程、分析判定相关情况、关注的主要环境问题及环境影响、环境影响评价的主要结论等。

② 总则 总则应包括编制依据、评价因子与评价标准、评价工作等级和评价范围、相关规划及环境功能区划、主要环境保护目标等。

③ 建设项目工程分析 包括建设项目概况、污染或生态影响因素分析、污染源源强核算等。

④ 环境现状调查与评价 自然环境现状调查与评价、环境保护目标调查、环境质量现状调查与评价、区域污染源调查。

⑤ 环境影响预测与评价 a. 大气环境影响预测与评价；b. 水环境影响预测与评价；c. 噪声环境影响预测及评价；d. 土壤及农作物环境影响分析；e. 对人群健康影响分析；f. 振动及电磁波的环境影响分析；g. 对周围地区的地质、水文、气象可能产生的影响。

⑥ 环保措施及其可行性论证 a. 大气污染防治措施的可行性分析及建议；b. 废水治理措施的可行性分析与建议；c. 对废渣处理及处置的可行性分析；d. 对噪声、振动等其他污染控制措施的可行性分析；e. 对绿化措施的评价及建议；f. 环境监测制度建议。

⑦ 环境影响经济损益分析 环境影响经济损益简要分析是从社会效益、经济效益、环境效益统一的角度论述建设项目的可行性。由于这三个效益的估算难度很大，特别是环境效

益中的环境代价估算难度更大，目前还没有较好的方法，因此环境影响经济损益简要分析还处于探索阶段，有待今后的研究和开发。目前，主要从以下几方面进行：a. 建设项目的经济效益；b. 建设项目的环境效益；c. 建设项目的社会效益。

⑧ 环境管理与监测计划 针对各阶段工况和环境影响等特征提出环境管理要求；给出污染物排放清单，明确污染物排放管理要求；提出建立日常环境管理制度、组织机构等；提出环境监测计划等。

⑨ 环境影响评价结论 要简要、明确、客观地阐述评价工作的主要结论，包括下述内容：a. 评价区的环境质量现状；b. 污染源评价的主要结论，主要污染源及主要污染物；c. 建设项目对评价区环境的影响；d. 环保措施可行性分析的主要结论及建议；e. 从三个效益统一的角度，综合提出建设项目的选址、规模、布局等是否可行。建议应包括各节中的主要建议。

⑩ 附录附件 a. 附件主要有建设项目建议书及其批复，评价大纲及其批复。b. 附图，在图表特别多的报告书中可编附图分册，一般情况下不另编附图分册。若没有该图对理解报告书内容有较大困难时，该图应编入报告书中，不入附图。c. 参考文献应给出作者、文献名称、出版单位、版次、出版日期等。

（3）规划环境影响评价报告书的编制内容

① 总则 概述任务由来，说明与规划编制全程互动的有关情况及其所起的作用。明确评价依据，评价目的与原则，评价范围（附图），评价重点；附图、列表说明主体功能区规划、生态功能区划、环境功能区划及其执行的环境标准对评价区域的具体要求，说明评价区域内的主要环境保护目标和环境敏感区的分布情况及其保护要求等。

② 规划分析 概述规划编制的背景，明确规划的层级和属性，解析并说明规划的发展目标、定位、规模、布局、结构、时序，以及规划所包含的具体建设项目的建设计划等规划内容；进行规划与政策法规、上层位规划在资源保护与利用等方面的符合性分析，与同层位规划在环境目标、资源利用、环境容量与承载力等方面的协调性分析，给出分析结论，重点明确规划之间的冲突与矛盾；进行规划的不确定性分析，给出规划环境影响预测的不同情景。

③ 环境现状调查与评价 概述环境现状调查情况。阐明评价区的自然地理状况、社会经济概况、资源赋存与利用状况、环境质量和生态状况等，评价区域资源利用和保护中存在的问题，分析规划布局与主体功能区规划、生态功能区划、环境功能区划和环境敏感区、重点生态功能区之间的关系，评价区域环境质量状况，分析区域生态系统的组成、结构与功能状况、变化趋势和存在的主要问题，评价区域环境风险防范和人群健康状况，分析评价区主要行业经济和污染贡献率。对已开发区域进行环境影响回顾性评价，明确现有开发状况与区域主要环境问题间的关系。明确提出规划实施的资源与环境制约因素。

④ 环境影响识别与评价指标体系构建 识别规划实施可能影响的资源与环境要素及其范围和程度，建立规划要素与资源、环境要素之间的动态响应关系。论述评价区域的环境质量、生态保护和其他与环境保护相关的目标和要求，确定不同规划时段的环境目标，建立评价指标体系，给出具体的评价指标值。

⑤ 环境影响预测与评价 说明资源、环境影响预测的方法，包括预测模式和参数选取等。估算不同发展情景对关键性资源的需求量和污染物的排放量，给出生态影响范围和持续时间，主要生态因子的变化量。预测与评价不同发展情景下区域环境质量能否满足相应功能区的要求，对区域生态系统完整性所造成的影响，对主要环境敏感区和重点生态功能区等环

境保护目标的影响性质与程度。

根据不同类型规划及其环境影响特点，开展人群健康影响状况评价、事故性环境风险和生态风险分析、清洁生产水平和循环经济分析。预测和分析规划实施与其他相关规划在时间和空间上的累积环境影响。评价区域资源与环境承载能力对规划实施的支撑状况。

⑥ 规划方案综合论证和优化调整建议 综合各种资源与环境要素的影响预测和分析、评价结果，分别论述规划的目标、规模、布局、结构等规划要素的环境合理性，以及环境目标的可达性和规划对区域可持续发展的影响。明确规划方案的优化调整建议，并给出评价推荐的规划方案。

⑦ 环境影响减缓措施 详细给出针对不良环境影响的预防、最小化及对造成的影响进行全面修复补救的对策和措施，并论述对策和措施的实施效果。如果规划方案中包含具体的建设项目，那么还应给出重大建设项目环境影响评价的重点内容和基本要求（包括简化建议）、环境准入条件和管理要求等。

⑧ 环境影响跟踪评价 详细说明拟定的跟踪评价方案，论述跟踪评价的具体内容和要求。

⑨ 公众参与 说明公众参与的方式、内容及公众参与意见和建议的处理情况，重点说明不采纳的理由。

⑩ 评价结论 归纳总结评价工作成果，明确规划方案的合理性和可行性。

⑪ 附录附件 附必要的表征规划发展目标、规模、布局、结构、建设时序，以及表征规划涉及的资源与环境的图、表和文件，给出环境现状调查范围、监测点位分布等图件。

课后习题

1. 什么是环境质量评价?
2. 环境质量评价的类型有哪些?
3. 简述环境影响评价的工作程序。
4. 简述建设项目环境影响评价报告书编制的基本要求。
5. 规划环境影响评价与建设项目环境影响评价的区别是什么?
6. 某区域三个年份的大气污染物监测数据如下（单位：mg/m^3）。

年份	SO_2	NO_x	TSP	CO
2001	0.10	0.15	0.75	1.0
2002	0.13	0.06	0.50	2.0
2003	0.07	0.04	0.45	0.8

用上海指数法评价该地区历年大气质量及变化趋势。

《环境空气质量标准》污染物标准限值：

污染物	SO_2	NO_x	TSP	CO
二级标准	0.06	0.05	0.20	4.0

7. 某评价区欲进行环境影响评价，现状监测数据如下（日平均）: c_{TSP} = 0.38mg/m^3，c_{SO_2}=0.2mg/m^3，c_{NO_x}=0.08mg/m^3，如果该评价区大气质量执行国家二级标准 GB 3095，试评价其大气环境质量状况。

8. 已知某居民区大气污染监测状况如下: SO_2 日均浓度为 0.1mg/m^3，NO_2 日均浓度为 0.13mg/m^3，TSP 日均浓度为 0.15mg/m^3，且它们的权值分别为 0.5、0.3、0.2，试用加权平均综合指数评价大气质量。（经查大气质量二级标准它们的日均浓度分别为 0.15mg/m^3、0.08mg/m^3、0.30mg/m^3）

P 值	<0.3	0.3 ～ 0.5	0.5 ～ 0.8	0.8 ～ 1.0	>1.0
级别	清洁	尚清洁	轻污染	中污染	重污染

9. 某水样 pH 值为 13，如采用单项指数法评价，求其环境质量指数。

10. 某水域经几次监测 COD_{Cr} 的浓度为: 16.9mg/L、19.8mg/L、17.9mg/L、21.5mg/L、14.2 mg/L，用内梅罗法计算 COD_{Cr} 的统计浓度值。

第 11 章 环境管理

学习目标

知识目标

了解环境管理的概念、目的及对象；理解环境管理的各种手段，掌握不同手段的主要特征；熟悉并掌握我国现行环境管理的各项基本制度；了解工业企业环境管理的概念、内容，熟悉并理解工业企业环境管理的途径与方法。

能力目标

培养学生具有灵活运用环境管理手段解决实际环境问题的能力。

素质目标

树立环境管理观念和思想，从可持续发展的战略高度来认识环境保护的地位和重要作用。

11.1 环境管理概述

11.1.1 环境管理的基本概念

1974 年联合国环境规划署和联合国贸易与发展会议在墨西哥召开资源利用、环境与发展战略方针的专题研讨会，**首次正式提出“环境管理”的概念**：全人类的一切基本需要应当得到满足；要通过发展以满足基本需要，但不能超出生物圈的容许极限；协调这两个目标的方法即环境管理。随着全球环境问题的持续加剧，人们对环境问题认识的不断提高，人类对环境管理的认识也在不断地深化。根据学术界对环境管理的认识，环境管理可阐述为：根据环境政策、法律、法规和标准，将环境与发展综合决策与微观执法监督相结合，运用法律、经济、行政、技术与教育等各种有效手段，调控人类的各种行为，通过全面规划、综合决策使经济和社会发展与环境保护相协调，在环境容量许可范围内实现既满足当代需求又不危及后代人满足其需求能力的行为总体。

11.1.2 环境管理的目的

环境管理的目的主要是解决次生环境问题，即解决人类活动所造成的环境污染和生态破

坏等各类环境问题，保证经济得到长期稳定增加的同时保证区域的环境安全，实现区域社会可持续发展，使人类生存和生产环境更良好。

一般来说，社会经济发展对生态平衡的破坏和造成的环境污染，主要是由于管理不善造成的。环境管理的核心是对人的管理，因为人是各种行为的实施主体，是产生各种环境问题的根源，因此环境管理的实质是影响人的行为，即转变人的观念和调整人的行为。只有解决了人的问题，环境问题才能得到有效解决，从而达到环境管理的目的。

11.1.3 环境管理的基本理论

环境管理的理论基础由系统科学和管理科学中若干基本理论组成，即系统论、控制论和行为科学理论，这三种理论构成了环境管理完整而坚实的基础理论。

（1）系统论的基本观点

运用系统论的基本观点，**从整体性、相关性、有序性和动态性**四个方面对环境管理理论进行分析研究。从整体性角度看，环境管理不仅要将环境问题视为社会发展的整体问题来研究，而且要将环境问题的解决过程视为一个系统整体；在一定的人力、物力、财力和技术等条件基本不变的情况下，从产业结构调整和合理工业布局入手，加强宏观政策调控，加快环境管理机构和制度改革，实现环境管理的合理组织、协调和控制，从整体上促进区域的可持续发展战略目的实现。从相关性观点看，环境管理必须将环境问题、经济问题和社会发展问题三者联系起来，通过研究三者间的关系、作用和相互影响，调整生态、经济和社会间的相关性，实现人类社会经济与环境协调、稳定和可持续发展。从有序性观点看，环境管理就是要求提高生态－经济－社会系统在时间、空间和功能等方面的有序性，通过提高结构的有序程度达到经济建设与环境保护协调发展。从动态性观点看，要解决当今环境问题，就要整体地、全面地、动态地看待环境现状，运用发展的观点认识和研究探讨环境问题发展的规律，正确制定环境战略及对策。

（2）控制论的基本观点

环境管理就是管理者施加的一种能动作用，使被管理者按照管理者的要求来调整自己的生产、消费和社会行为，以符合环境准则。环境管理是国家管理的重要组成部分，要实现环境管理目标，必须正确处理和解决**资源、环境和经济**三者间**相互制约、相互影响和相互作用**的关系，通过制定一系列的**经济、政策、法律法规，限制、调控和规范人们与环境相关的一切行为**。通过实施强制性的控制与管理，使保护环境成为人们一种自觉行为，从而实现经济系统的最优控制，建立一个动态、稳定的经济秩序，实现国家和地区的健康、持续发展。

（3）行为科学理论的基本观点

从行为科学的观点看，环境管理的基本任务**就是要解决需要与行为之间的合理性问题**。环境管理的实质是影响人类的行为，从客观实际出发，调整和改造人们的需要，使人们的行为不对环境产生污染和破坏，以求维护环境质量。首先，通过对社会群体或个体施加教育，增强公众的社会责任感、使命感和可持续发展意识，形成全民关注环境、保护环境、参与行动的良好社会氛围。另外，要调动各种经济行为主体的环境保护积极性，通过采取有效的政策和惩罚措施，通过考核和监督使被管理者辨识自己的行为后果是否达到环境管理目标，是否符合要求，从而有力保证各经济行为主体开展环境保护的绩效，达到保护环境的目的和人类社会的持续发展。

11.2 环境管理的对象和措施

11.2.1 环境管理的对象

人是各种行为的主体，是产生各种环境问题的根源。环境管理的核心是对人的管理，必须把管理的着眼点落在“活动的主体”身上，只有从人的自然、经济、社会三种基本行为入手开展环境管理，改变**人的观念和影响人的行为**，进而才能使环境问题有效解决。人类社会经济活动的主体可以分为三个方面。

（1）个人

个人作为社会经济活动的主体，为了满足自身生产和发展的需要，通过生产活动或购买获得用于消费的物品和服务。由于个人的消费行为会对环境造成污染，因此个人行为是环境管理的主要对象之一。一般来说，消费对环境的负面影响主要有以下几个方面：

① 在对消费品进行必要的清洗、加工过程中产生的废物以生活垃圾的形式进入环境。

② 在运输和保存消费品时使用的包装物也将成为废物，它们同样以生活垃圾的形式进入环境。

③ 在消费品使用后，最终也会成为废物进入环境。

11-1 绿色消费

要减轻个人行为对环境造成的不良影响，必须加强宣传教育，唤醒公众环境保护意识，规范个人社会行为，遵守生态环境保护法律法规，改变消费模式，**提倡绿色消费**，使人人成为生态环境保护参与者、绿色生活的践行者。如优先选择绿色产品，尽量购买耐用品，少购买使用一次性用品，邮寄快递时使用绿色包装、减量包装。同时还要采取各种技术和管理的措施，如鼓励生活垃圾科学分类，选择适宜的技术方法提升各类垃圾的回收利用率。

扫码可阅读资料：11-1 绿色消费。

（2）企业

企业作为社会经济活动的主体，其主要目标是通过向社会提供物质产品或服务来获得利润。其目标是追求企业利润最大化，在生产过程中，必然要向自然界索取资源，并将其作为原材料投入生产活动中，同时排放出一定数量的污染物。要控制企业对环境的不良影响，就要依法规范企业的生产行为，使企业的一切经济活动置于法律的有力监督之下。同时，要鼓励和引导企业将环境保护纳入企业文化、企业发展战略，从企业内部源头上减少或解决企业自身环境问题。另外，还要营造一个有利于企业环境协调、技术发明回报较高的市场条件，运用各种经济刺激手段，鼓励推广节能环保生产工艺和技术，支持环境友好产品的生产，制定鼓励企业开展污染治理的优惠政策等。

（3）政府

政府作为社会行为的主体，它为社会提供公共消费品和服务。例如，经办供水、供电、铁路、文教等公用事业等；为社会提供一般的商品和服务；掌握国有资产和自然资源的所有权，以及对自然资源开发利用的经营和管理权；政府有权运用行政手段和法律手段对国民经济实行宏观调控和引导。政府的宏观调控对环境所产生的影响具有极大的特殊性，即涉及面广、影响深远且不易觉察，既有直接的一面，又有间接的一面；既可以产生大的正面影响，又可能有巨大的难以估计的负面影响。要解决政府行为所造成和引发的环境问题，关键是提高宏观决策的质量，变经验决策为科学决策。

11.2.2 环境管理的措施

（1）环境管理的法律手段

环境管理的法律手段是指管理者代表国家和政府，依据国家环境法律、法规，对人们的行为进行管理以保护环境的手段。它是环境管理的强制性措施，具有强制性，是其他手段的保障和支持，通常亦称为“最终手段”。我国从中央到地方颁布了一系列环保法律、法规，已初步形成了由国家宪法、环境保护法、环境保护相关法、环境保护单行法、环境保护行政法规和部门规章、环境标准等组成的环境保护法律体系，这是依法管理环境、强化环境监督管理的根本保证。

（2）环境管理的经济手段

环境管理的经济手段是指管理者依据国家的环境经济政策和经济法规，利用价值规律，运用价格、成本、利润、信贷、利息、税收、保险、收费和罚款等经济杠杆来调节各方面的经济利益关系，规范人们的宏观经济行为，培育环保市场以实现环境和经济协调发展的手段。环境管理经济手段主要包括排污收费制度、减免税制度、补贴政策、贷款优惠政策等，其核心作用是贯彻物质利益原则，通过各种具体的经济措施不断调整各方面的经济利益关系，限制损害环境的经济行为，鼓励积极治理污染的单位，促进节约和合理利用资源，充分发挥价值规律在环境管理中的作用。

（3）环境管理的行政手段

环境管理的行政手段是指在国家法律监督下，各级环保行政管理机构运用国家和地方政府授予的行政权限，以命令、指示、规定等形式对管理对象开展环境管理的一种手段。行政手段通常包括：制定和实施环境标准、颁布和推行环境政策等。环境保护部门经常大量采用行政干预的手段，例如，对某些污染严重而又难以治理的企业要求限期治理，甚至责令停产、转产或搬迁等；运用行政权力，将某些地域划为自然保护区、重点治理区、环境保护特区等。

（4）环境管理的技术手段

环境管理的技术手段是指管理者为实现环境保护目标，所采取的环境工程、环境监测、环境预测、评价、决策分析等技术，以达到强化环境执法监督的目的。环境管理的技术手段种类很多，分为宏观管理技术手段和微观管理技术手段。运用技术手段可以实现环境管理的科学化，许多环境政策、法律和法规的制定和实施都涉及很多学科技术问题，所以环境问题解决得好坏，在很大程度上取决于科学技术的发展状况，如推广和采用的无污染、少污染的新工艺和新技术。

（5）环境管理的宣传教育手段

环境管理的宣传教育手段是指运用书报、期刊、广播、电视和专题讲座等多种文化形式开展环境保护的宣传教育，以增强人们的环境意识和环境保护专业知识的手段。环境宣传教育的根本任务是提高全民族的环境意识，使大众牢固树立“绿水青山就是金山银山”的观念。环境教育是环境管理不可缺少的手段，环境教育工作的成败直接关系到环保事业的全局，为此，抓好环境教育工作，特别是提高公众的环境意识，把保护环境、热爱大自然、保护大自然变成自觉行动，任重而道远。

11.3 环境管理制度

11.3.1 环境影响评价制度

环境影响评价是指在一定区域内进行开发建设活动，事先对拟建项目的规划方案、项目选址、设计、施工和建成后将对周围环境产生的影响等进行调查、预测和评定，并提出防治对策和措施，为项目决策提供科学依据。环境影响评价具有预测性、客观性、综合性、法定性等基本特点。环境影响评价制度是环境影响评价在法律上的表现，是法律对进行这种调查、预测和评定的范围、内容、程序、法律后果等所作的规定。它作为项目决策中的环境管理，真正地把各种建设开发活动的经济效益与环境效益统一起来，把经济建设和环境保护协调起来，在预防新污染源、正确处理环境与发展的关系、合理开发和利用资源等方面起了积极作用。

11.3.2 “三同时”制度

“三同时”制度是指新建、改建、扩建项目和技术改造项目以及区域性开发建设项目的污染治理设施必须与主体工程同时设计、同时施工和同时投产的制度。它是我国最早出台的一项环境管理制度，是我国环境管理的基本制度之一，也是我国所独创的一项环境法律制度。“三同时”制度与环境影响评价制度相辅相成，是防止新污染和破坏的两大“法宝”，是我国预防为主方针的具体化、制度化和规范化，二者结合起来才能做到合理布局，最大限度地消除和减轻污染，真正做到防患未然，是防止我国环境质量继续恶化最为有效的经济办法和法律手段。

11.3.3 排污收费制度

排污收费制度是对于向环境排放污染物或超过国家排放标准排放污染物的排污者，按照污染物的种类、数量和浓度，根据规定征收一定的费用的制度。它是依据“谁污染、谁治理”的原则，借鉴国外经验结合我国国情施行的。实行排污收费制度的根本目的不是收费，而是防治污染，改善环境质量。自从排污收费制度实施后，促使排污单位加强管理，减少“跑、冒、滴、漏”，提高了设备完好率；促进了老污染源治理，推动了综合利用，提高了资源、能源的利用率，有力控制了新污染源；为防止污染提供了大量专项资金，加强了环境保护部门自身建设，促进了环境保护工作。

11.3.4 环境保护目标责任制

环境保护目标责任制是规定各级政府的行政首长对当地的环境质量负责，企业的领导人对本单位的污染防治负责，规定他们的任务目标，列为政绩进行考核的一项环境管理制度。它与其他管理制度的主要区别是明确了地方政府的区域环境质量责任。环境保护目标责任制解决了环境保护的总体动力问题、责任问题、定量科学管理问题、宏观指导与微观落实相结合的问题，它是环境管理制度的“龙头”，它的提出标志着我国环境管理进入了一个新的阶段，是我国环境管理体制的重大改革。

11.3.5 城市环境综合整治定量考核制度

城市环境综合整治定量考核制度，是以城市环境综合整治规划为依据，在城市政府的统一领导下，通过科学的、定量化的城市环境综合整治指标体系，把城市各行各业、各个部门组织起来，开展以环境、社会、经济效益统一为目标的环境建设、城市建设、经济建设，使城市环境综合整治定量化的一项制度。城市环境综合整治的目的在于解决城市环境污染和提高城市环境质量。为此综合整治规划的制定、对策的选择、任务的落实，乃至综合整治效果的评价，都必须以改善和提高环境质量为依据。城市环境综合整治定量考核不仅使城市环境综合整治工作定量化、规范化，而且增加透明度，引进社会监督机制。

11.3.6 污染集中控制制度

污染集中控制制度是在特定区域、特定污染状况条件下，对某些同类污染运用政策的、管理的、工程技术等手段，采用综合的、适度规模的控制措施，以达到污染控制效果最好，环境、经济、社会效益最佳的环境管理制度。它是强化环境管理的一种重要手段，实施的目的是改善流域和区域等控制单元的环境质量，提高经济规模效益。实践证明污染集中控制在环境管理上具有方向性的战略意义，在改善区域环境质量、提高环保投资收益上带来重大转变，有利于调动社会各方面治理污染的积极性。

11.3.7 排污许可证制度

排污许可证制度是以改善环境质量为目标，以污染物排放总量控制为基础，由排污单位的申报登记、排污指标的规划分配、许可证的申请和审批颁发、执行情况的监督检查四步组成的一项环境管理制度。我国环境保护许可证可分为三大类：一类是防止环境污染许可证，如排污许可证、海洋倾废许可证等；二是防止环境破坏许可证，如林木采伐许可证等；三是整体环境保护许可证，如建设规划许可证等。实施排污总量控制，执行排污许可证制度，综合考虑了环保目标的要求与排污单位的位置、排污方式、排污量、技术与经济条件，深化了环境管理工作，使得对污染源的管理更加科学化、定量化和规范化。

11.3.8 污染限期治理制度

污染限期治理制度是在污染源调查和评价的基础上，突出重点、分期分批地对污染危害严重和群众反映强烈的污染源、污染物和污染区域采取限定治理时间、治理内容和治理效果的强制性措施，是人民政府保护人民群众利益，对排污单位和个人所采取的法律手段。限期治理污染是强化环境管理的一项重要制度：可以迫使地方、部门和企业把防治污染引入议事日程、纳入计划，在人、财、物等各方面做出相应的安排；可以集中有限的资金解决环境污染的突出问题，做到投资少、见效快，产生较好的环境效益和社会效益，它能够有助于环境保护规划目标的实现，加快环境综合治理的步伐。

11.4 工业企业环境管理

随着我国环保法规的完善及执法力度的加大，环境污染问题将极大地影响着企业的生存与发展。因此环境管理作为企业管理工作中的重要组成部分，加强企业的环境管理对实现经济与环境的协调持续发展具有重要意义。

11.4.1 工业企业环境管理的内容和体制

(1)工业企业环境管理的内容

工业企业环境管理是建立在生态规律、社会主义经济规律和其他规律基础上的，以企业生产系统为主要对象，从而为生产系统和生态系统服务。它的基本任务是在当地环境保护规划和区域环境质量的要求下，通过控制污染物排放，实施科学管理，最大限度地减少污染物的排放，避免对环境的损害，促进企业减少原料、燃料、水资源的消耗，降低成本，提高科技和清洁生产水平，减轻或消除社会经济损失，从而实现企业的经济效益、社会效益和环境效益的“三统一”。具体管理内容可以概括如下。

① **制订环境管理计划与方案** 环境管理计划从企业整体管理、建设阶段、试生产阶段、污染防范、规模生产装置环境管理、信息反馈和群众监督等各方面形成系统性的网络管理，使环境管理工作贯穿于建设和生产的全过程中。重点包括：企业环境规划与计划、企业污染减排计划、环境管理方案。

② **建立和完善企业内部环境管理制度** 结合企业实际情况，各有关企业建立健全企业内部环境管理制度，使企业的环境管理计划“有规可循、违规必究、执规必严”，从而保证企业环境管理计划方案得以顺利实施。各项规章制度要体现环境管理的任务、内容和准则，使环境管理的特点及要求渗透到企业的各项管理工作中。最基本的环境管理制度主要包括：企业环境综合管理制度、企业环境保护设施设备运行管理制度、企业环境监督管理制度、企业环境应急管理制度、企业环境监督员管理制度。以上制度以企业内部文件形式下发到各车间、部门，纳入环境保护管理档案，在企业内公示、张贴，企业领导和全体职工必须遵守，并在日常生产中贯彻落实到位。

(2)工业企业环境管理体制

工业环境管理体制是在企业内部建立起全套从领导、职能科室到基层的管理体系，关键是如何解决好企业管理中“上下左右”的关系问题，具有“**一人主管，分工负责；职能科室，各有专责；落实基层，监督考核**”的特点。公司的企业法人是企业环境问题的领导责任承担者，各职能科室在自己的岗位责任制中，明确应负的环境保护责任，监督考核是企业环保机构要负的主要责任，其从组织结构上保证企业的环境管理战略计划在企业生产经营的各个环节中得到有效实施。

11.4.2 工业企业环境管理的途径与方法

(1)工业企业环境管理的途径

工业企业环境管理通过建立企业内部的环境管理规章制度体系，对生产过程产生的废弃物进行环境管理，以产品为龙头，从产品形成、产品包装与运输、产品消费以及消费后的最终出路的全过程进行环境管理。企业内部的环境管理体系是企业环境管理行为系统、完整、规范的表达方式。按照环境管理国际标准（ISO 14000系列）建立的环境管理体系，遵循传统的PDCA管理模式——规划（plan）、实施（do）、检查（check）和改进（action），并根据环境管理的特点及持续改进的要求，将环境管理体系分为环境方针、规划、实施与运行、检查和纠正措施、管理评审五部分，完成各自相应功能，实现环境绩效改进和提高。

（2）控制污染物流失的方法

工业企业管理首先要从确定主要污染源和污染物入手，找出造成污染物流失的主要原因，采取有效方法控制工业污染物流失。其方法主要有：污染物流失管理的PDCA循环法、污染物流失总量控制法、污染源调查评价与控制法、物料衡算法等。其中PDCA循环法是工业企业开展全面环境质量管理的基本工程程序，它的整个工作过程充分体现了生产管理与环境管理的融合和统一。PDCA循环包括四阶段和八步骤，四阶段为：P计划、D执行、C检查、A处理；八步骤为：P阶段找问题、分析原因、找出主要原因、制订措施计划；D阶段执行措施、计划；C阶段检查效果；A阶段巩固措施、处理遗留问题。

课后习题

1. 什么是环境管理？环境管理的实质是什么？
2. 环境管理的对象是什么？环境管理的手段有哪些？
3. 目前我国环境管理制度有哪些？
4. 我国环境保护许可证有哪些类型？
5. 工业企业环境管理的内容有哪些？

第12章 循环经济和低碳经济

学习目标

知识目标

了解清洁生产的发展过程，掌握清洁生产的定义和主要内容；掌握生命周期评价、生态设计、绿色化学、生态标志和环境管理会计等概念；了解循环经济和低碳经济的概念及其基本特征。

能力目标

熟悉清洁生产的审核工作程序；对循环经济“3R”原则的企业应用案例进行预测和分析。

素质目标

了解中国政府关于“十四五”循环经济的发展规划，主动关注低碳经济的相关举措和实施进展。

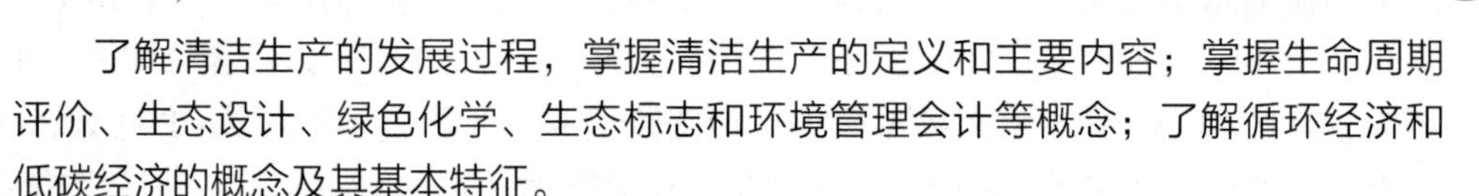

12.1 清洁生产概述

清洁生产是一种生产模式，是指将综合预防的环境保护策略持续应用于生产过程和产品中，以期减少对人类和环境的风险。清洁生产从本质上来说，就是对生产过程与产品采取整体预防的环境策略，减少或者消除它们对人类及环境的可能危害，同时充分满足人类需要，使社会经济效益最大化的一种生产模式。

12.1.1 清洁生产的由来

（1）国际清洁生产的发展

清洁生产起源于1960年美国化学行业的污染预防审计。“清洁生产”概念的出现，最早可追溯到1976年，欧共体在巴黎举行了“无废工艺和无废生产国际研讨会”，会上提出“消除造成污染的根源”的思想。1979年4月，欧共体理事会宣布推行清洁生产政策。1984年、1985年、1987年欧共体环境事务委员会三次拨款支持建立清洁生产示范工程。1989年5月，联合国环境规划署工业与环境规划活动中心（UNEP IE/PAC）根据理事会会议的决议，制定了《清洁生产计划》，在全球范围内推进清洁生产。20世纪90年代初，经济合作和开发组织（OECD）在许多国家采取不同措施鼓励采用清洁生产技术。

1992年6月，在巴西里约热内卢召开的“联合国环境与发展大会”上，通过了《21世纪议程》，号召工业提高能效，开展清洁技术，更新替代对环境有害的产品和原料，推动实现工业可持续发展。1998年10月，在韩国汉城第五次国际清洁生产高级研讨会上，出台了《国际清洁生产宣言》，是对作为一种环境管理战略的清洁生产公开的承诺。美国、澳大利亚、荷兰、丹麦等发达国家在清洁生产立法、组织机构建设、科学研究、信息交换、示范项目和推广等领域已取得显著成就。发达国家清洁生产政策有两个重要的倾向：**一是从清洁生产技术转向产品的整个生命周期；二是从大型企业在获得财政支持和其他对工业的支持方面拥有优先权，转变为重视扶持中小企业进行清洁生产，包括提供财政补贴、项目支持、技术服务和信息等措施**。

（2）清洁生产在中国的发展

1992年5月，中国国家环境保护局与联合国环境规划署工业与环境办公室联合组织了在我国举办的第一次国际清洁生产研讨会，会上首次提出“中国清洁生产行动计划（草案）”。1993年10月，在第二次全国工业污染防治会议上，国务院、经贸委及国家环保局的高层领导高度评价推行清洁生产的重要意义和作用，确定了清洁生产在我国工业污染控制中的地位。

1994年，《中国21世纪议程》将清洁生产列为“重点项目”之一，并成立国家清洁生产中心。1996年8月，国务院颁布了《关于环境保护若干问题的决定》，明确规定所有大中小型新建、改建、扩建和技术改造项目，要采用能耗物耗少、污染物排放量少的清洁生产工艺。1997年4月，国家环保总局制定并发布了《关于推行清洁生产的若干意见》，要求地方环境保护主管部门将清洁生产纳入已有的环境管理政策中，以便更深入地促进清洁生产。1999年5月，国家经贸委发布了《关于实施清洁生产示范试点的通知》，选择北京、上海等10个试点城市和石化、冶金等5个试点行业开展清洁生产示范工作。

2002年6月29日，第九届全国人大常委会第28次会议通过了《中华人民共和国清洁生产促进法》，2003年1月1日起施行。2012年2月29日，第十一届全国人大常委会第25次会议通过了《修改〈**中华人民共和国清洁生产促进法**〉》的决定，自2012年7月1日起施行。

12.1.2 清洁生产的定义

联合国环境规划署工业与环境规划活动中心（UNEP IE/PAC）以“清洁生产”来表征从原料、生产工艺到产品使用全过程的广义的污染防治途径，并对清洁生产给出以下定义：清洁生产是一种新的创造性的思想，该思想将整体预防的环境战略持续应用于生产过程、产品和服务中，以增加生态效率并减少人类和环境的风险。对生产过程，要求节约原材料，淘汰有毒原材料，减降所有废弃物的数量与毒性；对产品，要求减少从原材料提炼到产品最终处置的全生命周期的不利影响；对服务，要求将环境因素纳入设计与所提供的服务中。

美国环保局以“污染预防”表述清洁生产，其定义是“在可能的最大限度内减少生产场地所产生的废物量，包括通过源削减、提高能源效率、在生产中重复使用投入的原料以及降低水消耗量来合理利用资源”。

《中国21世纪议程》将清洁生产定义为“既可满足人们的需要又可合理使用自然资源和能源并保护环境的实用生产方法和措施，其实质是一种物料和能耗最少的人类生产活动的规划和管理，将废物减量化、资源化和无害化，或消灭于生产过程之中”。

不同国家在不同发展时期，对清洁生产的表述不同，但其基本内涵是一致的，即对产品的生产过程、产品及产品服务采取预防污染的策略来减少污染物的产生。**清洁生产的定义包含了两个全过程控制：生产全过程和产品整个生命周期全过程。对生产过程而言，采取整体预防性的环境策略，包括节约原材料与能源，尽可能不用有毒原材料，并在生产过程中就减少它们的数量和毒性；对产品而言，则是由生命周期分析，从原材料获取到产品最终处置过程中，尽可能将对环境的影响减少到最低。**

12.1.3 清洁生产的内容

根据经济可持续发展对资源和环境的要求，清洁生产谋求达到两个目标：①通过资源的综合利用，短缺资源的代用，二次能源的利用，以及节能、降耗、节水，合理利用自然资源，减缓资源的耗竭；②减少废物和污染物的排放，促进工业产品的生产、消耗过程与环境相融，降低工业活动对人类和环境的风险。

清洁生产的内容主要包括以下三个方面：

（1）清洁的原材料和能源利用

尽量少用、不用有毒有害的原料，无毒、无害的中间产品，尽可能采用无毒或低毒害的原料替代毒性大、危害严重的原料。原材料和能源的合理化利用，物料的再循环（厂内和厂外）和节能降耗。

（2）清洁的生产过程

尽量选用少废、无废工艺和高效设备；尽量减少生产过程的各种危险性因素，如高温、高压、低温、低压、易燃、易爆、强噪声、强振动等；采用可靠和简单的生产操作和控制方法，对物料进行内部循环利用，完善生产管理，不断提高科学管理水平。

（3）清洁的产品

产品设计应考虑节约原材料和能源，少用昂贵和稀缺的原料，可利用二次资源作原料；产品在使用过程中以及使用后不含危害人体健康和破坏生态环境的因素；产品有合理的包装、使用功能和使用寿命，易于回收、复用和再生；产品报废后易处理、易降解。

12.1.4 清洁生产的意义

清洁生产是一种新的创造性理念，这种理念将整体预防的环境战略持续应用于生产过程、产品和服务中，以增加生态效益和减少人类及环境的风险。清洁生产是环境保护战略由被动反应向主动行动的一种转变，推行清洁生产对实现可持续发展具有重要的现实意义。

（1）清洁生产是保障可持续发展的基本策略

清洁生产从产品设计开始，到选择原料、工艺路线和设备、废物利用、运行管理的各个环节，通过不断加强管理和技术进步，提高资源利用率，大幅度减少资源和能源消耗，减少甚至消除污染物的产生，体现了预防为主的思想。

（2）清洁生产体现集约型的增长方式，增强企业竞争力

清洁生产要求改变以牺牲环境为代价的、传统的粗放型的经济发展模式。企业通过调整产品结构，革新生产工艺，优化生产过程，提高技术装备水平，加强科学管理，提高人员素质，合理、高效配置资源，最大限度地提高资源利用率，可降低生产成本，提高产品质量和经济效益，同时树立企业的良好声誉和形象，增强企业竞争力。

（3）清洁生产体现了环境效益与经济效益的统一

传统的末端治理，投入多、运行成本高、治理难度大，只有环境效益，没有经济效益。清洁生产的最终结果是企业管理水平、生产工艺技术水平得到提高，资源得到充分利用，环境从根本上得到改善，实现了环境效益与经济效益的统一。

12.2 清洁生产的科学方法

12.2.1 生命周期评价

生命周期评价（life cycle assessment，LCA）起源于1969年，美国中西部研究所受可口可乐公司委托，对饮料容器从原材料到废弃物最终处理的全过程进行跟踪与定量分析。**LCA是一种用于评估产品在其整个生命周期中，即从原材料的获取、产品的生产直至产品使用后的处置，对环境影响的技术和方法。**LCA已经纳入ISO14000环境管理系列标准，成为国际环境管理和产品设计的一个重要支持。根据ISO14040：1999的定义，LCA是指对一个产品系统的生命周期中输入、输出及其潜在环境影响的汇编和评价。

LCA由互相联系、不断重复进行的四个步骤组成：

（1）目标与范围定义

该阶段是LCA第一步，也是最关键的部分，直接决定了LCA研究的深度和广度。目标定义主要说明进行LCA的原因和应用，范围界定则主要描述所研究产品系统的功能单位、系统边界、数据分配程序、原始数据质量要求等。

（2）清单分析

该阶段是对所研究系统中输入和输出数据建立清单的过程，主要包括数据的收集和计算，量化产品系统中的相关输入和输出。首先是根据目标与范围定义阶段所确定的研究范围建立生命周期模型，做好数据收集准备；然后进行单元过程数据收集，并根据数据收集进行计算汇总得到产品生命周期的清单结果。

（3）影响评价

目的是根据清单分析阶段的结果对产品生命周期的环境影响进行评价。将清单数据转化为具体的影响类型和指标参数，更便于识别产品生命周期对环境的影响。此外，影响评价还为生命周期结果解释阶段提供必要的信息。

（4）结果解释

该阶段是基于清单分析和影响评价的结果识别出产品生命周期中的重大问题，并对结果进行评估，包括完整性、敏感性和一致性检查，进而给出结论和建议。

作为新的环境管理工具和预防性的环境保护手段，生命周期评价主要应用在通过确定和定量化研究能量和物质利用及废弃物的环境排放来评估一种产品、工序和生产活动造成的环境负载；评价能源材料利用和废弃物排放的影响以及评价环境改善的方法。

12.2.2 生态设计

生态设计（ecological design），也称绿色设计、生命周期设计或环境设计，是指将环

境因素纳入设计之中，从而帮助确定设计的决策方向。生态设计要求在产品开发的所有阶段均考虑环境因素，从产品整个生命周期减少对环境的影响，最终产生一个更具有可持续性的生产和消费系统。生态设计活动包含两方面含义，一是从保护环境角度考虑，减少资源消耗、实现可持续发展战略；二是从商业角度考虑，降低成本、减少潜在的责任风险，提高竞争能力。

生态设计的具体实施，是将工业生产过程比拟为一个自然生态系统，根据物质平衡原则，对系统输入（能源与原材料）和输出（产品和废弃物）进行综合平衡。

生态设计的实施原则可以概括为以下内容：

（1）选择环境影响低的能源和材料

设计过程选择可循环利用的材料和清洁能源，降低产品对环境的影响。

（2）减少原材料的使用

通过产品的生态设计，在保证其生命周期的前提下，尽可能减少使用材料的数量。

（3）生产技术的最优化

通过替换工艺技术、减少生产步骤、优化生产过程，以减少辅助材料、危险材料和能源的使用，从而减少原材料的损失和废物的产生。

（4）营销系统的优化

采用更少、更清洁和可再使用的包装，采用节能的运输模式和有效利用能源的系统，确保产品以更有效的方式从工厂输送到零售商和用户手中。

（5）消费过程的环境影响

尽可能减少产品在使用过程中可能造成的环境影响，降低产品使用过程的能源消费、减少易耗品的使用、使用环境友好的消耗品、减少资源的浪费。

（6）生命周期的优化

产品设计应考虑在技术、美学和产品层面对生命周期的优化，尽量延长产品的使用时间，避免产品过早地进入处置阶段，提高产品的利用效率。

（7）产品末端处置系统的优化

产品的初始生命周期结束，确保对有再利用价值的产品零部件和废物进行管理，减少在制造过程中材料和能源的投入，减少产品的环境影响。

生态设计兼顾了环境效益和经济效益：

① 可降低生产成本，减少原材料和能源的消耗及环保投入；

② 可减少企业潜在的责任风险，产品的生态设计要求尽量不用或少用对环境不利的物质，可以起到预防作用；

③ 可提高产品质量，生态设计提出高水平的环境质量要求，如产品的实用性、运行可靠性、耐用性及可维修性等，这些改善将有利于产品对环境的影响；

④ 可刺激市场需求，随着消费者环境意识的提高，对环境友好产品的需求将越来越大。

12.2.3 绿色化学

绿色化学（green chemistry）又称环境无害化学、环境友好化学、清洁化学，即减少或消除危险物质的使用和产生的化学品和过程的设计。绿色化学的理想是使污染消除在始端源头，使整个合成过程和生产过程对环境友好；不使用有毒、有害物质，不产生废物，不处

理废物，从根本上消除污染，过程和终端为零排放或零污染。

绿色化学发端于美国，1984 年美国环保局（EPA）提出“废物最小化”的理念，基本思想是通过减少产生废物和回收利用废物以达到废物最少。“废物最小化”不能涵盖绿色化学整体概念，它只是一个化学工业术语，没有注重绿色化学生产过程。1989 年 EPA 又提出了“污染预防”的概念，指出最大限度地减少生产场地产生的废物，包括减少使用有害物质和更有效地利用和保护资源，初步形成了绿色化学思想。1990 年美国颁布了《污染防治法案》，该法案中第一次出现“绿色化学”一词，定义为采用最小的资源和能源消耗，并产生最小排放的工艺过程。1991 年“绿色化学”成为 EPA 的中心口号，确立了绿色化学的重要地位。1992 年原美国绿色化学研究所所长、耶鲁大学教授 P.T. Anastas 教授提出“绿色化学”的定义是“减少或消除危险物质的使用和产生的化学品和过程的设计”。

绿色化学的定义在不断发展和变化，最初代表一种理念和愿望，随着学科发展，逐步趋于实际应用，所涉及的内容越来越广。绿色化学倡导用化学的技术和方法减少或停止对人类健康和安全、生态环境有害的原料、催化剂、溶剂和试剂、产物、副产物等的使用与产生。与此相关的化学化工活动均属于绿色化学范畴，涉及有机合成、催化、生物化学、分析化学等学科。

20 世纪 90 年代中期，中国的绿色化学活动开始活跃并得以发展。1995 年，中国科学院化学部确定了“绿色化学与技术”的院士咨询课题；1996 年，召开了“工业生产中绿色化学与技术”研讨会，并出版了《绿色化学与技术研讨会学术报告汇编》。1997 年，国家自然科学基金委员会与中国石油化工集团公司联合立项资助了“九五”重大基础研究项目“环境友好石油化工催化化学与化学反应工程”。中国科技大学绿色科技与开发中心举行了专题讨论会，并出版了《当前绿色科技中的一些重大问题》论文集；1998 年，在合肥举办了第一届国际绿色化学高级研讨会，《化学进展》杂志出版了《绿色化学与技术》专辑。2006 年 7 月中国化学学会绿色化学专业委员会正式成立。

绿色化学主要从原料的安全性、工艺过程节能性、反应原子的经济性和产物环境友好性等方面进行评价。原子经济性是指最大限度地利用原料中的每个原子，使之结合到目标产物中，反应产生的废弃物越少，对环境造成的污染就越小，既能充分利用资源又能防止污染。

实验过程中应遵循绿色化学实验的 5 个“R”原则：

Reduction：减量使用原料，减少实验废弃物的产生和排放；

Reuse：循环使用、重复使用；

Recycling：回收，实现资源的回收利用，从而实现“省资源、少污染，减成本”；

Regeneration：再生，变废为宝，资源和能源再利用，是减少污染的有效途径；

Rejection：拒用有毒有害品，对一些无法替代又无法回收、再生和重复使用的，有毒副作用以及会造成污染的原料，拒绝使用，这是杜绝污染的最根本的办法。

12.2.4 环境标志

环境标志也称为“生态标志”“绿色标志”“环境标签”等，是指由政府部门或公共、私人团体依据环境标准，证明其产品的生产使用及处置过程全部符合环保要求，对环境无害或危害极少，同时有利于资源的再生和回收利用的一种证明标志。

环境标志起源于 20 世纪 70 年代末的欧洲，被称为生态标签、蓝色天使、环境选择等，国际标准化组织将其定义为环境标志。最早实施环境标志的是前联邦德国，构思于1971年，实施于1978年，1979年5月为第一批48个产品授予了环境标志，截止到2006年已对100多类4000多种产品颁发了环境标志。1988年，日本、加拿大开始制定环境标志规划。法国、瑞士、芬兰和澳大利亚等国家也纷纷于1991年开始实施环境标志。中国国家环保局从1993年起，在全国开展了环境标志工作。

环境标志在全球范围内已经成为防止贸易壁垒、推动公众参与的有力工具。环境标志的作用可以归纳为：倡导可持续消费，引领绿色潮流；跨越贸易壁垒，促进国际贸易发展。为了更好地适应经济发展规律，应该鼓励企业选择环境标志。

中国环境标志产品的认证程序，与国际接轨。由国家环保总局颁布环境标志产品技术要求，技术专家现场检查，行业权威检测机构检验产品，最终由技术委员会综合评定。中国环境标志要求认证企业立足于推进ISO9000、ISO14000国际环境管理标准和产品认证为一体的保障体系，将生命周期评价的理论和方法、环境管理的意识和清洁生产技术融入产品环境标志认证。同时，对认证企业实施严格的年检制度，确保认证产品持续达标，保护消费者利益，维护环境标志认证的权威性和公正性。

图12-1 中国环境标志

中国环境标志图形（图12-1）由中心的青山、绿水、太阳及周围的十个环组成。图形的中心结构代表人类赖以生存的环境，外围的十个环紧密相扣，表示公众参与，共同保护环境；同时，十个环的“环”字与环境的“环”同字，寓意为“全民联系起来，共同保护人类赖以生存的环境”。

12.2.5 环境管理会计

（1）环境管理会计的定义

20世纪90年代，美国环境保护协会最早提出环境管理会计的概念。此后，多个学会和国际组织对环境管理会计给出定义。

①美国波士顿Tellus学会的定义　环境管理会计是组织说明其业务的物料使用和环境成本的专门会计。其中，物料会计是通过跟踪工厂或营运场所物料流量的方法，将其投入和产出反映出来，以达到评价资源效率和发现环境改进机会的目的；环境成本会计是进行环境成本的确认，并将其分配到物资流或公司经营的其他有形方面。

②国际会计师联合会的定义　环境管理会计是通过开发和实施恰当的与环境有关的会计系统和实务，来达到对环境和经济绩效进行有效管理的目的。它包括与环境有关的会计信息的披露和审计，但更侧重的是生命周期成本核算、全成本法、收益评价和环境管理战略的规划。

③联合国可持续发展部环境管理会计国际专家组的定义　环境管理会计是用来辨识和度量当前生产流程的环境成本以及采取污染预防或清洁流程的经济效益的各个层面，并且将这些成本和效益集成到日常业务决策中的一种机制。

（2）环境管理会计的理论基础

①可持续发展理论　强调人类应当通过发展与自然相和谐的方式追求健康而富有生产成果的生活，而不是破坏和污染生态环境来追求发展。

②经济的外部性理论　要求国家制定相应法规规范企业行为，使其承担社会成本，督促其实行环境管理会计。

③环境资源价值理论　要求企业重视周围环境的改善，将环境资源作为企业的一项资本对待，从而迫切要求环境管理会计对其价值进行核算。

（3）环境管理会计的作用

①有助于企业准确地进行成本计算和产品定价　环境管理会计系统的建立，能够克服传统成本核算方法的主观性和分摊标准的单一性，将与环境相关的成本进行单独确认与计量，可以量化企业的各项经济活动对环境造成的影响。一方面，使企业了解产品的生命周期中可能发生的环境成本，发现削减成本和改进业绩的机会，降低环境风险；另一方面，有效的环境成本信息可以保证产品成本的完整性和真实性，有助于企业更准确地进行产品的定价。

②有助于企业管理做出正确决策　环境管理会计不仅提供了企业决策所需要的货币信息（例如环境成本与收益），也提供了非货币信息（例如污染物的排放量）。在环境管理会计系统的辅助下，管理层可以从企业和其对社会的长远利益出发，在生态设计和清洁生产中，合理规划，科学管理，做出最优决策。

③有助于企业进行环境绩效考核与评价　环境管理会计的环境绩效评价体系能够帮助环境资源所有者和管理者了解环境资源的存量和流量，以及资源的分布及其可能的变动情况；能够反映企业履行环境责任、预防和治理自身所产生环境污染的资源投入与绩效信息；通过对企业每个环节的具体实施进行监控，发现不足，找出与标准之间的差异，分析原因，并提出改进建议，从而保证企业不受或者少受环境风险的威胁，不断提高企业的经济效益和环境效益。

12.3　企业清洁生产审核

12.3.1　清洁生产审核原理

（1）清洁生产审核的定义

根据国家发展和改革委员会、国家环境保护局2004年8月16日发布的《清洁生产审核暂行办法》，将清洁生产审核定义为："按照一定程序，对生产和服务过程进行调查和诊断，找出能耗高、物耗高、污染重的原因，提出减少有毒有害物料的使用、产生，降低能耗、物耗以及废物产生的方案，进而选定经济及技术可行的清洁生产方案的过程。"

清洁生产审核的目的可以概括为"节能、降耗、减污、增效"，即消灭或减少产品上的有害物质，减少生产过程中的原料和能源的消耗，降低生产成本，以减少对人类健康环境的危害。

清洁生产审核的宗旨是提高资源利用效率，减少或者避免生产、服务和产品使用过程中的污染物的产生和排放，以减轻或者消除对人类健康和环境的危害。

（2）清洁生产审核的思路和原则

清洁生产审核的总体思路是判明资源、能源消耗和废物的产生部位，分析资源、能源消耗高和废物产生的原因，提出减少或消除废物的方案。可以概括为需要回答三个问题，即废

物在哪里产生？为什么会产生废物？如何减少或消除这些废物？

清洁生产审核的原则可以概括为以下四点：

① 以企业为主体　清洁生产审核的对象是企业，是围绕企业开展的，离开了企业，清洁生产审核工作无法开展。

② 自愿审核与强制审核相结合　对污染物排放达到国家和地方规定的排放标准以及总量控制指标的企业，可按照自愿的原则开展清洁生产审核；而对于污染物排放超过国家和地方规定的标准或者总量控制指标的企业，以及使用有毒、有害原料进行生产或者在生产中排放有毒、有害物质的企业，应依法强制实施清洁生产审核。

③ 企业自主审核与外部协助审核相结合。

④ 因地制宜、注重实效、逐步开展　不同地区、不同行业的企业在实施清洁生产审核时，应结合本地实际情况，因地制宜地开展工作。

12.3.2 清洁生产审核程序

清洁生产审核程序主要分为七个步骤：筹划与组织、预审核（预评估）、审核（评估）、方案的产生与筛选、可行性分析、方案的实施、持续清洁生产。

（1）筹划与组织

清洁生产审核准备阶段的重要工作是取得企业高层领导的支持和参与，组建清洁生产审核小组，制订审核工作计划和宣传清洁生产思想。审核过程需要领导的发动和督促，调动组织各个部门和全体员工积极参加，投入一定的物力和财力。清洁生产审核小组的主要职责是根据领导小组确定的审核重点，制订审核计划，根据计划组织相关部门进行工作。编制审核工作计划表，开展宣传教育，使企业全体员工了解清洁生产的概念和实施清洁生产的意义和作用，清洁生产审核工作的内容与要求。

（2）预审核（预评估）

预审核（预评估），是从生产全过程出发，对企业现状进行调研和考察，摸清污染状况和产污重点，并通过定性比较或定量分析，确定审核重点，并针对审核重点设置清洁生产目标。

预评估阶段要在全厂范围内组织现状调研（企业概况、环保、生产、管理状况等）和进行现场考察（生产过程、污染、能耗重点环节和部位等），得出废物（包括废水、废气、废渣、噪声、能耗等）的产生部位和数量，列出污染源清单；然后，分析污染产生的原因，评价产、排污现状；接着确定审核重点，列出企业的主要问题，从中选出若干问题或环节作为备选审核重点；审核重点确定后，由审核领导小组制定明确的清洁生产目标；发动全体员工提出清洁生产方案，特别是无 / 低费方案，对无 / 低费方案边审核边实施。

（3）审核（评估）

本阶段的工作是准备审核重点资料，建立审核重点的物料平衡和分析废物产生原因。审核重点资料的准备包括收集资料，编制工艺和设备流程图；建立物料输入输出的实测和计算，准确判明物料流失和污染物产生的部位和数量，通过数据反复衡算，准确得出污染源清单；针对审核重点，审核工作小组组织环保、生产、技术、工艺等部门全面地分析废物的产生原因，一般从原辅材料和能源、技术工艺、设备、过程控制、产品、废弃物、管理、员工等方面进行分析；审核工作小组针对审核重点提出无 / 低费方案，并由生产部门进行具体实施。

（4）方案产生和筛选

本阶段的工作目的是通过方案的产生、筛选、研制，为下一阶段的可行性分析提供足够的中／高费清洁生产方案。针对废物产生的原因，提出相应的清洁生产方案并进行筛选，编制清洁生产中期审核报告。

审核重点清洁生产方案既要体现污染预防的思想，又要保证审核的成效性和预定清洁生产目标的完成；方案的产生是审核过程的关键，工作程序一般分为七个步骤：

① 产生方案，由审核工作小组组织全员征集，工程技术人员参与，专家组参与、指导；

② 方案分类汇总，由审核工作小组按可行方案、暂不可行方案、不可行方案进行分类汇总；

③ 筛选方案，组织环保、技术、工艺、生产等部门对方案进行筛选，筛选出 3 ～ 5 个中／高费方案；

④ 研制方案，由生产、技术、工艺等部门对方案进行工程化分析和研制，供下一阶段作可行性分析；

⑤ 继续实施经筛选的无／低费方案；

⑥ 对已实施的无／低费方案的实施效果进行核定，对阶段性成果汇总分析；

⑦ 编写清洁生产中期审核报告，对阶段性工作成果进行总结分析。

（5）可行性分析

对筛选出的中／高费清洁生产方案进行可行性分析和比较。本阶段的工作重点是在结合市场调查和收集相关资料的基础上，对方案进行技术、环境、经济的一系列可行性评估和比较，对照各投资方案的技术工艺、设备、运行、资源利用率、环境健康、投资回收期、内部收益率等多项指标结果，以确定在技术上先进适用、有利于经济效益和环境效益的最优投资方案。

（6）方案实施

实施方案，并分析、跟踪验证方案的实施效果。本阶段工作重点是：总结前几个审核阶段已实施的清洁生产方案的成果，统筹规划推荐方案的实施。具体工作主要包括四个步骤：

① 统筹规划、筹措资金、组织方案实施；

② 汇总已实施的无／低费方案在经济效益和环境效益的成果；

③ 验证已实施的中／高费方案的成果，包括经济效益、环境效益和综合评价；

④ 分析总结已实施方案取得的成效和对组织的影响。

（7）持续清洁生产

制订计划、措施，在组织中持续推行清洁生产，编制清洁生产审核报告。本阶段的工作重点是：建立和完善清洁生产工作的组织管理机构，明确任务和责任；建立促进实施清洁生产的管理和激励制度；制订持续清洁生产计划，包括工作实施、技术研发与培训；编写清洁生产审核报告，对全面工作成果进行总结分析。

12.4 循环经济

循环经济（circular economy），即资源循环型经济，是以资源节约和循环利用为特征、与环境和谐的经济发展模式。循环经济强调把经济活动组织成一个“资源—产品—再生资

源”的反馈式流程，以资源的高效利用和循环利用为目标，以“减量化、再利用、资源化”为原则，以自然生态系统中物质循环和能量流动方式为经济运行模式，所有的物质和能量在这个不断进行的经济循环中得到合理和持久的利用，把经济活动对自然环境的影响降低到尽可能小的程度，实现污染低排放甚至零排放。

12.4.1 循环经济产生的时代背景

循环经济的思想萌芽可以追溯至20世纪60年代的美国。1966年，美国经济学家肯尼思·鲍尔丁发表的《一门科学——生态经济学》中，开创性地提出生态经济的概念和理论体系，在生态经济系统中，增长型的经济系统对自然资源需求的无止境，与稳定型的生态系统对资源供给的局限性之间形成矛盾。因此，鲍尔丁率先提出“循环经济”一词，主要是指在人、自然资源和科学技术的大系统内，在资源投入、企业生产、产品消费及其废弃的全过程中，把传统的依赖资源消耗的线性增长经济，转变为依靠生态型资源循环来发展的经济。

20世纪70年代，循环经济还只是一种理念，当时人们关心的主要是对污染物的无害化处理。20世纪80年代，采用资源化的方式处理废弃物的尝试与实践，减少了污染物，但并不能从污染产生的源头即生产与消费环节来防治污染。20世纪90年代，发展循环经济成为国际社会的趋势，可持续发展战略、源头预防和全过程治理替代末端治理成为国际环境与发展政策的主流，出现了以资源利用最大化和污染排放量最小化为主线，将清洁生产、资源综合利用、生态设计和可持续消费等融为一体的循环经济模式。1998年，德国在循环经济的概念中，确立了“3R”原则的中心地位。

中国从20世纪90年代起引入了循环经济的思想，此后对于循环经济的理论研究和实践不断深入。1999年从可持续生产的角度对循环经济发展模式进行整合；2002年从新兴工业化的角度认识循环经济的发展意义；2003年起实施的《清洁生产促进法》，对循环经济进行立法，将循环经济纳入科学发展观，确立物质减量化的发展战略；2009年起正式实施了《循环经济促进法》；“十三五”生态文明建设规划中，明确提出了评价循环经济发展本身成效的指标体系和评价循环经济对经济发展绿色化程度的贡献指标；2021年国家发展改革委印发了《“十四五”循环经济发展规划》。

生态经济、循环经济理念的产生和发展，是人类对人与自然关系深刻认识和反思的结果，也是人类在社会经济高速发展中陷入资源危机、环境危机、生存危机后深刻反省自身发展模式的产物。由传统经济向生态经济、循环经济转变，是在全球人口剧增、资源短缺和生态蜕变的严峻形势下的必然选择。

12.4.2 循环经济的含义

“循环经济”在中国出现于20世纪90年代中期，学术研究过程中已从资源综合利用、环境保护、技术、经济形态和增长方式等不同角度对其概念作出多种界定。**当前，社会上普遍推行的是国家发改委对循环经济的定义，即循环经济是一种以资源的高效利用和循环利用为核心，以“减量化、再利用、资源化”为原则，以低消耗、低排放、高效率为基本特征，符合可持续发展理念的经济增长模式，是对“大量生产、大量消费、大量废弃”的传统增长模式的根本变革。**

循环经济在本质上是一种生态经济，它要求遵循生态学规律和经济规律，合理利用自然资源和环境容量，按照自然生态系统物质循环和能量流动规律重构经济系统，使之和谐地纳入到自然生态系统的物质循环过程中，实现经济活动的生态化，以期建立与生态环境系统的结构和功能相协调的生态型社会经济系统。

循环经济是可持续发展理念的具体体现和实现途径。它要求在经济与生态协调发展的思想指导下，按照物质能量层级利用的原理，把自然、经济、社会和环境作为一个系统工程统筹考虑，立足于生态，着眼于经济，强调经济建设必须重视生态资本的投入效益，认识到生态环境不仅是经济活动的载体，还是重要的生产要素，要实现经济发展、资源节约、环境保护、人与自然和谐四者的相互协调和有机统一。

12.4.3 循环经济的理论基础

循环经济理论的本质是生态经济理论。生态经济学是以生态学原理为基础，经济学原理为主导，以人类经济活动为中心，运用系统工程方法，从整体上研究生态系统和生产力系统的相互影响、相互制约和相互作用，揭示自然和社会之间的本质联系和规律。生态经济强调尊重生态原理和经济规律，注重生态系统与经济系统的有机结合，要求经济社会与生态发展全面协调，达到生态经济的最优目标。

生态经济原理体现着循环经济的要求，是构建循环经济的理论基础。循环经济侧重于整个社会物质的循环应用，强调的是循环和生态效率，资源被多次重复利用，并注重生产、流通、消费全过程的资源节约。

循环经济在发展理念上倡导一种与环境和谐的经济发展模式，将经济活动组织成“资源—产品—再生资源”的反馈式流程，其特征是低开采、高利用、低排放，所有的物质和能源能在不断进行的经济循环中得到合理的和持久的利用，同时将经济活动对自然环境的影响降低到尽可能小的程度，是经济发展、资源节约与环境保护的一体化战略。

12.4.4 循环经济的“3R 原则”

“3R 原则”是循环经济活动的行为准则，所谓“3R 原则”，即减量化（reduce）原则、再使用（reuse）原则和再循环（recycle）原则。

（1）减量化（reduce）原则

要求用尽可能少的原料和能源来完成既定的生产目标和消费目的，从经济活动的源头注意节约资源和减少污染。在生产中，减量化原则常常表现为要求产品小型化和轻型化；要求产品的包装简单实用而不是奢华浪费，从而达到减少废弃物排放量的目的。

（2）再使用（reuse）原则

要求生产的产品和包装物能够被反复使用。生产者在产品设计和生产中，应摒弃一次性使用的思维，将制品及其包装当作一种日常生活器具来设计，尽可能经久耐用和反复使用。该原则还要求制造商尽量延长产品的使用期，而不是快速地更新换代。

（3）再循环（recycle）原则

要求产品在完成使用功能后能重新变成可利用资源，生产过程中产生的边角料、中间物料和其他物料能返回到生产过程中加以利用。再循环有两种情况，一种是原级再循环，即废品被循环用来产生同种类型的新产品，例如再生报纸、再生易拉罐等；另一种是次级再循环，即将废物资源转化成其他产品的原料。原级再循环在减少原材料消耗上的效率要比次级再循环高得多，是循环经济追求的理想境界。

“3R原则”典型案例

“3R原则”有助于改变企业的环境形象。杜邦公司的研究人员创造性地将“3R原则”发展成与化学工业实践相结合的“3R制造法”，以达到少排放甚至零排放的环境保护目标。杜邦公司通过放弃和减少使用某些环境有害的化学物质，发明回收本公司产品的新工艺，使生产造成的固体废弃物减少了15%，有毒气体排放量减少了70%。同时，在废塑料如废弃的牛奶盒和一次性塑料容器中回收化学物质，开发出了耐用的乙烯材料——维克等新产品。

12.4.5　发展循环经济的战略意义

发展循环经济是我国长期坚持的一项重大战略，从新发展阶段我国资源环境领域面临的内外部环境来看，推进循环经济发展、加强资源节约集约利用的必要性比以往任何时期都要更加迫切。**2021年7月，经国务院同意，国家发展改革委印发了《“十四五”循环经济发展规划》，全面部署了今后一段时期我国循环经济发展的总体思路、主要任务、重点工程行动和保障措施，指明了“十四五”循环经济发展路径，对于推进循环经济发展，构建绿色低碳循环的经济体系，助力实现碳达峰、碳中和目标意义重大。**

12-1“十四五”循环经济发展规划

扫码可阅读资料：12-1“十四五”循环经济发展规划。

（1）发展循环经济是推进绿色发展的重要途径

“十四五”期间是我国推进绿色发展的关键阶段，更需要深化社会各界对发展循环经济重要战略地位的认识，推动形成社会共识，把发展循环经济主动融入国家发展战略，推广循环经济理念，加快构建区域资源循环体系，把发展循环经济作为推动国民经济绿色化的重要途径，加速循环经济的法制化、制度化、机制化和产业化进程，加快实现经济社会发展的绿色转型。

（2）发展循环经济是实施资源战略，保障国家资源安全的重要途径

当前大国博弈加剧，国际政治经济形势更趋复杂，保障资源安全尤为重要，任务艰巨。发展循环经济，完善废旧物资回收利用体系，可以大幅减少对原生矿资源的依赖，完善国内供应链构建，增强话语权，为我国畅通国内循环、保障产业原材料战略资源安全发挥重要作用。

（3）发展循环经济是实现碳达峰、碳中和的有力抓手

碳达峰、碳中和目标的实现必须从根本上改变产品的生产和使用方式。发展循环经济可以有效减少各价值链上的温室气体排放，实现材料和产品的循环利用以节约能源，并提升产品的碳封存能力；发展循环经济可以直接减少能源资源消耗，是实现碳达峰、碳中和目标的重要保障。

12.4.6　循环经济的主要模式

循环经济模式的本质是“资源—产品—消费—再生资源”的物质闭环流动的生态经济。

循环经济模式既要求物质在系统内多次重复利用，从而达到生产和消费的“非物质化”，尽量减少对物质特别是自然资源的消耗，又要求经济体系排放到环境中的废物可以为环境同化，并且排放总量不超过环境的自净能力。

循环经济模式是在生态系统、生产过程和经济增长之间，通过无污染、无生态破坏的技术工艺流程达到良性循环；要求企业采用先进的工艺技术、设备，实施全程清洁生产管理和综合利用等措施，提高资源利用效率，减少或者避免在生产、服务和产品消费过程中污染物的产生和排放。从生产过程而言，要求节约原材料和能源，尽可能不用有毒原材料；从产品和服务而言，要求从获取和投入原材料到最终处置报废产品的整个过程中，都尽可能将对环境的影响降至最低，扩大可再生资源的利用，提高产品的耐用性和寿命，提高服务的质量。

循环经济可以从宏观、中观和微观三个层面来发展实施，即小循环模式（企业清洁生产）、中循环模式（园区循环经济）和大循环模式（循环型社会）。在现实运行中，三种循环模式分别在企业内部、工业园区、社会三个层面展开，相互衔接、相互促进，形成一个有机整体。

（1）小循环模式——企业清洁生产

循环经济微观层面发展模式即小循环模式，其研究对象为单个企业，手段表现为企业内部的清洁生产。企业是最重要的微观主体，而大量工业企业又是资源能源消耗大户、生态环境的主要破坏者之一，所以，在企业内部推行循环经济理念并实施清洁生产是实现循环经济发展模式的重要基础。在企业中推行清洁生产的关键是技术，通过技术创新和现有技术改造，设计新的工艺流程，提高资源综合利用率，减少原材料使用，减少甚至放弃使用某些化学污染物质，达到污染物少排放或者零排放。

（2）中循环模式——园区循环经济

循环经济中观层面发展模式即中循环模式，其研究对象为基于产业链关系的企业共生组织，手段表现为生态工业园区。在一定区域内，企业之间基于产业链而形成上下游合作关系，从而形成产业集聚发展，不同企业之间相互合作，相互交换使用原材料与可再生利用废弃物，从而减少了污染物的最终排放，这种企业共生组织即生态工业园区，是发展循环经济的一个有效载体。

（3）大循环模式——循环型社会

循环经济宏观层面发展模式即大循环模式，其研究对象为社会整体。从社会整体的宏观角度强调废弃物的处理和资源回收，大力提倡绿色消费，在整个社会范围内形成“资源－产品－再生资源”的物质与能量闭合回路，同时获得良好的经济效益、社会效益和环境效益。

12.5 低碳经济

低碳经济（low-carbon economy，LCE）是指在可持续发展理念指导下，通过技术创新、制度创新、产业转型、新能源开发等多种手段，尽可能地减少煤炭、石油等高碳能源消耗，减少温室气体排放，达到经济社会发展与生态环境保护双赢的一种经济发展形态。

12.5.1 低碳经济产生的时代背景

随着全球人口数量的上升和经济规模的不断增长，化石能源等常规能源的使用造成的环境问题，如废气污染、光化学烟雾、水污染和酸雨等危害，以及大气中二氧化碳浓度升高带来的全球气候变化，已经对人类赖以生存的自然环境产生严重破坏。在此背景下，“低碳经济”“低碳技术”“低碳发展”“低碳生活方式”“低碳社会”“低碳城市”“低碳世界”等一系列新概念、新政策应运而生。

“低碳经济”一词最早出现于2003年的英国能源白皮书《我们能源的未来：创建低碳经济》。作为第一次工业革命的先驱国家，英国正从自给自足的能源供应模式走向主要依靠能源进口的时代，充分意识到了资源不足、能源安全和气候变化的威胁。欧美发达国家大力推进以高能效、低排放为核心的“低碳革命”，着力发展“低碳技术”，并对产业、能源、技术、贸易等政策进行重大调整，以抢占先机和产业制高点。

2009年，哥本哈根气候变化会议召开，全球气候变化的影响迫在眉睫，以低能耗、低污染、低排放为基础经济模式的“低碳经济”出现在世界人民面前，发展“低碳经济”在世界各国达成共识，倡导低碳消费成为新的生活方式。世界各发达经济体都把发展低碳经济，发展新能源、清洁能源等作为走出国际金融危机新的增长点。欧盟在2013年前投资1050亿欧元，用于环保项目，支持欧盟的绿色产业，保持其在绿色技术领域的世界领先地位。美国积极推动气候立法，众议院通过了《清洁能源安全法案》。英国在2009年公布的低碳转型规划中，明确提出企业要最大限度地抓住低碳经济这一发展机遇，在经济转型中确保总体经济资源和利益的公平分配。日本则制定了“最优生产、最优消费、最少废弃”的经济发展战略。

2009年9月，中国国家主席胡锦涛在联合国气候变化峰会上承诺，“中国将进一步把应对气候变化纳入经济社会发展规划，并继续采取强有力的措施。一是加强节能、提高能效工作；二是大力发展可再生能源和核能，争取到2020年非化石能源占一次能源消费比重达到15%左右；三是大力增加森林碳汇，争取到2020年森林面积比2005年增加4000万公顷，森林蓄积量比2005年增加13亿立方米；四是大力发展绿色经济，积极发展低碳经济和循环经济，研发和推广气候友好技术”。

12.5.2 低碳经济的目的及意义

（1）低碳经济的目标特征

气候变化深刻影响着人类的生存和发展，是世界各国共同面临的重大挑战。积极应对气候变化，是经济社会发展的一项重大战略，也是加快经济发展方式转变和经济结构调整的重大机遇。低碳经济是在可持续发展理念指导下，通过理念创新、技术创新、制度创新、产业结构创新、经营创新、新能源开发利用等多种手段，提高能源利用效率，以及增加低碳或非碳燃料的生产和利用比例，尽可能地减少对于煤炭石油等高碳能源的消耗；同时，通过积极探索碳捕集和碳封存技术的研发，以及CO_2的资源化利用等途径，实现减缓大气中CO_2浓度增长的目标。

低碳经济的特征是以减少温室气体排放为目标，构筑低能耗、低污染为基础的经济发展体系，包括低碳能源系统、低碳技术和低碳产业体系。其中，低碳能源系统是指通过发展清洁能源，包括风能、太阳能、核能、地热能和生物质能等替代煤、石油等化石能源以减少二氧化碳排放；低碳技术包括清洁煤技术和二氧化碳捕捉及储存技术等；低碳产业体系包括火电减排、新能源汽车、节能建筑、工业节能与减排、循环经济、资源回收、环保设备、节能材料等。

全球减排新协议与中国碳达峰

2015年12月12日，第21届联合国气候变化大会上，《联合国气候变化框架公约》近200个缔约方一致同意通过《巴黎协定》，旨在减少全球温室气体排放，避免危险的气候变化所带来的威胁，碳排放量是大会讨论的重点。规模最大的几个排放国家和地区做出承诺，欧盟将在2030年之前减少1990年排放量的40%，美国将在2025年之前减少2005年排放量的26%～28%，中国承诺2030年的排放量将达到峰值。

（2）发展低碳经济的目的意义

“低碳经济”是在全球气候变暖对人类生存和发展发起严峻挑战的大背景下提出的。以低能耗、低污染、低排放为基础的低碳经济模式，是实现经济发展与环境保护双赢的必然选择。

发展低碳经济，既是应对全球气候变化的根本途径，也是可持续发展的内在需求，为实现经济方式的根本转变提供难得的机遇，发展低碳经济的意义重大。

发展低碳经济，是调整产业结构的重要途径。低碳经济追求能源高效利用、清洁能源开发、提升绿色GDP，在能源技术、减排技术、产业结构和制度上进行创新，有利于促进经济结构和工业结构优化升级。

发展低碳经济，是优化能源结构的可行措施，通过提高可再生能源比重，可以有效地降低一次性能源消费的碳排放。

发展低碳经济，是实现跨越式发展的可能路径，是企业发展的必然趋势，只有真正做到低碳发展才能在市场抢占先机，在社会健康发展。

发展低碳经济，是开展国际合作、参与国际“游戏规则”制定的途径。要求各国积极承担环境保护责任，完成节能降耗指标要求。

发展低碳经济，不仅是国家和国际层面上对于生态和社会文明的必然选择，也是人类进一步发展的必经之路，是人类生存发展观念的根本性转变。

12.5.3 实现低碳经济的途径

“低碳经济”要求制造业加快淘汰高能耗、高污染的落后生产能力，推进节能减排的科技创新，督促公众反思浪费能源、增排污染的消费模式和生活方式。实现城市发展的低碳化，是低碳经济发展的主导方向。实现低碳经济的主要途径有以下几个方面：

① 加大宣传力度，从建设资源节约型社会和环境友好型社会的高度，普及低碳经济理念。政府、企业、公众是低碳经济建设的主体，要加强低碳经济理念宣传，提高控制碳排放的紧迫感和责任感。各级政府应认识到发展低碳经济势在必行，发展低碳经济不仅不会阻碍经济增长，还会实现经济的高质量增长；企业应该认识到低碳经济既是挑战也是机遇；公众应该意识到其自身在碳减排中的责任和义务，努力改变生活方式和消费方式，实现低碳生活。

② 调整产业结构，实现低碳发展。一方面，要通过对传统产业的技术改造实现低碳化；

另一方面促进产业结构升级，积极发展低碳产业。促进城市功能从工业化到服务商贸的转化；调整能源结构，减少一次能源煤炭的使用量，推行清洁生产，提高能源的使用效率，积极发展低碳能源，如太阳能、风能等新能源产业的发展。

③ 提倡建筑节能，力争实现住宅对碳的零排放。在建筑中大规模推广使用太阳能等可再生能源，提高大型公共建筑的能源使用效率，降低能耗；推行节能住宅，从节能建筑材料到住宅建设和设计的各个环节必须坚持低碳标准，力求实现住宅的零排放。

④ 改变出行习惯，发展低碳交通体系。低碳交通体系建设应该通过建设良好的公共交通网络，积极发展电车、氢能源交通，实现低碳排放。同时，引导居民养成环保的出行习惯，鼓励近距离步行，远距离乘坐公共交通工具，减少对私家车的依赖，提倡合用或租赁汽车，尽最大可能减少碳排放。

⑤ 戒除以高耗能源、大量排放温室气体为代价的“便利消费”和“奢侈消费”，转向低碳经济和低碳生活方式。低碳饮食，主要注重限制碳水化合物的消耗量，改变不健康的饮食习惯和生活方式，减少膳食消费中以能耗多、温室气体排放量大为代价生产出的食物。

低碳试点城市

低碳试点城市（low carbon city）是在城市实行低碳经济，包括低碳生产和低碳消费，建立资源节约型、环境友好型社会，建设成一个良性的可持续的能源生态体系。2010 年 8 月，国家发改委确定在 5 省 8 市开展低碳产业建设第一批试点工作。2012 年 11 月，确定了包括北京和上海等 29 个城市和省区的第二批低碳试点。2017 年 1 月 7 日，发布确定在内蒙古自治区乌海市等 45 个城市（区、县）开展第三批低碳城市试点。

12.5.4 实现低碳经济面临的挑战

实现低碳经济面临的挑战可以概括为四个层面。

（1）观念上对发展低碳经济存在误解

低碳经济是一种全新的发展理念，政府、企业和普通公众对环境保护和经济发展关系认识不足，认为发展低碳经济是简单地限制碳排放，会影响经济增长速度，低碳经济必然带来高成本和利润下降；公众对低碳经济的概念比较陌生，无法在生活方式和消费上实现低碳化。因此，发展低碳经济需要政府、企业、公众改变观念，采取切实可行的对策。

（2）产业结构低级，能源结构以高碳能源为主

工业化、城市化、现代化加快推进的中国，正处在能源需求和消费持续增长阶段，产业结构仍然是工业占主导地位。中国的能源结构是以煤炭、石油和天然气等化石燃料为主体，在一次性能源消费结构中，煤炭占 2/3，“高碳”占绝对的统治地位；电力中，水电占比只有 20% 左右，火电占比达 77% 以上，低碳能源的选择有限。大量的煤炭消耗，能源、汽车、钢铁、交通、化工、建材等六大高能耗产业的发展，导致高碳特征和“发展排放”态势很难改变。调整经济结构，提升工业生产技术和能源利用水平，是中国低碳发展的重大挑战。

（3）城市建筑能耗严重，城市交通是温室气体排放的主体

中国的建筑能耗占比超过全社会总能耗的 1 / 4，其中建筑用电和其他类型的建筑用能折合为电力，约占全社会终端电耗的 29% 左右；随着城市大型公共建筑的增多，能源浪费现象更加突出。城市化进程加快使城市机动车数量增长迅速，其能源利用的构成失衡也加剧了能源压力和碳排放水平。

（4）配套支撑体系缺失

低碳经济建设需要制度创新、技术创新、金融创新的支撑。作为发展中国家，中国经济由“高碳”向“低碳”转变的主要障碍，是能源技术的落后和研发能力的限制；无论是开采、转换还是应用技术方面，与发达国家相比还有很大差距，实施技术改造和产业转型升级的难度非常大。

课后习题

1. 简述清洁生产产生的背景及其意义。
2. 简述清洁生产生命周期评价的步骤。
3. 绿色化学和生态设计的作用和意义是什么？
4. 简述企业清洁生产的审核原理及程序。
5. 查阅资料，举例说明循环经济的基本特征和主要模式。
6. 结合自己的专业特点和生活实际，讨论如何实现低碳经济的发展？

参考文献

[1] 李廷友，胡志强，何清明．环境保护概论．北京：化学工业出版社，2020.
[2] 黄慧．环境科学导论．武汉：武汉理工大学出版社，2014.
[3] 周培疆，等．现代环境科学概论．北京：科学出版社，2010.
[4] 刘芃岩，等．环境保护概论．北京：化学工业出版社，2018.
[5] 张润杰．生态学基础．北京：科学出版社，2015.
[6] 林育真，付荣恕．生态学．2 版．北京：科学出版社，2011.
[7] 程发良，孙成访．环境保护与可持续发展．北京：清华大学出版社，2014.
[8] 杨小波，吴庆书，等．城市生态学．北京：科学出版社，2014.
[9] 刘冬梅，高大文．生态修复理论与技术．哈尔滨：哈尔滨工业大学出版社，2020.
[10] 袁霄梅，张俊，张华，等．环境保护概论．2 版．北京：化学工业出版社，2019.
[11] 许宁，胡伟光，曹洪印．环境管理．4 版．北京：化学工业出版社，2021.
[12] 童志权．大气污染控制工程．北京：机械工业出版社，2017.
[13] 朱天乐．大气污染防治工程技术与实践．北京：中国建材工业出版社，2017.
[14] 刘景良．大气污染控制工程．北京：中国轻工业出版社，2012.
[15] 钱易，唐孝炎．环境保护与可持续发展．2 版．北京：高等教育出版社，2021
[16] 聂永丰．固体废物处理工程技术手册．北京：化学工业出版社，2012.
[17] [英] 托尼・朱尼珀．环境的奥秘．张静，译．北京：电子工业出版社，2019.
[18] 庄伟强，刘爱军．固体废物处理与处置．北京：化学工业出版社，2015.
[19] 变革我们的世界：2030 年可持续发展议程．联合国公约与宣言．2020.
[20] 崔龙哲，李社锋．污染土壤修复技术与应用．北京：化学工业出版社，2016
[21] 李雪梅．环境污染与植物修复．北京：化学工业出版社，2016.
[22] 马娟，俞小军．物理性污染控制．武汉：电子科技大学出版社，2016.
[23] 王怀宇．环境监测．北京：高等教育出版社，2019.
[24] 刘芃岩．生态环境保护概论．北京：化学工业出版社，2011.
[25] 柳知非，周贵中．环境影响评价．北京：中国电力出版社，2017.
[26] 李廷友，胡志强，何清明．环境保护概论．北京：化学工业出版社，2020.
[27] 袁霄梅，张俊，张华，等．环境保护概论．2 版．北京：化学工业出版社，2019.
[28] 李进军，吴峰．绿色化学导论．2 版．武汉：武汉大学出版社，2015.
[29] 王克强，赵凯，刘红梅．资源与环境经济学．上海：复旦大学出版社，2015.